Prof. Dr. Hendrik Streeck

Nachbeben

PROF. DR. HENDRIK STREECK

Nachbeben

**Die Pandemie, ihre Folgen
und was wir daraus lernen können**

Unter Mitarbeit von Margret Trebbe-Plath

Mit zehn Grafiken

Mehr über unsere Autorinnen, Autoren und Bücher:
www.piper.de

Von Hendrik Streeck liegen im Piper Verlag vor:
Nachbeben
Unser Immunsystem
Hotspot

ISBN 978-3-492-07307-3
© Piper Verlag GmbH, München 2024
Satz: Eberl & Koesel Studio, Kempten
Gesetzt aus der Minion Pro
Litho: Lorenz & Zeller, Inning am Ammersee
Druck und Bindung: GGP Media GmbH, Pößneck
Printed in Germany

Inhalt

Einleitung

Es scheint schon eine Ewigkeit her zu sein. Die Erinnerung an die Pandemie beginnt zu verblassen. Hamsterkäufe, Masken in allen Farben und Variationen, endlose Schlangen vor Teststationen und Impfzentren; Wut, Demonstrationen, Tränen, klatschende Nachbarn auf dem abendlichen Balkon; dröhnende Einsamkeit, Isolation und Verunsicherung. Jeden Tag neue Hiobsbotschaften in den Zeitungen, im Radio und im Fernsehen. Inzidenzzahlen, R-Werte und Angaben zur Krankenhausbelegung, die wie der Wetterbericht eine Verbesserung oder Verschlechterung der Lage vorbeteten. Dazu irgendein Experte, der warnt, dass die Krise noch nicht überstanden sei. Manchmal findet sich noch eine alte, verkrumpelte Gesichtsmaske in einer Hosentasche, oder eine verblasste Markierung am Boden zeigt, dass man sich hier einst nur in kontrollierten Bahnen bewegen durfte.

Drei Jahre bestimmte das Coronavirus unser Leben und hielt die Welt fest im Griff. Egal, ob man in die Zeitung schaute, den Fernseher anschaltete oder mit den Freunden sprach – immer ging es um Corona, seine Varianten, Impfungen und den Immunstatus. Die Eingriffe in unseren Alltag waren einschneidend, die Stimmung emotional aufgeladen. Vieles von dem, was damals war, ist heute noch zu spüren. Wie kleine Rippelwellen auf dem See. Wie Nachbeben, die uns immer noch bis ins Mark erschüttern, denn die Spaltung der Gesellschaft, die wir heute erleben, wird auch auf dieses Ereignis zurückgeführt. Die Pandemie wirkte wie ein Katalysator, der bestehende Gräben noch weiter vertieft hat. Dazu gehört, dass eine ganze Reihe der Pandemiemaßnahmen auf dem Rücken derer ausgetragen wurde, denen es sowieso schon nicht gut ging. Und ihre Situation hat sich seitdem eher verschlechtert als verbessert.

Auf der einen Seite stehen das Virus und die Pandemie: Weltweit haben sich nach offiziellen Zahlen bis zum Frühjahr 2024 über 704 Millionen Menschen mit SARS-CoV-2 infiziert, fast 39 Millionen allein in Deutschland.[1] Mit großer Sicherheit ist die Zahl sehr viel höher, da viele Infizierte gar nicht getestet wurden. Für die meisten war die Infektion wie jeder andere grippale Infekt. Manche von uns haben gar nichts gespürt. Für andere war es eine heftige Erkrankung. Es gab zahlreiche Schwererkrankte, Menschen mit Langzeitfolgen und leider auch Todesfälle – darüber müssen wir sprechen. Geschätzt eine Million Menschen haben in Deutschland noch mit Folgen der Coronainfektion in Form von Long-COVID oder mit Impfschäden zu kämpfen.[2] Seien es organische Schäden, die zurückgeblieben sind, seien es Autoimmunreaktionen oder psychische Belastung.

Auf der anderen Seite steht unser Umgang mit dem Virus und der Pandemie: Die Schulen waren bei uns 183 Tage vollständig oder teilweise geschlossen, fast ein gesamtes Schuljahr[3] – mit weitreichenden Konsequenzen vor allem für Kinder aus schlechtergestellten Familien wie einer Verschärfung der sozialen Unwucht, der sozioökonomischen Benachteiligung schwächerer Gruppen. Die psychologischen und sozialen Folgen durch Isolation, Vereinsamung und Vernachlässigung sind kaum zu bemessen. 130 Milliarden Euro an Coronahilfen wurden hierzulande für Unternehmen und Selbstständige ausgegeben;[4] trotzdem kam es zu zahlreichen Geschäftsaufgaben infolge der Pandemie, deren Anzahl nur geschätzt werden kann. Das Leben von Menschen hat sich weitreichend verändert. Einige wurden zu Corona-Gewinnern, viele wurden zu Corona-Verlierern.

Die Pandemie ist vorbei, ihre Nachbeben spüren wir noch immer. Und auch wenn wir heute mit SARS-CoV-2 leben wie mit all den anderen endemischen Coronaviren dank einer Grundimmunität in der Bevölkerung durch Impfung und überstandene Erkrankung, ist diese Zeit nicht spurlos an uns vorübergegangen. Die Debatte darüber wird in Teilen immer noch hitzig geführt. Unversöhnlich, ideologisch und unsachlich. Hinter jedem Dokument aus der Pandemiezeit wird ein Komplott gewittert. Verschwörungstheorien werden aber auch unbeabsichtigt genährt durch Schwärzungen in Protokollen oder Verträgen; Protokolle von Besprechungen oder E-Mails werden der Öffentlichkeit gleich komplett vorenthalten.[5] Einiges wie beispielsweise die Protokolle des Robert-Koch-Instituts wird erst durch Klagen über das Informationsfreiheitsgesetz (IFG) oder Leaks freigegeben. Manches aber auch gar nicht. Gesprochen wird übereinander, aber nicht miteinander. Dabei gibt es so viel zu lernen, so viel zu diskutieren und so viel aufzuklären. Denn eins ist klar: Die Wahrscheinlichkeit, dass es in Zukunft erneut zu Ausbruch und Verbreitung einer neuen Viruserkrankung kommen wird, ist durchaus gegeben, und wir müssen uns fragen: Sind wir dann besser darauf vorbereitet? Würden wir bessere Entscheidungen treffen?

Corona hat uns kalt erwischt, obwohl über Jahre vor einer möglichen Pandemie gewarnt worden war und Coronaviren unter den Top Ten der möglichen Pandemieerreger der Coalition of Epidemic Preparedness Initiative (CEPI) gestanden hatten.[6] In einer unbändigen Geschwindigkeit und Wucht ist es über uns hereingebrochen und hat die Wissenschaft, Politik und unser Gesundheitssystem vor riesige Aufgaben gestellt und zu schnellem Handeln verpflichtet. Im Krisenmodus wurden in rascher Folge Beschränkungen erlassen, Expertengremien zusammengestellt, Hilfen auf den Weg gebracht. Es wurde gestritten, verurteilt, Angst und Panik – berechtigt oder unberechtigt – geschürt. Was davon war zielführend, und was hat sich als zu kurz gegriffen, ineffektiv oder gar als schädlich erwiesen?

Wir sollten uns der Herausforderung stellen, diese Zeit der sowohl sinnvollen als auch sinnlosen Maßnahmen, der Warnungen, Mahnungen und bisweilen dramatischen Übertreibungen – mit dem Abstand und Wissen von heute – aufzuarbeiten, um daraus zu lernen, damit wir uns auf zukünftige Pandemien und Krisen vorbereiten und sie besser meistern können.

In den mehr als vier Jahren seit Beginn der Coronapandemie ist im In- und Ausland eine Fülle an wissenschaftlichen Untersuchungen zur Wirksamkeit verschiedener Maßnahmen vorgenommen worden, die uns dabei helfen, eine solche Bilanz zu ziehen. Allerdings ist die Flut an Studien kaum mehr zu überblicken, geschweige denn in allen Einzelheiten auszuwerten. Man kann also einwenden, in diesem Buch würden einige Studien nicht genügend gewürdigt oder erst gar nicht miteinbezogen, andere hingegen zu stark gewichtet. Für die einen werde ich zu wenig die Wirksamkeit mancher Maßnahmen hervorgehoben haben, für die anderen zu viel. Und ich werde mich dem Vorwurf aussetzen müssen, dass man eine solche Auswertung doch nicht in einem Buch abhandeln kann und dass dieser Prozess in die Wissenschaft gehört.

Das ist alles in Teilen richtig. Ich habe mit Sicherheit nicht jede einzelne Studie gleichermaßen gewertet, noch habe ich eine systematische Metaanalyse aller Studien durchführen können. Ein solcher Prozess würde Jahre dauern, und auch er wäre nicht fehlerfrei. Zudem sind nicht alle Erkenntnisse oder Studienergebnisse im Literaturverzeichnis zu finden, sondern nur exemplarisch Verweise angegeben. Das bitte ich zu entschuldigen: Die Liste der Literatur würde die Länge des Buches ansonsten schlichtweg sprengen. Manchmal bin ich selbst an diesem Projekt verzweifelt, da die Vielzahl an Aspekten, die berücksichtigt werden müssen, unendlich erscheint.

Nichtsdestotrotz habe ich das Buch zu Ende geschrieben, da ich es für uns als Gesellschaft wichtig finde, über diese Zeit zu diskutieren.

Die Datenlage aus dem Zeitraum der Coronakrise bleibt unverändert schlecht und wird nicht besser werden. Wir werden nicht mehr Daten bekommen, als wir jetzt bereits haben, denn die Pandemie und viele der Maßnahmen wurden wissenschaftlich nur unzureichend oder gar nicht begleitet; Daten wurden nicht erfasst, wichtige Studien nicht durchgeführt. Es wäre ein Leichtes gewesen, das Zusammenspiel von Infektionen und Maßnahmen zu erforschen. Zum Beispiel an einem Ort eine Maskenpflicht einzuführen und an einem vergleichbaren Ort nicht. Dann hätte man anhand des Infektionsgeschehens nachvollziehen können, ob eine Maskenpflicht Einfluss auf die Anzahl von Infektionen oder auch den Schweregrad von Krankheitsverläufen hat. Doch Vorschläge dazu, die von verschiedenen Akteuren und auch mir immer wieder gemacht wurden, wies man mit dem Argument zurück, ein solches Vorgehen komme einem Experimentieren am Menschen gleich und sei unethisch. Doch war das, was während der Pandemie gemacht oder eben nicht gemacht wurde, nicht im Grunde ebenso ein Experimentieren am Menschen?

Um zu tragfähigen Schlussfolgerungen zu kommen, ist eine ergebnisoffene, ehrliche und gleichzeitig konsequente Aufarbeitung und transparente Darstellung von Fehlern und Versäumnissen in der Coronakrise unerlässlich. Diese Bemühungen zielen nicht auf Anklage ab, sondern auf die Wiederherstellung der Glaubwürdigkeit, denn nur so können wir vermeintlich unüberbrückbare Differenzen überwinden und zu einem offenen, diskussionsfreudigen und versöhnlichen Dialog kommen.

Es geht auch darum, eine überfällige Diskussion zu beginnen und die Menschen wieder miteinzubeziehen, die sich während der Pandemie vor den Kopf gestoßen gefühlt haben. Viele sehnen sich danach, dass über diese Zeit gesprochen wird. Und die Forderung nach Aufarbeitung wird auch vonseiten der Politik immer wieder laut. Sei es durch Bürgerräte, Enquetekommissionen, Untersuchungsausschüsse, indem die Herausgabe von Protokollen der Krisenstäbe eingeklagt oder Kommunikation zwischen den Experten in verschiedenen Gremien angeregt wird. In einzelnen Bundesländern wie Nordrhein-Westfalen, Brandenburg oder Sachsen-Anhalt gibt es bereits Enquetekommissionen oder Untersuchungsausschüsse zu dieser Zeit oder aber eine Evaluation des Infektionsschutzgesetzes, an der auch ich beteiligt war und in deren Bericht wir einige Erkenntnisse zusammengetragen haben.[7]

Das alles sind Bemühungen, über diese Zeit zu sprechen. Denn was nicht geschehen darf, ist, diese Zeit totzuschweigen oder zu versuchen, die Geschichte umzuschreiben. Das vorliegende Buch ist ein Ansatz zur Aufarbeitung der Pandemie. Es ist ein Versuch, Erklärungen und Einschätzungen zu geben. Es soll zur Diskussion anregen und Situationen und Fragen ansprechen, die in Vergessenheit geraten sind. Außerdem ist es eine Zusammenfassung von vielem, das gesagt, aber vielleicht nicht gehört wurde. Das Buch soll einen Beitrag dazu leisten, wieder zusammenzuführen und Gräben zu überwinden.

Wer hofft, hierin eine Abrechnung zu finden, die zu dem Ergebnis kommt, dass die Entscheidungen, die getroffen wurden, alle falsch waren, den muss ich enttäuschen. Es war nicht alles falsch, so viel lässt sich heute sagen. Wer aber hofft, hier zu lesen, dass alles richtig war, den muss ich ebenfalls enttäuschen. Nicht jede Entscheidung war richtig, und es wurden Fehler gemacht, aus denen wir jetzt lernen können. Damit dies gelingen kann, brauchen wir eine neue Fehlerkultur. Wir müssen Fehler klar benennen, ohne diejenigen zu verurteilen, die sie gemacht haben.

Die Maßnahmen, die ergriffen wurden, wirkten sich direkt auf die Menschen aus – auf deren psychische und physische Gesundheit, auf deren wirtschaftliche Lage und auf deren Gerechtigkeitsempfinden. Will man also Lehren aus der Coronapandemie ziehen, betreffen sie sowohl die Medizin als auch Politik und Gesellschaft. Und wie bei jedem Medikament muss auch die Behandlung einer weiteren Pandemie im Kontext ihrer Gesamtwirkung und möglicher Nebenwirkungen betrachtet werden.

Es ist an der Zeit, eine Bilanz zu ziehen, die nicht nur Vergangenes reflektiert, sondern auch einen positiven und pragmatischen Ausblick in die Zukunft bietet und sich der Frage stellt, wie wir erfolgreich die Herausforderungen einer neuen Pandemie bewältigen können.

1 Hätte die Pandemie verhindert werden können?

Das Ergebnis ist ebenso ernüchternd wie aufrüttelnd. Im Mai 2021 kam das unabhängige Panel zur Pandemievorsorge und -reaktion der Weltgesundheitsorganisation zu dem Schluss: Die Coronapandemie war eine »vermeidbare Katastrophe«.[1] Die Weltgemeinschaft hätte die weltweite Ausbreitung von SARS-CoV-2 in den ersten Wochen verhindern können, und wir müssen die Frage stellen, warum uns das nicht gelungen ist. Was ist schiefgelaufen? Hätten wir anders reagieren können und müssen? Welche Fehler haben wir im Pandemiemanagement dieser Frühphase gemacht? Um in Zukunft solchen Virenausbrüchen besser vorbereitet begegnen zu können, sodass es erst gar nicht zu einer Pandemie kommt, ist es unerlässlich, zu den Anfängen der Coronapandemie zurückzukehren. Dorthin, wo alles begann.

Pandemien hat es in der Geschichte immer wieder gegeben, doch während sie sich früher langsamer um den Erdball ausbreiteten, ist mit unserer modernen Lebensweise die Gefahr eines schnellen, weltumspannenden Ausbruchs gewachsen. Die Globalisierung bringt viele Vorteile mit sich, wie den raschen weltweiten Austausch von Waren und Informationen. Allerdings gibt es auch Nachteile, besonders im Bereich der Gesundheit. Durch die enge Vernetzung von Ländern und Regionen können sich Krankheitserreger wie Viren, Bakterien und Pilze rasant über die ganze Welt ausbreiten. Dies geschieht genauso einfach und schnell wie der Handel mit Gütern, etwa dem Tee aus Indien, dem Kaffee aus Kenia oder Computerchips aus Taiwan. Die rasche Ausbreitung von Erregern über Kontinente hinweg birgt das Risiko ernsthafter Gesundheitsgefahren und kann zu einem beschleunigenden Faktor von Pandemien werden.

Die Mehrheit der Infektionskrankheiten entsteht durch Erreger, die ursprünglich aus dem Tierreich stammen und auf den Menschen übergehen, bekannt als Zoonose. Zoonosen sind weitverbreitet; eine Analyse schätzt jährlich weltweit durchschnittlich 2,5 Milliarden Infizierte und 2,7 Millionen Todesfälle, die darauf zurückgehen.[2]

Zu den häufigsten Zoonosen zählen übrigens Salmonellen. Fast jeder von uns hatte schon einmal eine Salmonellenvergiftung, ausgelöst von Bakterien, die sich im Pudding oder Eiersalat verbreitet haben. Da die *Salmonella enteriditis* gerne

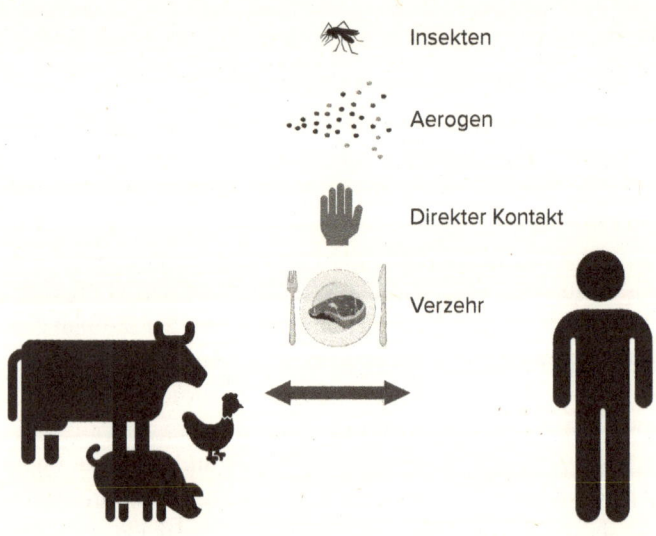

Die Entstehung einer Zoonose [1]

an der Eierschale klebt, kann es schon mal passieren, dass sie in unser Essen gelangt, wenn wir ein Ei aufschlagen. Seitdem es allerdings einen Impfstoff für Hühner gegen das Bakterium gibt, ist die Anzahl an Erkrankungen durch Salmonellen beim Menschen stark zurückgegangen.

Die Gefahr von Zoonosen durch unbekannte Erreger steigt durch die zunehmende Nähe des Menschen zu Wildtieren weiter an – sei es durch Abholzung von Wäldern und Vordringen in neue Ökosysteme, armutsbedingtes Zusammenleben mit wilden Tieren oder illegalen Wildtierhandel. Es mag überraschen, aber wir wissen bis heute wenig darüber, welche Viren in Wildtieren einschließlich Insekten, Amphibien und Fischen selbst in Deutschland vorkommen – geschweige denn in anderen Ländern. Wir kennen geschätzt nur 15 Prozent aller Tierarten auf der Welt,[3] und jeden Tag werden im Durchschnitt circa 50 neue entdeckt.[4] Schätzungen zufolge gibt es aber auch rund 1,7 Millionen Viren, die uns noch unbekannt sind, und davon können etwa 300 000 den Menschen infizieren und krank machen.[5] Einige wenige davon haben das Potenzial, eine Pandemie auszulösen.

Wer hat sich schon intensiv mit unterschiedlichen Nagetierarten im Amazonas beschäftigt? Wird der Regenwald aber abgeholzt und werden zum Beispiel Bananenplantagen oder Farmen dort aufgebaut, kommt der kleine Nager eher in Kontakt mit Menschen oder den Schweinen, Hühnern und Rindern auf der Farm. Die Übertragung eines Virus, das wir noch nicht kennen, vom Tier auf den Menschen oder von Tier zu Tier und danach auf den Menschen, ist dann möglich. Diesen Prozess kann man derzeit live bei der Vogelgrippe H5N1 verfolgen. Zwar wird das Virus seit 2003 beobachtet, doch nun tritt es vermehrt in Hühnerfarmen rund um den Globus auf und ist plötzlich auch in Kühen und Kuhmilch zu finden. Selbst Seehunde sind betroffen, und die Gefahr eines Übertritts auf den Menschen wird wahrscheinlicher.

Wir können heute also mit Tieren von überallher in Kontakt kommen und müssen uns deshalb auch mit Viren von entlegenen Orten beschäftigen. Je mehr wir über Viren wissen, über ihre Übertragungswege und von welchen Tieren sie stammen, desto besser können wir sie kontrollieren und uns auf eine mögliche Ausbreitung vorbereiten. Auch ein weltweites Abkommen zum Artenschutz, dem Bann der Wildtiermärkte und der Vermeidung von Waldrodung würde das Risiko für Zoonosen deutlich verringern – und die Kosten dafür lägen unter den Summen, die die Coronapandemie verursacht hat.[6] Einfach gesagt: Je weniger sich Menschen und Tiere in die Quere kommen, desto unwahrscheinlicher sind Pandemien.

Ursprung und Ausbruch: Eine Entdeckungsreise

Woher stammt das SARS-CoV-2-Virus? Diese Frage treibt viele um und wird mir in Gesprächen bis heute immer und immer wieder gestellt. Doch die Antwort ist unbefriedigend: Wir wissen es nicht und werden es vielleicht nie erfahren. Es gibt viele Theorien, und manche davon erscheinen weit hergeholt, wie beispielsweise die von China verbreitete Hypothese, dass das Virus aus Italien kommt, da es dort auch sehr früh in Erscheinung trat. Ursprung dieser Theorie ist eine Studie, die bei gesunden Italienern schon im Oktober 2019 Antikörper gegen das Virus nachweisen konnte und damit mehrere Monate vor dem offiziellen Coronaausbruch in China.[7]

Allerdings gibt es nicht nur mehrere Studien, die dieser Aussage widersprechen, sondern auch eine Reihe von Fakten, aufgrund derer der erste Ausbruch von SARS-CoV-2 eindeutig in China zu verorten ist. So wurden die ersten Coronafälle im Winter 2019 in China festgestellt, und auch die Dimension an Coronainfektionen und die frühe auf den asiatischen Raum konzentrierte Ausbreitung des Virus sind deutliche Indizien dafür, dass der erste Ausbruch auf die Hubei-

Region zurückgeht, in der auch die Stadt Wuhan liegt. So fällt auch eine weitere Überlegung schnell durchs Raster: die Vorstellung, das Coronavirus sei durch frische oder gefrorene Lebensmittel auf den Menschen übertragen worden. Obwohl es in der Vergangenheit durchaus schon zu durch Lebensmittel weitergegebenen Ausbrüchen von Humanviren gekommen ist und Belege für eine Wiedereinführung von SARS-CoV-2 in China durch importierte gefrorene Lebensmittel vorliegen, fanden Untersuchungen keine schlüssigen Beweise für eine virale Kontamination von Produkten.

Dreh- und Angelpunkt des frühen Ausbruchsgeschehens ist der Huanan-Wetmarket in ebenjenem Wuhan, der als Epizentrum des neuartigen Virus gesehen wird. Seine zentrale Lage, die vielen außergewöhnlichen Wildtiere, die dort verkauft werden, und seine Rolle als wichtiger Treffpunkt der Stadt machte ihn zum Protagonisten der Pandemiegeschichte. So konnte man auch in Studien, die die Wegstrecken von Infizierten nachzuverfolgen versuchten, den Wildtiermarkt als Zentrum ausmachen.[8] Möglich ist natürlich aber auch, dass das Virus nicht vom Wildtiermarkt ausging, sondern dass sich Erstinfizierte rein zufällig hierherbegaben und das Virus unwillentlich dort verteilten. In der Tat ist dieser Ort Wuhans hoch frequentiert und die Wahrscheinlichkeit, auch als Infizierter dorthin zu gehen, ist ebenso groß. Diese Henne-oder-Ei-Frage wird sich im Nachgang und ohne zusätzliche Informationen nur schwer klären lassen. Wie bei vielen Fragen rund um das Infektionsgeschehen ist es auch bei der Suche nach dem Ursprung von SARS-CoV-2 geboten, Vorsicht walten zu lassen und nicht vorschnell einer Überlegung folgend Zusammenhänge herzustellen, die so vielleicht gar nicht bestanden haben.

So bleiben zwei wahrscheinliche Theorien zur Genese des neuartigen Coronaerregers: Das Virus ist durch einen Unfall aus dem Labor entwichen, oder das Virus ist über einen Zwischenwirt – einen Marderhund oder Ähnliches – auf den Menschen übergegangen, womit wir wieder bei der Zoonose wären. Für beide Theorien gibt es einige Indizien, wirklich beweisen lässt sich bislang keine von ihnen. Um es gleich vorwegzunehmen: Auch wenn ich beide Szenarien für denkbar halte, wir sie offen diskutieren und beiden nachgehen sollten, ist in meinen Augen der natürliche Ursprung, also der Übertritt des SARS-CoV-2-Virus von einem Tier auf den Menschen am wahrscheinlichsten. Doch der Reihe nach.

Die Labortheorie – Unfall mit Petrischale

Ein Grund dafür, dass die Laborunfalltheorie schnell ins Zentrum des Interesses rückte, ist die Lage des Wuhan-Instituts für Virologie (WIV), denn es befindet sich nur wenige Kilometer vom Huanan-Markt entfernt. Und tatsächlich hat das WIV seit 2005 Forschungen zu SARS-ähnlichen Fledermaus-Coronaviren durchgeführt und war an Experimenten beteiligt, die man als »Gain-of-Function«-Forschung charakterisieren kann.[9] Forschung also, die darauf abzielt, Viren genetisch so zu verändern, dass sie neue Eigenschaften erlangen, wie etwa eine erhöhte Übertragbarkeit oder Pathogenität. Die Idee ist also, dass man ein SARS-CoV-2-ähnliches Virus aus der Fledermaus oder einem anderen Tier isoliert und es dann so verändert hat, dass es auch menschliche Zellen infiziert oder sogar schwere Krankheitsverläufe hervorruft. Als Hinweis darauf wird das Vorhandensein einer ungewöhnlichen Furin-Spaltstelle im Coronavirus gesehen, die manche als Zeichen für eine menschengemachte Veränderung beurteilen.

Die Überlegung, dass es zu einem Laborunfall gekommen sein könnte, entstammt nicht etwa einem Science-Fiction-Thriller, sondern solche Fälle hat es in der Vergangenheit tatsächlich schon gegeben. Wie beispielsweise 1979 den Anthrax-Ausbruch in einem sowjetischen Forschungslabor oder 2007 den Maul-und-Klauenseuche-Ausbruch in Großbritannien, der durch ein undichtes Rohr in einem Hochsicherheitslabor verursacht wurde. Eine Epidemie wurde durch das Entweichen eines neuartigen, bisher unbekannten Virus aus dem Labor jedoch noch nie herbeigeführt.

Der einzige Vorfall einer im Labor erworbenen Infektion, die zu einer Epidemie führte, ereignete sich mit einem altbekannten Virus. Dem Ausbruch des H1N1-Schweinegrippevirus von 1977 (die »Russische Grippe«) liegt wahrscheinlich ein Laborunfall zugrunde. Genetische Analysen des Virus haben gezeigt, dass das aufgetretene Virus große Ähnlichkeit mit einem Stamm hatte, der seit den 1950er-Jahren nicht mehr zirkulierte und nur noch im Labor existierte. Dieser H1N1-Stamm verursachte hauptsächlich milde Erkrankungen und betraf überwiegend junge Menschen, die keine Immunität gegen den älteren Virusstamm hatten, während ältere Menschen, die bereits dem Virus aus den 1950er-Jahren ausgesetzt waren, eine gewisse Immunität aufwiesen.

Anzeichen für einen möglichen Laborunfall in Wuhan lieferten vor allem Beobachtungen der Geheimdienste. So hatte man über Standortdaten von Mobiltelefonen herausgefunden, dass in einem Hochsicherheitsbereich des WIV zwischen dem 7. und 24. Oktober 2019 keine Mobiltelefonaktivität stattfand, was auf ein mögliches »gefährliches Ereignis« und damit einen Shutdown des Labors hinweisen könnte.[10] Darüber hinaus gibt es Berichte von ungewöhnlichen Aktivitäten im WIV im September 2019 wie dem Löschen von genetischen Coronasequenzen aus öffentlichen Datenbanken, einer Übertragung der Laborkontrolle auf das Militär und der Beauftragung eines Unternehmens mit der Überarbeitung des Belüftungssystems im Labor. Befeuert wurde die Theorie vom Laborunfall durch das sogenannte DEFUSE-Projekt, ein Forschungsvorhaben, das an die Forschungsagentur des Pentagons, die Defense Advanced Research Projects Agency (DARPA), ging und SARS-ähnliche Fledermausviren mit laborsynthetisierten DNA-Abschnitten verändern sollte.[11]

Dass SARS-CoV-2 auf genau diese Weise erzeugt werden kann, beschreibt ein theoretisches Papier aus den Jahren vor der Pandemie.[12] Es schildert, wie das Genom eines SARS-ähnlichen Coronavirus in sechs Abschnitte zerschnitten werden kann, wenn man es mit bestimmten Restriktionsenzymen behandelt; genau diese Restriktionsenzyme und die dazugehörigen DNA-Abschnitte wurden vom Labor in Wuhan von New England Biolabs, einer Firma für Laborprodukte, bestellt. Obwohl mit den Materialien natürlich auch andere Forschungen durchgeführt worden sein könnten, nährt dieser Sachverhalt die Spekulationen um die Labortheorie.

Bleibt die Frage, wie SARS-CoV-2 nach dieser Entstehungstheorie aus dem Labor entwichen sein könnte. Wie kam es da raus? Dazu gibt es verschiedene Spekulationen, wobei die unbeabsichtigte Infektion von Labormitarbeitern am wahrscheinlichsten ist.

Letztendlich ist die Labortheorie allerdings nicht mehr als ein Verdacht, denn trotz intensiver Debatten gibt es keine belastbaren Beweise, die eine Laborherkunft des Virus bestätigen oder aber verneinen. Die WHO bezeichnet ein solches Laborereignis als »äußerst unwahrscheinlich« und nicht durch verfügbare Belege gestützt, betont aber zugleich, dass diese Möglichkeit ohne weitere Gegenbeweise auch nicht vollständig ausgeschlossen werden kann.[13]

Die Nassmarkttheorie – von Menschen und Tieren

Betacoronaviren wie SARS-CoV-2, SARS-1, aber auch MERS bergen seit jeher das Risiko einer Übertragung auf den Menschen und damit neuartiger Infektionen und Epidemien wie Pandemien. Vor allem Fledermäuse sind dafür bekannt, dass sie dauerhafte Populationen von Coronaviren beherbergen, die unter Bedingungen anhaltender Infektion Mutationen ansammeln, welche die Bindung an Rezeptoren über Artengrenzen hinweg ermöglichen – und also auch uns Menschen theoretisch infizieren können. Serologische und molekulare

Studien haben herausgefunden, dass es sich bei chinesischen Hufeisennasenfledermäusen aller Wahrscheinlichkeit nach um den Reservoirwirt von SARS-CoV-1 handelt, dass sie das Virus also lange Zeit beherbergen, ohne selbst davon beeinträchtigt zu werden, und so zur Quelle der Infektionskrankheit werden. Es gilt als gesichert, dass dieses Virus dann über den Larvenroller – eine Schleichkatzenart, die in Asien vorkommt – auf den Menschen übergegangen ist.

Die engsten bekannten Viren zu SARS-CoV-2 sind Fledermaus-Coronaviren mit einer genetischen Übereinstimmung von bis zu 95 Prozent. Diese Erkenntnisse stützen die Annahme, dass Fledermäuse eine zentrale Rolle bei der Evolution und möglichen Übertragung von SARS-CoV-2 auf den Menschen gespielt haben. Allerdings gehen die Theorien davon aus, dass es nicht zum direkten Übersprung von Fledermaus zu Mensch gekommen ist. Der genetische Unterschied von etwa 5 Prozent bringt vielmehr einen Zwischenwirt ins Spiel – auch wenn bislang keine direkte tierische Quelle für SARS-CoV-2 gefunden wurde.

Pangoline, Schuppentiere, die auf manchem Wetmarket in China feilgeboten werden, könnten als Zwischenwirt gedient haben, denn ein in der chinesischen Provinz Guangdong bei Pangolinen gefundenes Coronavirus weist eine hohe Sequenzähnlichkeit mit der Rezeptorbindungsdomäne des Spikeproteins von SARS-CoV-2 auf. Aber auch Marderhunde stehen als Ursprungsquelle hoch im Kurs. Und damit ist man bei der Nassmarkttheorie, derzufolge der Übersprung auf den Menschen von einem Wildtier auf einem ebendieser Märkte in China stattgefunden hat. Da dort wild lebende Tiere gehandelt und konsumiert werden, bei engem Kontakt zwischen den Tieren, bergen sie ein hohes Potenzial für eine Zoonose und den Übertritt eines Virus auf den Menschen.

So wurden auf ebenjenem verdächtigten Nassmarkt in Wuhan Waschbärenhunde, die mit SARS-CoV-2 infiziert werden können, gefunden und zeitlich mit den ersten Proben in Zusammenhang gebracht, die das Virus enthielten. Man entdeckte also keine Marderhunde, die auch mit Corona infiziert waren, sondern fand lediglich in ein und derselben Probe, die von einem Tisch, aus dem Abwasser oder sonst wo genommen wurde, DNA der Marderhunde und gleichzeitig RNA vom Virus. Doch wie aussagekräftig ist ein solcher Befund? Schließlich bedeutet ein gleichzeitiger Nachweis von Algen und Menschen-DNA im Abwasser nicht, dass in Menschen Algen wachsen. Direkte Beweise, die auf einen bestimmten Tierwirt als Ursprung des Virus hinweisen, fand man Stand Frühjahr 2024 nicht, und eine Studie dazu geriet aufgrund ihrer fehlerhaften Statistik in Verruf.[14]

Woher also kam SARS-CoV-2? Wir wissen es nicht. Da China die Proben erster Infizierter nicht mehr hat oder nicht rausgeben will, anhand derer wir sozusagen evolutionär das Virus zurückrechnen und der Labor- oder der Nassmarkttheorie ein Stück näherkommen würden, wird es auch in Zukunft bei der Suche nach der Nadel im Heuhaufen bleiben – nämlich nach einem Tier, das mit Corona infiziert ist und evolutionär zweifelsfrei den Ursprung der Pandemie darstellt.

»Too little too late«: Freie Fahrt für Corona?

Einen lokalen Ausbruch von einem Erreger wird man nicht immer verhindern können, aber es ist möglich, ihn in der ersten Phase einzudämmen und eine weltweite Ausbreitung abzuwenden. Dies muss das oberste Ziel jeder Infektionsbekämpfung sein. Aus einem lokalen Ausbruch darf keine Epidemie und aus einer Epidemie keine Pandemie werden. Dabei ist frühes und entschlossenes Handeln entscheidend. Erfolgreiche Beispiele dafür gibt es in unserer jüngeren Geschichte durchaus. Das SARS-CoV-1-Virus beispielsweise existiert bis heute im Tier und könnte theoretisch erneut auf den Menschen übergehen, wenn es vom Larvenroller auf eine Person überspringt. Beim Menschen selbst konnte es nach dem ersten Ausbruch eliminiert werden und ist in der menschlichen Population nicht mehr präsent.

Dabei hatte SARS-1 die erste Pandemie des 21. Jahrhunderts herbeigeführt – die wiederum in China, in der Provinz Guandong, ihren Anfang nahm, wo die ersten Fälle der durch SARS-CoV-1 ausgelösten Lungenerkrankung auftraten. Das war im Jahr 2002. Von dort nahm der Erreger seinen Weg über Thailand und Japan bis nach Kanada – wo ich die Auswirkungen hautnah erlebte, da ich 2003 in der Infektiologie eines Krankenhauses in Toronto genau zu dieser Zeit eine Famulatur durchführte. Vereinzelte Fälle wurden auch auf den Philippinen gefunden. Da die weltweit etwa 8000 Infizierten sowie ihre Kontaktpersonen ausnahmslos identifiziert und umgehend isoliert wurden, gelang es, das Virus einzudämmen und die Pandemie zu beenden. Seit jeher weiß man, dass die Kontaktnachverfolgung ein scharfes Schwert bei der Bekämpfung eines Ausbruchs ist – aber dazu später mehr. Und so ist es auch gelungen, SARS-1 beim Menschen auszurotten: Es waren kein Impfstoff und keine Behandlung, die das geschafft haben, sondern allein die Kontaktnachverfolgung.

Etwa 770 Menschen starben infolge einer SARS-CoV-1-Infektion, womit das Virus eine Letalität von rund 9 Prozent aufweist. Die hohe Sterberate ist die traurige Kehrseite des Vorteils, dass dieser Virustyp weniger leicht übertragbar ist als sein Nachfolger SARS-CoV-2. Wie auch der MERS-Erreger mit einer Sterblichkeitsrate von über 35 Prozent, der immer wieder zu lokal begrenzten Ausbrüchen führt, wenn er von Kamelen oder Dromedaren auf den Menschen übergeht, setzt sich SARS-CoV-1 tief unten in der Lunge fest. Mit oftmals schwerer Erkrankung und tödlichen Folgen. Man kann vereinfacht sagen: Repliziert ein Virus unten in der Lunge, ist es nicht so leicht übertragbar, aber tödlicher; repliziert ein Virus eher in den oberen Atemwegen, ist es leichter übertragbar, aber weniger tödlich. Ausnahmen bestätigen die Regel.

Vorteilhaft für die Eindämmung von SARS-CoV-1 war zudem seine Eigenschaft, kaum asymptomatische Krankheitsverläufe hervorzurufen. Hatte sich jemand infiziert, wurde er sichtbar krank und konnte entsprechend isoliert werden. Bei SARS-CoV-2 hingegen gab es viele Infizierte, die gar nicht wussten, dass sie sich das Virus eingefangen hatten – denn sie zeigten nicht einmal Erkältungssymptome, ganz zu schweigen vom Geruchs- und Geschmacksverlust oder anderen typischen Begleiterscheinungen einer Erkrankung mit SARS-CoV-2. Diese Beobachtung zählte zu den wichtigen Ergebnissen unserer ersten Heinsberg-Studie, bei der wir alle Angehörigen eines Haushalts auf Corona testeten, auch wenn jemand keine erkennbaren Symptome einer Erkältungskrankheit aufwies.

Unter dem Radar

Asymptomatische oder symptomlose Coronainfektionen führen auch zu der Frage, ob es nicht schon viel früher zu einer Ausbreitung von COVID-19 gekommen ist als Anfang Dezember 2019, dem Zeitpunkt, an dem in China erstmals von Fällen einer bislang unbekannten Atemwegserkrankung berichtet wurde. Schon im Sommer desselben Jahres hatten Athleten bei Militärfestspielen in Wuhan COVID-19-ähnliche Symptome gezeigt, und auch zurückdatierte Proben aus dem Herbst 2019 von Coronainfizierten im italienischen Bergamo, das eine große chinesische Population beherbergt, weisen in diese Richtung. Auch wenn es sich bei solchen Überlegungen um Modellierungen handelt, spricht doch einiges dafür, dass es schon viel früher als bislang angenommen zur Ausbreitung von SARS-CoV-2 gekommen sein könnte. Manchmal geschieht die Ausbreitung zunächst für eine längere Zeit unter dem Radar.

Nehmen wir nur die Anfänge der HIV-/Aids-Pandemie. Die ersten Fälle wurden nicht vor 1981 beschrieben, als in den USA in kurzer Zeit junge, eigentlich gesunde Männer gehäuft seltene Erkrankungen aufwiesen und daran starben. Schnell war die Rede von einer Homosexuellenseuche, die Betroffenen wurden stigmatisiert. Dabei war die Krankheit schon länger im Umlauf, wie man im Nachhinein herausfand, und sie betraf nicht ausschließlich Männer.

Die ersten nachweislichen Aids-Todesopfer waren ein Mann und eine Frau aus dem Kongo, verstorben in den 1920er-Jahren. Man hatte das kongolesische Paar aufgrund eines Verdachts sehr viel später wieder exhumiert und dann auf HIV getestet. Auch in den USA fand man frühere Fälle, die zeigten, dass sich das Virus schon seit Längerem unbemerkt ausgebreitet hatte: Robert Rayford gilt als erster bekannter Aidstoter Nordamerikas, er starb 1969 in St. Louis an den Folgen seiner HIV-Infektion.

In Europa war es Arne Vidar Røed, ein norwegischer Matrose, der sich auf einer seiner Fahrten nach Douala, Kamerun, nachweislich einen Tripper einfing, der aber gut behandelt wurde. Später war Røed als Lastwagenfahrer tätig und kam auf seinen Reisen auch häufiger durch Deutschland. Ab 1968 litt er immer wieder unter Gelenkschmerzen, Lymphödemen und Lungeninfektionen. Sein Zustand verbesserte sich zunächst durch Behandlung, verschlechterte sich aber ab 1975 wieder. Er entwickelte motorische Kontrollprobleme und Demenz und starb am 24. April 1976. Røeds Frau erkrankte ebenfalls an ähnlichen Symptomen und verschied im Dezember desselben Jahres. Auch die Tochter starb – am 4. Januar 1976 – im Alter von acht Jahren, und lediglich eine weitere Tochter infizierte sich nicht und überlebte. Røeds umsichtiger Arzt hatte den Krankheitsverlauf seines Patienten detailliert festgehalten und auch Proben aufbewahrt, in denen später das HI-Virus nachgewiesen werden konnte.

Die humanpathogenen HIV-Stämme, die beim Menschen die Krankheit Aids auslösen, stammen im Übrigen von einem nahe verwandten Virus der Affen ab, wie genetische Gemeinsamkeiten beweisen, das Simian-Immunodefizienz-Virus (SIV). Wann genau das HI-Virus vom Affen auf den Menschen übergegangen ist, lässt sich mithilfe der Phylogenie schätzen: um die Wende vom 18. zum 19. Jahrhundert, und das wahrscheinlich im Kongobecken, einem 200 Quadratkilometer großen Areal rund um Kinshasa.

So wie das Immunschwächesyndrom Aids lange unter dem Radar lief und erst durch die ungewöhnliche Häufung seltener Erkrankungen unter jungen Männern in den USA bemerkt wurde, kann auch Corona einige Wochen oder Monate unentdeckt geblieben sein. Es fehlte an Vigilanz für solche Infektionskrankheiten, und wenn man die Erkrankungen nicht wahrnimmt, kann sich ein Virus ungehindert verbreiten. Husten, Schnupfen, Heiserkeit – im Herbst und Winter gehören sie in vielen Teilen der Welt einfach dazu, und da fällt eine Infektion mit einem Coronavirus nicht unbedingt auf.

Gefahr erkannt, Gefahr gebannt?

Das gesicherte Wissen über die Anfänge der weltweiten Coronapandemie lässt sich jedoch protokollieren: Am 12. Dezember 2019 wurde ein Cluster von Patienten in Wuhan mit einer atypischen, pneumonieartigen Krankheit beschrieben, die auf Standardbehandlungen nicht gut anzusprechen schienen.[15] Diese Erkenntnis hatte man allerdings erst im Nachhinein. China vertuschte wohl den Ausbruch. Zumindest wurde die WHO nicht sofort benachrichtigt. Unsere Informationen darüber sind leider begrenzt. Reporter westlicher Medien wurden ausgewiesen, und lokale Bürgerjournalisten, die in jenen frühen Tagen Informationen teilten, wurden inhaftiert.[16] Aber die Beweise deuten stark darauf hin, dass

China die Gefahr früh erkannte, bevor es die Welt am 31. Dezember 2019 darüber in Kenntnis setzte. An dem Tag wurde das Landesbüro der WHO in China über mehrere Fälle einer Lungenentzündung unbekannter Ätiologie in Wuhan, China, informiert, bei denen Symptome wie Atemnot und Fieber auftreten.

Alle anfänglichen Erkrankungen schienen mit dem Huanan-Seafood-Großmarkt in Verbindung zu stehen; am 1. Januar 2020 wurde er daraufhin geschlossen. Zeitgleich mit der Bekanntgabe der Krankheitsfälle durch die chinesische Regierung schickte Taiwans Zentrum für Krankheitskontrolle, das über enge Kontakte vor Ort in China verfügt, eine E-Mail an die Weltgesundheitsorganisation, in der es Besorgnis darüber ausdrückte, dass Patienten in Wuhan isoliert wurden – ein klares Zeichen für den Ausbruch einer Infektionskrankheit mit einer Übertragung von Mensch zu Mensch.

Am 3. Januar 2020 übermittelte China die Angabe von über 40 identifizierten Fällen an die WHO, am 13. Januar wurde der erste Fall in Thailand gemeldet, am 15. Januar in Japan und am 20. Januar in den USA. Am 23. Januar wurde die Elf-Millionen-Einwohnerstadt Wuhan abgeriegelt, aber da war es bereits zu spät.[17] Weitere Fälle in Spanien, Frankreich und Italien tauchten auf; Ende Januar der erste auch in Deutschland.

Zu diesem Zeitpunkt hatte sich aus dem lokal begrenzten Infektionsgeschehen (China) bereits eine Epidemie (Asien) und schließlich Pandemie (USA, Europa) entwickelt und zur Infektionsbekämpfung die Weltgesundheitsbehörde auf den Plan gerufen. Doch mangelnde Transparenz von China und zu zögerliches Vorgehen der WHO vereitelten die vielleicht letzte Chance, das Ausmaß der COVID-19-Pandemie noch zu begrenzen.

Was wäre passiert, wenn China bereits Anfang Dezember 2019 offen die Coronafälle an die WHO kommuniziert hätte? Was wäre passiert, wenn die Welt und die Weltgesundheits-

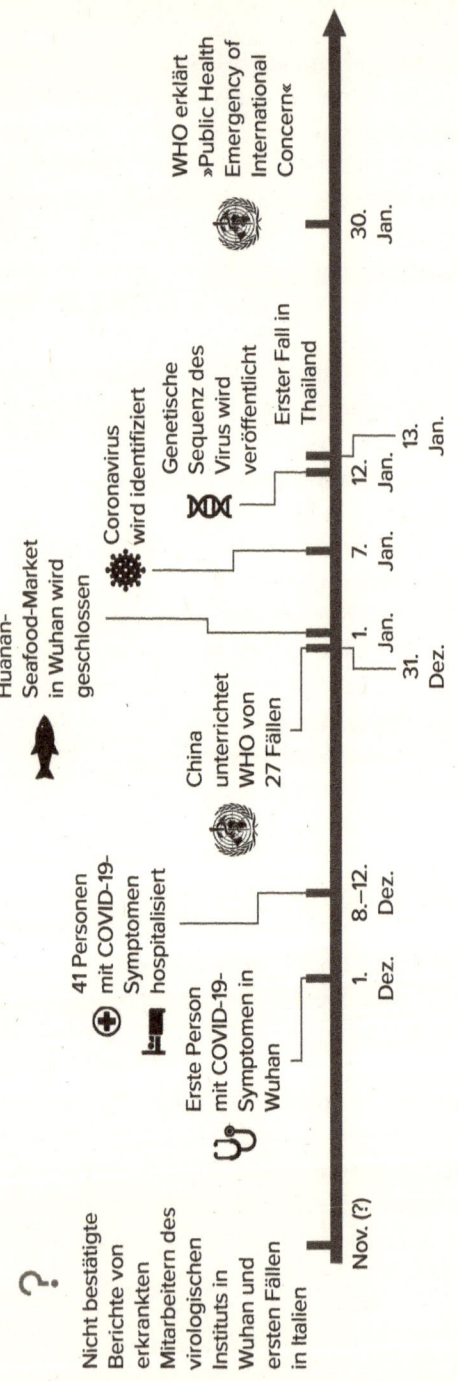

Die Anfänge der Corona-Pandemie von November 2019 bis Januar 2020 [2]

organisation im Januar 2020 schnell und entschieden reagiert hätten, wie zum Beispiel Taiwan es getan hat? Taiwan begann sofort nach Bekanntgabe der ersten Infektionen mit einem systematischen Screening aller ankommenden Reisenden aus Wuhan. Eine frühere Warnung und eine bessere Informationsweitergabe über das Risiko eines Coronaausbruchs hätten erhebliche Auswirkungen auf die Pandemie haben können. Mithilfe breiterer syndromischer Falldefinitionen und einer aktiven Überwachung des Infektionsgeschehens hätte die Verbreitung von COVID-19 in allen Ländern deutlich besser identifiziert werden können, als in der Frühphase der Pandemie geschehen. Doch die WHO handelte zu spät, und die Welt versäumte es, die Warnungen ernst zu nehmen und rechtzeitig aktiv zu werden.

Noch am 22. Januar 2020 entschied sich die WHO dagegen, im Zusammenhang mit dem neuartigen Coronavirus von einer gesundheitlichen Notlage internationaler Tragweite zu sprechen, was ein umgehendes weltweites Handeln erforderlich gemacht hätte. Und zur weltweiten Pandemie erklärte sie die Verbreitung der COVID-19-Erkrankung erst am 11. März des Jahres. Zu diesem Zeitpunkt waren bereits mehr als 118 000 Menschen in 114 Ländern erkrankt und 4291 Todesfälle infolge einer Coronainfektion zu beklagen.[18]

Rückblickend bleibt festzuhalten: Ja, die Pandemie hätte vielleicht eingedämmt werden können, bevor sie zu einer solchen wurde. China hätte sofort reagieren müssen, als die ersten Fälle auftauchten, die WHO hätte schneller und entschlossener handeln müssen. »Be fast, have no regrets« – fasste Michael Ryan von der WHO später die Situation treffend zusammen. Handeln im Rahmen ihrer Möglichkeiten und darüber hinaus. Würde man die WHO mit der Autorität ausstatten, Erreger mit grenzüberschreitendem Potenzial direkt nach Meldung eines Ereignisses in einem beliebigen Staat zu untersuchen und ein Gesundheitsausbruch-Untersuchungsteam vor Ort einzusetzen, hätte sie die nötigen Eingriffsmöglichkeiten, um ihrer zentralen Rolle beim Kampf gegen weltweite Pandemien gerecht zu werden. Fraglich bleibt, ob Staaten diese Rolle überhaupt an die WHO abgeben wollen oder sich nicht vielmehr jeder für sich ein eigenes, besseres Monitoring aufbauen möchte. Die Diskussion darüber sollte jedenfalls geführt werden.

Ruhe vor dem Sturm: Wie hat sich Deutschland auf die Pandemie vorbereitet?

Doch was taten wir in Deutschland? Nachdem sich das Virus in verschiedenen Ländern der Welt gezeigt hatte, war es eigentlich nur eine Frage der Zeit, bis es auch hierzulande zu den ersten Coronafällen kommen würde. Wir am Institut für Virologie in Bonn wie auch andere Institute in Deutschland trafen Vorkehrungen, indem wir unseren Standardtest für respiratorische Viren, den PCR-Test, auf SARS-CoV-2 adaptierten. Wir testeten verstärkt Reisende aus China oder solche mit Erkältungssymptomatik auf das neue Coronavirus. Und warteten auf den ersten positiven Fall. Wie aber bereitet sich ein ganzes Land darauf vor, dass es in den nächsten Wochen oder sogar nur Tagen mit einer Pandemie konfrontiert werden wird?

Verwalten oder handeln

Zuständig für das Pandemiemanagement ist als obere Bundesbehörde im Gesundheitswesen das Robert-Koch-Institut (RKI), zu dessen Kernaufgaben die Bekämpfung von Infektionskrankheiten zählt. Dort wurde wie folgt reagiert: Am 6. Januar setzte das RKI eine »Lage«-Arbeitsgemeinschaft ein, deren Aufgabe in der Bewertung der jeweils aktuellen Situation sowie des Lagemanagements bestand. Am 14. Januar wurde eine Koordinierungsstelle ins Leben gerufen, um den wachsenden Kommunikations- und Koordinierungsbedarf aufzufangen und die zuständigen Fachstellen zu entlasten. Nach Auftreten des ersten Coronafalls in Deutschland wurde dann aus der Lage-AG der Krisenstab, und die Koordinierungsstelle wuchs sich am 28. Januar 2020 zum Lagezentrum aus – entsprechend der höchsten Eskalationsstufe des RKI-internen Krisenstabs.[19] Damit verbunden war eine Aufstockung von Mitarbeitern sowie Einbeziehung anderer Akteure wie der Bundeszentrale für gesundheitliche Aufklärung (BZgA) und des Bundesministeriums für Gesundheit (BMG). Zur Informationssammlung und deren fortlaufender Aktualisierung kam die Formulierung von Ratschlägen, die uns über die Website zur Verfügung gestellt wurden. Die Informationen und Daten stammten vor allem aus dem Ausland, von Publikationen, befreundeten Institutionen und allen voran der WHO und dem europäischen Center of Disease Control (ECDC).

Was aber wurde zur Eindämmung von SARS-CoV-2 getan, als es bei uns angekommen war, und welche Schritte unternommen, um mehr über das neuartige Virus zu erfahren? Vonseiten des RKI nur wenig. Die Universität in München nahm sich des ersten Coronafalls an, und auch einige Virusproben wurden verschickt. Doch selbst als mehr Infektionen auftauchten und es auch in Deutschland zu einem Superspreading-Ereignis kam, verfügte das RKI noch über kaum Informationen und blieb erstaunlich passiv. Wie viele Infizierte sich in Quarantäne befanden, wie viele Kontaktpersonen festgestellt worden waren – bei Rückfragen dazu wurde auf die Gesundheitsämter vor Ort verwiesen. Diese Daten wurden nicht zentral gesammelt.

Auch über die Kappensitzung in Heinsberg, das erste bekannte Superspreadingevent bei uns, hatte das RKI zum Zeitpunkt des Ausbruchs erschreckend wenig Informationen. In den RKI-Protokollen aus diesem Zeitraum findet sich kaum etwas dazu, und auch wir wurden erst Monate später gefragt, ob wir unsere Daten bereitstellen würden, was wir gerne taten. In der Anfangsphase hatte man kein Interesse gezeigt. Vielleicht lag es aber auch einfach daran, dass mein Name in den Protokollen falsch geschrieben worden war und man mich in Köln verortete und nicht in Bonn. Wer weiß das schon.

Was aber unternahm das RKI, um eine landesweite COVID-19-Infektionswelle zu verhindern oder zumindest abzumildern? Führte es eine praktische Vor-Ort-Forschung durch?[20] Das RKI verfügt über eine eigene Abteilung zu respiratorischen Viren und sollte also mit den Gefahren vertraut sein und Handlungsoptionen entwickelt haben.

Doch wer annimmt, als in China die ersten Fälle bekannt wurden, hätte man begonnen, die Forschung in Deutschland zu planen oder zu koordinieren, hätte Vorsorge getroffen und empfohlen, Schutzkleidung zu bestellen, hätte flächendeckende Testungen in die Wege geleitet oder Ärzte und Pflegepersonal proaktiv mit Informationen ausgestattet, wird enttäuscht sein. Wer annimmt, dass in dem Moment, als die Nachricht von ersten Infektionsfällen in Deutschland aufkam, beim RKI nun endlich die Alarmglocken geschrillt hätten und betriebsame Aktivität ausgelöst worden wäre, wird ebenso enttäuscht sein. Zwar wurden Daten aus China zusammengefasst sowie nationale Pandemiepläne aus der Schublade geholt und auf den neusten Stand gebracht, doch viel mehr erfolgte bis dato nicht.

In den aufgefrischten Pandemieplänen werden detailliert verschiedene Szenarien dargestellt. Zunächst sollte eine Eindämmungsstrategie (»Containment«) die Ausbreitung des Coronavirus verlangsamen, indem einzelne Infektionen früh erkannt und Infektionsketten unterbrochen werden durch Identifizierung und häusliche Quarantäne der Kontaktpersonen labordiagnostisch bestätigter Fälle. Sollte sich das Virus dennoch weiterverbreiten, plante man eine schrittweise Anpassung der Strategie, wobei der Fokus auf den Schutz von

Risikogruppen (»Protection«) und auf die Minderung der Folgen für die Gesellschaft und das Gesundheitssystem (»Mitigation«) verschoben werden sollte.

Dieser Ansatz zielte darauf ab, die Ausbreitung zu verlangsamen, schwere Krankheitsverläufe zu reduzieren und das Gesundheitssystem nicht zu überlasten. Ein guter Plan, der aber im Verlauf der Coronakrise recht schnell aufgegeben wurde. Warum, werden wir noch sehen, aber eins sei bereits angemerkt: Es ergibt Sinn, solche Pläne mit kühlem Kopf aufzustellen und nicht erst in der Hitze der Krise zu überlegen, wie man auf eine neue Begebenheit reagiert.

Zu Beginn einer Pandemie müssen Entscheidungen oft unter Unsicherheit getroffen werden. Maßnahmen wie Homeoffice, Maskenpflicht oder Kontaktbeschränkungen wurden als notwendig betrachtet, um die Übertragung einzudämmen und den Gesundheitsämtern sowie Krankenhäu-

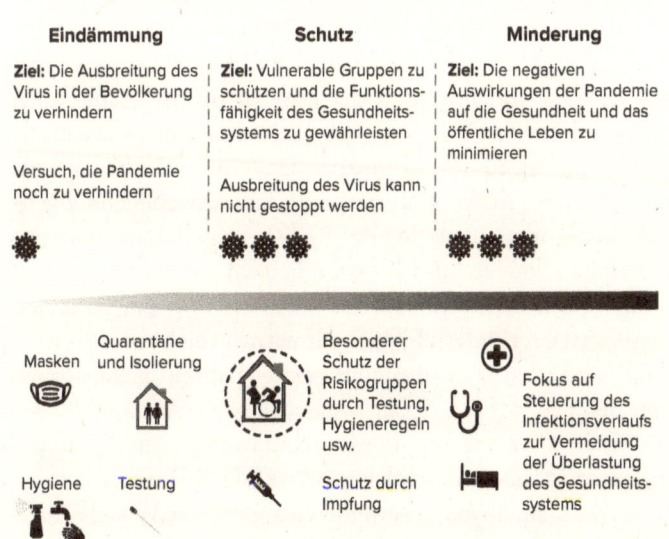

Verschiedene Ziele des Pandemiemanagements [3]

sern den notwendigen Spielraum zu verschaffen – so wie es der Pandemieplan vorsah. Doch erzielten diese Maßnahmen auch den gewünschten Effekt? Diese Frage wie auch diejenige nach möglichen unerwünschten Wirkungen von Maßnahmen blieben unbeantwortet, denn eine wissenschaftliche Erfassung und Auswertung notwendiger Daten erfolgte nicht. Pandemiebegleitende Forschung war in der Planung des RKI nicht vorgesehen und wurde auch nur sehr sporadisch durchgeführt. Es stellt sich die Frage: Warum? Warum wollte, konnte oder durfte das RKI diese wichtige pandemiebegleitende Forschung nicht durchführen? Ob die Interventionen dazu geeignet waren, die Virusausbreitung einzudämmen, schwere Krankheitsverläufe zu verhindern und Menschenleben zu schützen, konnte aus diesem Grund ebenso wenig abgeschätzt werden wie ihre Effekte auf Wirtschaft und Gesellschaft, beispielsweise die Bildung und das Wohlergehen der Kinder.

Um wichtige Daten zum Test- und Infektionsgeschehen sowie der Auswirkungen von Eindämmungs- und Therapiemaßnahmen zeitnah zu sammeln und bereitzustellen, fehlt es bei uns schlichtweg an der nötigen Infrastruktur. Auch hierfür wäre das RKI verantwortlich gewesen. Deutschland wusste zu Beginn der Coronapandemie nur sehr wenig über das Virus, die Ausbreitungswege, die krankmachenden Eigenschaften und die Reaktion der Bevölkerung darauf. Wichtige Parameter wie die Infektionssterblichkeit, der Anteil Schwerkranker oder asymptomatisch Infizierter sowie das Verhalten des Virus bei Kindern lernten wir vornehmlich aus dem Ausland, wo Daten gesammelt und Studien frühzeitig angestoßen wurden.

Noch dazu machte Deutschland wenig Anstalten, das fehlende Wissen aufzuholen, als SARS-CoV-2 schließlich im Land war. Auch wenn einzelne Gruppen von Wissenschaftlern vorpreschten – wie wir mit unserer Heinsberg-Studie –, um Daten zum Infektionsgeschehen zu sammeln, blieben die zentralen Stellen eher passiv. Aber würde man nicht meinen und auch erwarten, dass die Untersuchung des Infektionsgeschehens in die Verantwortung staatlicher Stellen fallen sollte? Oder wenigstens, dass die deutschlandweite Forschung zentral koordiniert wird?

In einer Pandemie braucht es schnelle Antworten. Es geht nicht darum, wer als Erster etwas entdeckt und die Lorbeeren dafür erntet. Antworten und Forschungsvorhaben müssen konzertant und interdisziplinär geplant und vorangebracht werden, Lücken gemeinsam definiert und Ergebnisse koordiniert analysiert werden. Idealerweise sollte dies von der Leitung einer Forschungskoordinationsstelle des Bundes jenseits von Partikularinteressen gesteuert werden, um schneller zu Resultaten zu gelangen, Dopplung von Projekten und damit Verschwendung von Ressourcen zu vermeiden und die Zusammenarbeit von Gruppen mit ähnlichen, aber konkurrierenden Interessen zu gewährleisten.

Auch wenn man annehmen könnte, dass das Robert-Koch-Institut diese Rolle innehaben sollte, wurde während der Coronapandemie sehr schnell deutlich, dass das RKI dafür nicht ausgelegt ist. Das Institut hat in der Krise gemacht, was es formal machen sollte: zugeschaut, Daten gesammelt und Ratschläge gegeben. Das war aber zu wenig und häufig zu theoretisch, wie das Beispiel Heinsberg zeigt.

Als es nach dem Karneval im Februar 2020 dort zum deutschlandweit ersten großen Coronavirusausbruch kam, sollte sich auf Rat des RKI das gesamte medizinische Personal, das in Kontakt mit dem Virus gestanden hatte, in Quarantäne begeben. Diese Maßnahme hätte bedeutet, dass Kliniken, Praxen und ganze Einrichtungen geschlossen werden müssen. Während das RKI auf der Forderung beharrte, stellte sich der Landkreis dagegen, denn in der Praxis hätte ein Befolgen dieser Richtlinie dazu geführt, dass immer mehr medizinisches Personal nicht mehr hätte arbeiten dürfen. Das RKI reagierte verschnupft, dabei hätte man sich mehr Präsenz des Instituts vor Ort gewünscht und Hilfe zur Eindämmung des Ausbruchs. Vielleicht sogar Studien zum Virus und Bemühungen, Lösungen zu finden, die nicht nur am Schreibtisch gut klingen, sondern in der Praxis auch gut umgesetzt werden können.[21]

Obwohl man dem RKI zugutehalten muss, dass es in dieser Anfangsphase der Pandemie noch davon ausging, dass man das Virus durch Kontaktnachverfolgung eindämmen kann,[22] war es insgesamt doch ein großes Versäumnis, dass es während der Krise so passiv blieb oder bleiben musste. Das RKI hat die Coronapandemie verwaltet, anstatt sie aktiv zu kontrollieren. Es war reaktiv, nicht proaktiv. Es hat kaum praktische Feldarbeit vor Ort betrieben und auch die Forschung verschiedener Akteure nicht unterstützt und zusammengeführt. Das RKI hätte die Pandemie nicht verhindern können, aber die Eindämmung des Virus in Deutschland mit größerer Entschiedenheit vorantreiben müssen. Die strukturelle Kritik richtet sich daher nicht an das RKI selbst, sondern an den Auftrag, den die Politik dem RKI gegeben hat.

Als Institution, in deren Verantwortungsbereich die Bekämpfung von Infektionskrankheiten fällt, muss es reformiert werden, um seiner zentralen Stellung während einer Pandemie in Zukunft gerecht werden zu können. Es muss die Möglichkeit haben, schnell vor Ort zu sein. Es muss in lokale Krisenstäbe eingebunden werden und wichtige Daten sammeln können. Forscherteams müssen bei ersten Ausbrüchen direkt vor Ort sein können, mobil, flexibel und pragmatisch die Eindämmung aktiv mitgestalten. Eine Eingreiftruppe, die zum Beispiel unterstützt durch das Technische Hilfswerk innerhalb von Stunden erste wichtige Daten liefert.

Die Pandemie hat gezeigt, welche wichtige Rolle dem RKI im Management von Gesundheitskrisen zukommt, insbesondere durch seine Arbeit in der Datensammlung, Forschung und politischen Beratung. Zugleich wurde deutlich, dass weder Ausstattung noch Struktur des Instituts für solche Krisen gewappnet sind. Nach dem HIV-Blutprodukte-Skandal 1994, bei dem über mit dem HI-Virus kontaminiertes Blut die Infektion weitergegeben worden war, wurden dem RKI nach und nach wichtige Funktionen entzogen, während in anderen Ländern vergleichbare Institute modernisiert, verbessert und ausgebaut wurden. Mehr denn je braucht Deutschland aber ein schlagkräftiges und handlungsfähiges Gesundheitsinstitut. Es muss wieder in der Lage sein, aktiv einzugreifen, um die Gesundheit der Bevölkerung vor Gefahren aller Art – seien es Naturkatastrophen, Infektionsausbrüche, Pandemien und Epidemien oder auch Krieg und Angriffe mit chemischen, biologischen oder radionuklearen Waffen – zu schützen.

Das RKI leidet erheblich unter einem Ressourcenmangel, wie uns die Pandemie deutlich vor Augen geführt hat. Aus diesem Grund erschien es häufig in seiner Reaktionsfähigkeit träge. Auch gab es Vorwürfe, dass es als weisungsabhängige Unterbehörde des Bundesgesundheitsministeriums nicht politisch unabhängig agieren kann. Und tatsächlich hat sich in einer Zeit, in der wissenschaftliche Unabhängigkeit und politische Transparenz wichtiger denn je sind, um Vertrauen aufzubauen, die politische Abhängigkeit des RKI als Schwachpunkt erwiesen. Die durch einen Leak veröffentlichten RKI-Protokolle des Krisenstabs und die damit verbundene Bereitstellung von E-Mail-Kommunikationen mit dem BMG zeigen deutlich, dass das RKI nicht immer auf Basis wissenschaftlicher Erkenntnisse gehandelt hat, sondern auch Vorgaben des Ministeriums in die eigene Kommunikation einbezogen hat. Die Weisungsgebundenheit erweist sich als Schwachstelle in der Krise und stärkt nicht das Vertrauen in die Wissenschaftlichkeit des RKI. Dazu gehört die Möglichkeit, wissenschaftliche Daten nach besten Wissen und Gewissen erheben zu können. Insbesondere zu Beginn der Pandemie wäre die Schaffung eines unabhängigen Gesundheitspanels sinnvoll gewesen, das zuverlässige Daten zur Coronainzidenz hätte liefern können. Inzidenzen, Prävalenzen, Impfstatus und so weiter – so messen, wie es sich gehört. Nämlich über eine verlässliche Stichprobe und nicht über Faxe, die von Gesundheitsämtern und Laboren an das RKI übermittelt werden und denen man – weil man nichts anderes hatte – einfach glauben musste. Ja, es mangelte auch an digitalen Schnittstellen mit Krankenhäusern und anderen Gesundheitseinrichtungen, was eine effiziente Datenübertragung verhinderte.

Doch anstatt jetzt das RKI auszubauen, wird es entmachtet, zerschlagen und aufgesplittet. Das geplante Bundesinstitut für Prävention und Aufklärung in der Medizin (BIPAM) soll nun Zuständigkeiten des RKI für nicht übertragbare Krankheiten sowie in den Bereichen Epidemiologie und Gesundheitsmonitoring übernehmen. Diese Neugestaltung zielt darauf ab, die Kapazitäten für Prävention und medizinische Aufklärung zu stärken. Allerdings bewirkt man durch die Umstrukturierung eine Schwächung der Institutionen mit erheblich mehr Bürokratie und ineffizienten Doppelstrukturen, die insgesamt das komplexe Beziehungsgeflecht im öffentlichen Gesundheitsdienst eben nicht vereinfachen, sondern komplizierter machen. Auch ist die Aufsplittung der Zuständigkeiten zwischen übertragbaren und nicht übertragbaren Krankheiten fachlich unsinnig. Sogar die WHO schlägt vor, eher einen umfassenden Gesundheitsansatz »Health in all Policies« zu wählen und nicht zu versuchen, künftig Trennlinien zu ziehen.

Sinnvoller wäre es, das RKI zu einem Kompetenzzentrum für »Public Health« auszubauen und ihm eine zentrale Rolle in den Bereichen Epidemiologie, Gesundheitsvorsorge und Forschung zu übertragen. Es ist entscheidend, dass das RKI kooperativ mit anderen wissenschaftlichen Einrichtungen zusammenarbeiten und eine koordinierende Rolle in der Wissenschaft übernehmen kann. In der Rückschau auf die Pandemie wird deutlich, dass ein unabhängigeres Institut eine offene, selbstkritische und inklusive Forschungskultur fördern muss, um für zukünftige Gesundheitskrisen besser gewappnet zu sein. Eine Lehre aus der Pandemie ist, dass wir eine Reform des RKI brauchen, aber bitte eine Stärkung und keine Schwächung dieser wichtigen Institution.

Doch nicht nur das Robert-Koch-Institut muss sich Fragen zu seinem Handeln während der Coronakrise gefallen lassen, auch Wissenschaft, Journalismus und Politik haben ihre eigentliche Aufgabe während der Pandemie nicht immer angemessen erfüllt.

Die Dynamik eines Falls: Von Wissenschaft und Aktivismus

Zeit ist ein entscheidender Faktor bei der Bekämpfung einer Pandemie. Doch um schnellstmöglich die Kontrolle über das Virus zu gewinnen und Schaden von den Menschen abzuwehren, muss man wissen, mit welchem Gegner man es zu tun hat.

Die Coronapandemie stellte die globale Forschungsgemeinschaft vor eine Herausforderung historischen Ausmaßes. So schnell, wie SARS-CoV-2 sich über die Welt ausbreitete, so schnell brauchte man Informationen über seine Eigenschaften, die Übertragungswege, die Krankheitsverläufe. Nie zuvor musste die Wissenschaft in derartigem Tempo Erkenntnisse über ein neuartiges Virus, die damit verbundene Krankheit und die Immunitätsentwicklung nach einer Infektion generieren. Gleichzeitig waren verlässliche Daten zur Wirksamkeit von Schutzmaßnahmen essenziell, die von der Politik in aller Eile ergriffen wurden. Aber selbst ein Jahr später standen viele Fragen immer noch im Raum. Wie gut wirkt der Impfstoff gegen eine Infektion? Wie lange bleibt der Impfschutz bestehen? Wie verändert sich das Virus weiter? Oder wie viele erkranken wirklich an Long-COVID? Und was ist Long-COVID überhaupt?

Anstelle einer gebündelten wissenschaftlichen Kompetenz präsentierte sich die Forschungslandschaft in Deutschland als ein Archipel isolierter Inseln – von universitären Forschungszentren über spezialisierte Institute wie Leibniz, Helmholtz, Max Planck bis hin zu Fraunhofer –, die untereinander kaum vernetzt sind. Zwar gab es Versuche, die medizinische Forschung zu COVID-19 in Deutschland in einem Netzwerk, dem Netzwerk Universitätsmedizin (NUM) zusammenzuschließen, doch sie blieben hinter den Erwartungen zurück. Es fand keine Koordination der Forschung statt. Jeder kämpfte für sich. Das NUM wurde vom Bundesministerium für Bildung und Forschung (BMBF) im Jahr 2020 mit fast einer Viertelmilliarde Euro ausgestattet. Das von der Charité geleitete Programm entpuppte sich aber als ein schwerfälliger Apparat mit zu langen Entscheidungswegen und zu zögerlichen Ergebnissen.

An die Stelle koordinierter Informationsgewinnung und Informationsvermittlung trat die Einzelmeinung von Experten, die wie Pilze aus dem Boden schossen, begleitet von einer Explosion an Vorveröffentlichungen wissenschaftlicher Studien auf Preprint-Servern und eigenen Websites, die die anonyme Begutachtung im Rahmen des Peer-Review-Verfahrens nicht durchlaufen hatten. Die Notwendigkeit schneller Resultate hebelte das traditionelle Prüfverfahren der Wissenschaft aus; es war einfach zu langsam und zu sperrig. Forschungsergebnisse, die sonst Monate oder Jahre gebraucht hätten, um das Licht der Welt zu erblicken, waren nun innerhalb von Tagen oder Stunden der gesamten Öffentlichkeit zugänglich.

Aber mit der Schnelligkeit kamen auch Fragen nach der Zuverlässigkeit und Validität dieser Informationen. Die neue Dynamik der Informationsverbreitung verlagerte die Debatte und die kritische Überprüfung in die öffentliche Sphäre. Die Kommentierung übernahmen andere prominente Wissenschaftler in ihren Podcasts, auf Twitter (heute »X«), in Talkshows oder in koordinierten Stellungnahmen.

Virologen, Epidemiologen oder Mediziner – jeder äußerte sich zu allen möglichen Aspekten rund um die Pandemie, doch wer besaß eigentlich die erforderliche Autorität, um zu einem bestimmten Thema Auskunft zu geben? War jeder von ihnen automatisch Coronaexperte oder durfte sich nur derjenige so nennen, der seit Jahren an solchen Viren forschte? Eine oft gehörte, aber doch aktivistische Forderung von einigen wenigen Wissenschaftlern lautete, die Äußerungsmöglichkeit durch »Mandate« zu begrenzen, um so unliebsame Wissenschaftler besser aus der öffentlichen Debatte heraushalten zu können, was natürlich nicht geht und nur den Wunsch widerspiegelt, die eigene Position zu festigen. Wer aber hat die richtige Expertise in einer viralen Pandemie?

Die Antwort auf diese Frage ist mehr als komplex. Zieht man die Grenze eng, darf sich ebenjener Experte, der sich mit dem genetischen Aufbau des Virus befasst, bitte nicht zu Kindern, Immunantworten, Hygienemaßnahmen, Übertragungswegen oder Krankheitsverlauf äußern. Denn dafür – und das muss man deutlich benennen – ist dieser Wissenschaftler dann eindeutig kein Experte. Was war mit Experten für Hepatitis, HIV oder Emerging Viruses, die vielleicht nicht zu genau dem Virustyp geforscht, aber dafür Impfstoffe untersucht oder epidemiologische Studien gemacht und dadurch einen anderen Blick auf die Pandemie hatten?

Um eine Pandemie in ihrer ganzen Breite zu erfassen, braucht man die Kompetenz vieler unterschiedlicher Fachrichtungen, und so wurden auch die unterschiedlichsten Wissenschaften in die Debatte einbezogen. Dennoch entstand in der Öffentlichkeit der Eindruck, dass nur einige ausgewählte Wissenschaftler über die nötige Expertise verfügten, um sich zur Pandemie zu äußern. In der Art eines Tunnelblicks wurde zwischen »richtiger« und »falscher« Wissenschaft unterschieden, und jeder Ausflug ins Land jenseits des Tellerrands erfolgte auch wieder nur in die Richtung, die kompatibel mit den eigenen Ansichten war.

Dazu gehörte auch, dass bestimmte wissenschaftliche Studien vorzeitig gelobt wurden, während man andere, die vielleicht kritischer oder weniger konform waren, öffentlich infrage stellte. Der Wissenschaftsjournalismus spielte in vielen Fällen ebenso keine ausgewogene Rolle. Anstatt Erkenntnisse und Diskussionen gegenüberzustellen, wurde oft vorschnell gewertet. Dies kumulierte in Begriffen wie »False Balance« oder »PLURV«, ein Kompositum, um vermeintliche Fehlinformation zu erkennen (Pseudoexperten, logische Trugschlüsse, unerfüllbare Erwartungen, Rosinenpickerei und Verschwörungstheorien). Nur stellten gerade diese Begriffe in der Pandemie eine sträfliche Missdeutung dar, geht es dabei doch eigentlich um gezielte Leugnung des wissenschaftlichen Konsenses in einem bestimmten Feld. Wir hatten aber keine wissenschaftlichen Erkenntnisse, und daher wurde mit Scheinargumenten versucht, die notwendige wissenschaftliche Debatte abzuwürgen. Denn es handelte sich nicht um Diskussionen, ob es das Virus überhaupt gibt oder nicht oder ob eine Pandemie stattfindet – das wäre in der Tat eine gezielte Leugnung eines wissenschaftlichen Konsenses –, sondern es ging um eine in Nuancen andere Einschätzung des gleichen Sachverhalts, häufig gefärbt durch unterschiedliche Expertisen. Schließlich haben wir manchmal gemerkt, dass das, was die vermeintliche Mehrheitsmeinung ist, sich eben dann doch als falsch herausstellte. Bis heute wird in der Rückschau auf die Pandemie mit einer »Mehrheitsmeinung« und einer »Minderheitsmeinung« argumentiert. Dabei geht es aber mehr um Rechthaberei und Diskreditierung Einzelner oder ganzer Fachgebiete und nicht darum, für die nächste Pandemie den besten Weg zu finden.

Die selektive Anerkennung von Forschungsergebnissen ist ein direkter Widerspruch zu den Grundprinzipien wissenschaftlicher Integrität und Objektivität. Gerade in der Dynamik eines Pandemiegeschehens spielen sie aber eine wichtige Rolle, und ihre Abwertung führt zu einer Verunsicherung der Bevölkerung. Dabei ist es in einer solchen Krise wichtig, Unsicherheiten zu reduzieren und das Vertrauen in die Wissenschaft sicherzustellen. Gleichzeitig müssen Zusammenhänge in ihrer Komplexität richtig dargestellt werden. Aber das wurde zu wenig gemacht – auch nicht von den Wissenschaftsjournalisten. Nehmen wir die Bilder überfüllter Krematorien, die mitten in der Coronakrise durch die Medien gingen und bei den Menschen Panik auslösten. Richtig war: Es gab viele und zu viele Coronatote. Doch dass in einigen Landstrichen wie zum Beispiel in Sachsen unsere Krematorien zeitweise an ihrer Belastungsgrenze angelangt waren, lag auch daran, dass nicht wie üblich ein Großteil der Leichen in polnische oder tschechische Krematorien gebracht werden konnte, da die Grenzen geschlossen waren. Auch das gehört zur Wahrheit dazu. Vermeintliche Gewissheiten bedürfen immer der Einordnung, und Wissenschaft muss auch unter Handlungsdruck eine differenzierte Sicht gewährleisten.

Vor diesem Hintergrund sind auch Modellierungsstudien einzustufen, die am Computer mögliche Entwicklungen simulieren und teilweise eine große Klarheit suggerieren, obwohl sie weder die Komplexität einer Pandemie noch die Unsicherheiten in den Modellen ausreichend berücksichtigen können. Modelle sind eine gute Richtschnur, können aber keine präzisen Vorhersagen treffen. Man denke nur an den Wetterbericht. Wir alle kennen die Tage, für die uns doch am Abend zuvor Sonne versprochen wurde und die dann in strömendem Regen enden oder anstelle des angesagten Sturms uns nur mit einem lauen Lüftchen beglücken. Im Durchschnitt liegt die Treffsicherheit der Wetterfrösche bei der Vorhersage des Wetters der nächsten Tage nur bei rund 70 Prozent. Modelle haben beim Umgang mit der Coronapandemie eine wichtige Grundlage gestellt, doch um sie richtig einzuordnen, muss man ihre Fehlbarkeit anerkennen und wissen, was sie leisten können und was nicht.[23] Wird auch nur ein Effekt zu stark bewertet, und ein anderer bleibt unberücksichtigt, fällt das gesamte Modell wie ein Kartenhaus in sich zusammen.

Worauf aber kann sich das Handeln in einer Pandemie dann überhaupt stützen? Nur eine offene Wissenschaft, die nicht von Expertenmeinungen als der vermeintlichen »Mehrheit« beurteilt wird, sondern in einem ständigen Austausch mit unterschiedlichen Positionen steht und bereit ist, einmal gewonnene Erkenntnisse immer wieder zu hinterfragen, kann der Politik als dem verantwortlichen Pandemiemanager hilfreich zur Seite stehen. Dabei muss immer wieder das große Ganze in den Blick genommen werden: Werden bestimmte Vorgehensweisen oder Maßnahmen empfohlen, muss auch gefragt werden, wer sie empfiehlt und auf welcher Basis. Handelt es sich beispielsweise um Vertreter einer Zero-COVID-Strategie, müssen sie anders betrachtet werden, als wenn sie ein Epidemiologe wie der Schwede Anders Tegnell vorgebracht hat,[24] der einen Weg zur Herdenimmunität der Bevölkerung verfolgte und dabei vor allem auf Freiwilligkeit und das Verantwortungsgefühl der Bevölkerung setzte.

In der Dynamik des Pandemiegeschehens wurden Wissenschaftler zu zentralen Akteuren, bisweilen Aktivisten, obwohl die Wissenschaft an sich wertfrei und vorbehaltlos arbeiten und wissenschaftliche Erkenntnisse frei von politischer Einflussnahme und ideologischer Beeinflussung bleiben sollten. Dennoch: Die Coronapandemie hat uns gelehrt, dass manch scharfe Trennung nur in der Theorie funktioniert und Wissenschaft in solch einer Krise letztendlich auch politisch ist. Deshalb sind die zur Eindämmung des Virus und zur Bewältigung der Krise ergriffenen oder unterlassenen Maßnahmen auch in diesem Spannungsfeld zu betrachten.[25]

Leopoldina – ein Rat und die Politik

Eine Sonderrolle in der wissenschaftlichen Beratung des politischen Handelns nimmt die Leopoldina ein, die Nationale Akademie der Wissenschaften. Ihre Aufgabe ist es, neben der Förderung der Wissenschaften die Politik, Gesellschaft und Wirtschaft in wichtigen wissenschaftlichen Fragen zu beraten. Es geht darum, Lösungsansätze für drängende gesellschaftliche Probleme zu entwickeln und wichtige Zukunftsfragen zu beleuchten. Die Akademie sieht sich selbst als Brückenbauer zwischen Wissenschaft und politischer Entscheidungsfindung, wobei sie darauf abzielt, evidenzbasierte Strategien und Empfehlungen zu liefern, die auf dem neuesten Stand der Forschung basieren.

In die Leopoldina aufgenommen wird man nicht ohne Weiteres, sondern nur auf Vorschlag eines Mitglieds, wobei deren Anzahl in Deutschland (es gibt auch internationale Mitglieder) bei Mitgliedern unter 75 Jahren die 1000 nicht übersteigen darf. Als Bewerbungsschreiben dienen herausragende wissenschaftliche Leistungen und Anerkennung auf globaler Ebene. Diese Anforderungen heben den Altersdurchschnitt des Gremiums, da man sich seine Meriten erst verdient haben muss, um sich um eine Mitgliedschaft zu bemühen.

Aufgrund der vielen Fachgebiete, die hier versammelt sind, der enormen Brainpower und des Anspruchs auf Unabhängigkeit der Wissenschaft ist die Leopoldina eigentlich gut gerüstet, um wissenschaftlichen Konsens zu beleuchten. Aber eignet sie sich auch als Berater bei Krisen? Natürlich kann man die Zusammensetzung, die Mitgliederstruktur und auch die Bewertungsmaßstäbe der Leopoldina beanstanden: So sind die Kriterien und der Prozess der Mitgliedsauswahl intransparent und konservativ, wodurch jüngere Forscher und aufstrebende Wissenschaftszweige weniger Berücksichtigung finden. Da die Mitgliedschaft ein

Leben lang währt, leidet das Gremium an Überalterung, einer geringen Frauenquote und fehlender dynamischer Erneuerung.

Gerade in Zeiten von Krisen und gesellschaftlichen Umbrüchen kann der eher eindimensionale Einfluss der Akademie auf die Politik problematisch sein. Die besten Ratgeber sind zum Beispiel nicht unbedingt diejenigen, die am meisten publiziert haben. Nehmen wir den Leiter eines größeren Gesundheitsamts. Seine Arbeit wird nicht am Erfolg seiner Publikationen gemessen, sondern daran, wie gut er mit Infektionsausbrüchen und anderen Krisen in seiner Stadt umgeht. Niemand würde ihm seine Qualifikation als Berater absprechen – dennoch ist er in der Leopoldina nicht vertreten und damit nicht automatisch ein Berater in der Krise. Wie aber gestaltete sich die Rolle der Leopoldina während der Coronapandemie?

Am 21. März 2020, also zu Pandemiebeginn, meldete sich die Akademie mit einer Ad-hoc-Stellungnahme zu Wort, gefolgt von einer weiteren am 3. April 2020. In beiden Positionspapieren werden die Maßnahmen der Regierung befürwortet: »als dringend erforderlich und (sie) entsprechen der durch die Pandemie ausgelösten Bedrohung«.[26] Eine Aussage, die man angesichts der Ungewissheit, die damals herrschte, durchaus teilen kann. Zu Recht weist die Leopoldina in der ersten Stellungnahme auch darauf hin, dass einige Maßnahmen durch wissenschaftliche Erkenntnisse gestützt sind, während andere auf Prognosen und rein politischen Entscheidungen basieren.

Diese Rigidität in der Aussage und die deutliche Trennung zwischen politischer Entscheidung und wissenschaftlicher Evidenz verlor sich jedoch über die Zeit in den folgenden Stellungnahmen der Akademie, was zunehmend Verwunderung auslöste.[27] Die Argumentation wurde immer dünner, basierte häufig auf Modellen und schürte den Verdacht, möglicherweise von politischen Interessen geleitet oder direkt aus dem Kanzleramt angefordert worden zu sein – beispielsweise, um Schulen zu schließen.

Als im Dezember 2020 eine Diskussion über die Lockdowns entbrannte und welche Maßnahmen gerechtfertigt erschienen, ließ sich die Leopoldina zu einer ungewohnt meinungsstarken Stellungnahme hinreißen, die über die rein wissenschaftliche Beratung weit hinausging. In einem Papier mit der Überschrift »Coronavirus-Pandemie: Die Feiertage und den Jahreswechsel für einen harten Lockdown nutzen«[28] wurden drastische Forderungen gestellt, die nur wenig auf wissenschaftlichen Daten beruhten, sondern sich wie ein direkter Aufruf an die Politik lasen.

Bereits da regte sich Unmut darüber, dass sich eine wissenschaftliche Institution zu solch politischen Aussagen verstieg.[29] So wurde kritisiert, dass die Stellungnahme von einem »wissenschaftlichen Sachzwang« spricht, was nahelegte, dass keine weiteren Diskussionen über andere Handlungsmöglichkeiten notwendig seien, und jede mögliche Debatte von vornherein unterband. Die Kritik kam aber nicht nur von Externen, sondern auch aus den eigenen Reihen und wurde im Laufe der Pandemie immer lauter. In einem Protestbrief an den Präsidenten der Leopoldina äußerten Mitglieder der Akademie im Jahr 2021 ihre Bedenken gegenüber einer weiteren Stellungnahme, da diese nicht das volle Spektrum wissenschaftlicher Meinungen widerspiegle, und forderten eine ausgewogenere Darstellung verschiedener wissenschaftlicher Strategien, die auch für Laien verständlich sein sollte.[30]

Überraschend war in der Tat, dass die Leopoldina die Vielstimmigkeit der öffentlichen Debatte in darauffolgenden Stellungnahmen kritisierte, da sie ihrer Meinung nach verhindere, dass die Dramatik der Situation vollständig erfasst werde.[31] Eine Äußerung, die diametral zum Verständnis von Wissenschaft und auch der Position des Wissenschaftsrats steht, der gerade die Offenlegung der Vorläufigkeit und Vielschichtigkeit wissenschaftlicher Erkenntnisse als Mittel sah, die eigene Glaubwürdigkeit zu stärken.[32] Zudem wurde in der Stellungnahme eine generelle Pflicht zum Tragen einer FFP2-Maske empfohlen, eine Maßnahme, die von Hygienikern wie zum Beispiel der Deutschen Gesellschaft für Krankenhaushygiene zeitgleich durchaus kritisch gesehen wurde.[33] Auch der Umgang mit Kindern und Jugendlichen wurde in dem Positionspapier angesprochen: Während Fachgesellschaften regelmäßiges Testen von asymptomatischen Kindern ablehnten, forderte die Leopoldina mindestens drei Tests pro Woche, ein Ansatz, der statistisch durch erhöhte Hospitalisierungsraten bei dieser Gruppe nicht untermauert wurde.

Das Vorgehen der Leopoldina während der Coronapandemie zeigt deutlich die Herausforderungen, die wissenschaftliche Institutionen bei der Beratung in politischen Krisenzeiten erleben. Sie müssen einerseits klare Empfehlungen geben, andererseits jedoch auch die Vielfalt wissenschaftlicher Meinungen darstellen, frei von Interessenkonflikten sein und ihre Unabhängigkeit wahren.[34]

Expertengremien – Transparenz im Graubereich

Wie einige andere Wissenschaftler habe auch ich die Politik während der Pandemie auf vielen verschiedenen Wegen beraten. Sei es in direkten Telefonaten mit einzelnen Politikern, bei Anhörungen in Fraktionen oder Landesverbänden verschiedener Parteien, öffentlichen Anhörungen, Sachverständigengremien oder Expertenräten; zunächst im Expertenrat von Nordrhein-Westfalen, ab 2021 im Expertenrat des Kanzleramts. Ich konnte wie kaum jemand sonst in dieser Zeit nicht nur in sehr vielen Gremien Erfahrungen sammeln, sondern auch auf den unterschiedlichsten Wegen der wissenschaftlichen Beratung. Dabei habe ich sowohl Zustimmung als auch Ablehnung erlebt – zumeist deutlich in beide Richtungen –, vor allem aber das Bedürfnis nach klaren Antworten und einfachen Lösungen. Und das ist auf den ersten Blick durchaus nachvollziehbar. In einer Krisensituation wie der Coronapandemie suchen Politik und Öffentlichkeit deutliche Ja-/Nein-Antworten, an denen sie sich orientieren und ihr Handeln ausrichten können. Was ist richtig, was falsch? Hilft Händewaschen gegen die Weitergabe des Virus, verhindert das Tragen von Masken Superspreadingereignisse? Ja oder nein? Schwarz oder weiß?

Die Basis für diese Entscheidungen sollte die Forschung liefern, und so wurde permanent der Rat von Experten eingeholt. Aber beim Blick auf die Wissenschaft wurde übersehen, dass sie nicht leisten kann, was von ihr erwartet, ja beinahe gefordert wurde. Wissenschaft kann nur in den seltensten Fällen eindeutige, unumstößliche Aussagen treffen und klare Ja- oder Nein-Antworten liefern. Wissenschaft ist nicht schwarz-weiß, sondern bewegt sich vielmehr in einem Graubereich. Erkenntnisse sind vorläufig und haben Bestand, bis sie widerlegt oder verändert werden durch wiederum neue Forschungsergebnisse. Also haben bei der Suche nach klaren Entscheidungshilfen Politik und Öffentlichkeit während der Coronapandemie ein Schwarz-Weiß-Denken in die Wissenschaft hineininterpretiert – und manche Wissenschaftler haben dann genau solche Antworten auch geliefert. Auf diese Weise entstand ein Phänomen, das als Teil des oft genannten »deutschen Sonderwegs« bezeichnet wird, dass nämlich Politik und Öffentlichkeit eine enorme Hörigkeit in Bezug auf einzelne Expertisen gezeigt haben.

Die Pandemie hat deutlich gemacht, wie essenziell wissenschaftlicher Rat für politisches Handeln sein kann, besonders bei komplexen Themen. Dass sich das Kanzleramt in der Anfangsphase nur von wenigen Wissenschaftlern beraten ließ, führte dann allerdings zu einer Schlagseite – einer Einseitigkeit der Perspektive, die eine vereinfachte Darstellung komplexer wissenschaftlicher Fragen zur Folge hatte und eine politisierte Spaltung wissenschaftlicher Ansichten in »richtig« und »falsch«. Mit der Öffnung zur Interdisziplinarität der Beratung im Jahr 2021 wurde schließlich ein wichtiger und notwendiger Schritt unternommen, um zu mehr Pluralität in der Meinungsfindung zu kommen.

Wissenschaft ist keine autoritäre Belehrung weniger Experten, sondern ein offener Diskurs, in dem verschiedene Stimmen und Positionen gehört werden müssen. Vielfalt und Offenheit der Diskussionen sind essenziell. Gerade in Krisen wie der Coronapandemie, wenn große Verunsicherung in der Bevölkerung herrscht, müssen Politik und Wissenschaft einen transparenten Dialog führen und die unterschiedlichen Sichtweisen offen verhandeln – auch um den Menschen deutlich zu machen, dass es nicht immer die eine maßgebliche Antwort auf komplexe Fragestellungen gibt. Wir müssen lernen, mit Grautönen umzugehen.

Die vorgebrachte Kritik an der Zusammensetzung und der Art der Zusammenarbeit und Kommunikation der verschiedenen Beratungsgremien war in Teilen berechtigt, und ein breiter aufgestellter Expertenrat mit noch mehr Fachdisziplinen wäre wünschenswert gewesen und hätte den wissenschaftlichen Diskurs gestärkt. So fehlten im Expertenrat der Bundesregierung wichtige Expertisen; in meinen Augen waren viel zu viele Virologen dabei, während Juristen und Hygieniker nicht einbezogen wurden.

Insgesamt stellt sich die Frage, wie wissenschaftliche Beratung in der Zukunft aufgestellt sein sollte. Politik kann viel aus der Wissenschaft lernen und Lösungen für unsere dringendsten Probleme anbieten. Für jede Meinung findet man einen passenden Experten, daher ist die Definition von Schwellen und Grenzen wissenschaftlicher Beratung wichtig: Die Politik darf sich nicht hinter Experten verstecken, politische Entscheidungen müssen von gewählten Volksvertretern getroffen werden, nicht von Wissenschaftlern, solange sie nicht gewählt sind. Deren Rolle liegt in der Beratung, nicht im Handeln. Darüber hinaus ist die Bewertung von Wissenschaft Aufgabe der Wissenschaft selbst und sollte nicht von Journalisten oder der Politik vorgenommen werden.

Ein breites Spektrum an Expertise ist notwendig, um eine Ideologisierung der Beratung zu vermeiden. Die Wissenschaft trägt eine demokratische Verantwortung zur Stabilisierung und muss durch die Politik gefördert werden. Interessenkonflikte sollten klar benannt werden wie am Beispiel der Leopoldina, deren Nähe zur Politik und deren erwähnte strukturelle Probleme wie die unausgewogene Alters- und Geschlechtsstruktur sowie das Fehlen neuer Fachrichtungen diskutiert werden müssen. Die Komplexität der wissenschaftlichen Beratung und die Frage, wer überhaupt legitimiert ist, politische Entscheidungsträger zu beraten, sind zentrale Themen, dürfen aber nicht ideologisch beantwortet werden.

Als Problem hat sich in der Krise das Fehlen von Transparenz der Berater wie auch des wissenschaftlichen Status quo erwiesen. Wer berät wen, und wie gestaltet sich der Stand der Forschung zu einem bestimmten Thema? Hier fehlte es an einer klaren Kommunikation vonseiten der Politik. Doch die wird dringend gebraucht, damit kein Raum für Spekulationen und einseitige Positionen entsteht. Denkbar wäre nach britischem und US-amerikanischem Vorbild die Ernennung eines Koordinators auf Bundesebene, bei dem wissenschaftliche Studien zu aktuellen Themen zusammenlaufen, die er dann wiederum sowohl in Richtung Bundesregierung als auch in Richtung Öffentlichkeit kommuniziert.

Großbritannien und die USA haben bereits seit vielen Jahren ein ausdifferenziertes System der politischen Beratung, zu dem auch ein Government Chief Scientific Adviser gehört, der bis zu 25 Gremien aus wissenschaftlichen Beratern koordiniert (in Großbritannien gibt es zusätzlich allein für den Gesundheitsbereich einen Chief Medical Officer). Dabei stellt der Chefberater diese Gremien nicht nur mit seinem Stab zusammen, sondern übernimmt auch eine zentrale Sprecherfunktion. Er ist die Stimme, die die Politik berät, aber auch das Für und Wider der Diskussionen übermittelt. Er sorgt für die Objektivität der Beratung, und gleichzeitig verbessert er die Kommunikation in die Öffentlichkeit. Er bietet Transparenz in der Beratung und liefert dadurch die Basis für Vertrauen in Wissenschaft und politische Entscheidungen. Zudem wird so verhindert, dass einzelne Wissenschaftler, die beratend tätig sind, in die Öffentlichkeit gezerrt werden, und ihre Privatsphäre bleibt geschützt. Ein solches Modell kann die Kommunikation und Koordination zwischen Wissenschaft und Politik verbessern und dazu beitragen, dass wissenschaftliche Beratung effektiv und unabhängig bleibt.

2 Die Erstreaktion

Von Ende Januar bis Mitte Juni 2020 rollte die erste Corona-welle über Deutschland hinweg mit knapp 200 000 gemeldeten Fällen. Das Virus hatte sich seinen Weg zu uns gebahnt und im Pandemiemanagement, allen voran dem Robert-Koch-Institut als der die politischen Entscheidungsträger beratenden Behörde, wurde um den richtigen Umgang mit der dynamischen Infektionslage gerungen.[1] In seinem Coronakrisenstab aus Wissenschaftlern fand ein ständiges Abwägen verschiedener Vorgehensweisen bei fortlaufend veränderter Erkenntnislage statt, von dem die RKI-Protokolle zeugen, die seit Frühjahr 2024 öffentlich zugänglich sind.

Doch worum ging es? Wie alle betroffenen Länder standen auch wir in dieser ersten Phase der Pandemie vor der Herausforderung, die weitere Ausbreitung des Virus zu verlangsamen, um die Menschen vor Erkrankung zu schützen und Zeit zur Erforschung des Virus sowie der Entwicklung von Behandlungsmöglichkeiten und Impfstoffen zu gewinnen. Es galt der Ausspruch »Flatten the Curve«, die Infektionswelle abflachen.

Dieser Ansatz, »Flattening the Curve« (FTC), geht auf eine Anleitung des Center for Disease Control and Prevention (CDC) aus dem Jahr 2007 zum Umgang mit Influenza zurück.[2] In der Coronakrise tauchte der Begriff erstmals in einem Artikel von *The Economist* mit der Überschrift »Covid-19 is now in 50 countries, and things will get worse«[3] auf und wurde dann zum Schlagwort des Journalisten Tomas Pueyo, der mit aktivistischen Tönen während der Pandemie auffiel und auch andere Strategien prägte wie »Hammer und Dance«,[4] die zwar keine wissenschaftliche Grundlage hatten, aber dennoch von vielen übernommen wurden.[5] »Flatten the Curve« hatte allerdings eine gewisse Berechtigung, da man annahm, dass viele Menschen sich in den folgenden Monaten mit dem Virus infizieren würden, man aber vermeiden wollte, dass sich alle gleichzeitig ansteckten, um eine Überlastung der Krankenhäuser und Intensivstationen zu verhindern.

Von der Politik wurden Maßnahmen eingeführt, verhängt, ausprobiert, von der Polizei durchgesetzt, ohne dass man zu jeder Zeit wusste, ob sie wirken. Es wurde wissenschaftlich argumentiert, ohne dass es immer Erkenntnisse gab, und es wurden Modelle entworfen, um eine wissenschaftliche Begründung für einzelne Maßnahmen zu haben.[6] Dabei reagierten die Länder weltweit sehr unterschiedlich. Während viele zu strikten Lockdowns und harten Beschränkungen griffen, setzten andere wie zum Beispiel Schweden auf die Eigenverantwortung ihrer Bürgerinnen und Bürger und die Kraft freiwilliger Maßnahmen. In Deutschland kam es bald zu einem Flickenteppich an Regelungen, denn jedes Bundesland machte, was es für richtig hielt – über die Vorgaben der Bundesregierung hinaus.

Unser schärfstes Schwert: Was kann die Kontaktnachverfolgung leisten?

Zu den wichtigsten Instrumenten, die dem öffentlichen Gesundheitsdienst (ÖGD) zur Eindämmung von Infektionskrankheiten zur Verfügung stehen, zählt die Kontaktpersonennachverfolgung oder kurz: KPN. Durch Testen werden mit einem Erreger infizierte Personen identifiziert und isoliert ebenso wie die Menschen, mit denen sie in Kontakt standen; auch diese werden mittels Testung erkannt und können sich eigenständig isolieren oder werden aufgefordert, sich in Quarantäne zu begeben. Damit versucht man, dem Erreger zuvorzukommen und ihn spätestens bei den Erstkontakten zu stoppen, sodass sie das Virus nicht an Dritte weitergeben können.

Die Idee der Quarantäne ist schon jahrhundertealt. Um sich vor der tödlichen Krankheit Pest zu schützen, führten im Mittelalter einige Städte in Europa eine besondere Regel ein: Jeder, der hineinwollte, musste sich zunächst isolieren. Die Stadt Ragusa (heute Dubrovnik in Kroatien) war eine der ersten, die diese Maßnahme im Juli 1377 umsetzte. Reisende und Kaufleute mussten sich für 40 Tage (daher kommt das Wort »Quarantäne«: *quaranta*, italienisch für »vierzig«) in spezielle Einrichtungen, die sogenannten Lazarette, begeben, bevor sie die Stadt betreten durften. Auf diese Weise wollte man verhindern, dass sie die Pest – falls sie sich infiziert hatten – einschleppten.

Die Praxis der 40-tägigen Isolation wiederum hat ihre Wurzeln in der antiken griechischen Medizin. Es wird vermutet, dass sie auf Überlegungen zurückgeht, die mit Hippokrates oder dem nach ihm benannten »Corpus Hippocraticum« in Verbindung stehen. Ihnen zufolge stellt der vierzigste Tag einer Krankheit häufig einen Wendepunkt dar, an dem sich das Schicksal des Kranken entscheidet: Befindet er sich auf dem Weg der Besserung oder nimmt die Krankheit einen tödlichen Verlauf? Heute ist man durch die Möglichkeit der Testung weiter und kann die Isolierung häufig deutlich verkürzen.

Die Kontaktpersonennachverfolgung hat sich in der Vergangenheit bei der Bekämpfung von Epidemien als durchaus effektiv erwiesen, wie die Erfahrungen mit Ebola, SARS-CoV-1 und MERS zeigen – oder eben auch den Affenpocken (heute Mpox genannt), die so heißen, weil sie erstmals in den 1960er-Jahren in Affen entdeckt wurden, aber im Grunde vor allem in Hörnchen wie Grauhörnchen, Eichhörnchen oder ähnlichen Nagern vorkommen. Das Virus ist heimisch in Westafrika und verursacht dort immer mal wieder kleinere Ausbrüche beim Menschen. Vereinzelte Fälle gab es auch in anderen Ländern, aber ein plötzliches weltweites Auftreten, eine Affenpockenpandemie, kannten wir bis dahin nicht.

Im Mai 2022 kam es gleichzeitig in vielen Ländern wie Großbritannien, Frankreich, Spanien, Deutschland und den USA überraschend zu einem Ausbruch von Mpox-Infektionen. Das gehäufte Auftreten hatte wahrscheinlich seinen Ursprung auf Festivals in Spanien und wurde von dort aus um die Welt getragen. Die Weitergabe von Mpox passiert nur bei engem Kontakt, sodass wir es meistens mit einer sexuellen Übertragung zu tun hatten. Das wiederum eröffnete die Chance, über eine effektive KPN die Pandemie einzudämmen. In einem Mix aus Maßnahmen wie der konsequenten Benachrichtigung aller Sexualpartner der Infizierten, der Anordnung einer sehr langen Quarantäne von 21 Tagen und dem Einsatz eines Impfstoffes, der für die echten Pocken zugelassen war, aber eine Kreuzimmunität aufzeigte, konnte das Virus schnell eingedämmt werden. Bis auf wenige vereinzelte Fälle treten seitdem keine Erkrankungen mehr auf.

Eine ganz besondere Rolle spielt die Kontaktpersonennachverfolgung auch bei HIV und anderen sexuell übertragbaren Infektionen (STIs). Hier hat sie sich als probates Mittel bewährt, um die Pandemie auszubremsen. Personen, die positiv auf HIV oder eine andere STIs getestet wurden, werden aktiv dazu ermutigt und dabei unterstützt, ihre früheren Sexualpartner zu informieren, damit diese sich ebenfalls testen und bei Bedarf behandeln lassen können – auch anonym, wenn es ihnen unangenehm ist. Das ist besonders wichtig, denn kurz (bis zu drei Tage) nach dem Kontakt mit einem HIV-Infizierten kann man eine Infektion in manchen Fällen sogar noch abwenden und damit Schlimmeres verhindern.

Auf einem ähnlichen Prinzip beruht das 95-95-95-Programm der Vereinten Nationen, das der Bekämpfung von HIV und Aids dient. Ihm liegt folgender Gedanke zugrunde: Wenn 95 Prozent der HIV-Infizierten wissen, dass sie infiziert sind, und 95 Prozent dieser Gruppe gegen HIV behandelt werden und davon wiederum 95 Prozent erfolgreich – sodass sich also ihre Viruslast nur noch unter der Nachweisgrenze bewegt –, können wir die weltweite HIV-Pandemie eindämmen. Denn ein HIV-Infizierter, der erfolgreich therapiert ist, kann das Virus nicht mehr weitergeben. Um das zu erreichen, muss allerdings auch die Stigmatisierung von HIV-Infizierten beendet und den Betroffenen die Scheu genommen werden, sich testen zu lassen. Ein Problem, das sich auch in der Coronapandemie an verschiedenen Stellen zeigte. Doch dazu später mehr. Wie man aus der Geschichte sehen kann, ist die Identifizierung und Quarantänisierung von Infizierten und ihren Kontaktpersonen ein effektives Vorgehen, um Ausbrüche einzudämmen. Warum dieses Vorgehen während der Coronapandemie irgendwann nicht mehr funktionierte, werden wir noch sehen.

Test, trace and isolate

Gleich im Januar 2020 war er da, der PCR-Test für das neuartige SARS-CoV-2-Virus. Durch eine einfache Anpassung der Testungen, die man auch auf sonstige respiratorische Viren routinemäßig anwendete, konnte man den Nachweis erbringen, ob man sich das Coronavirus eingefangen hatte. Doch die Möglichkeit einer Testung auf den Erreger war nicht nur für jeden Einzelnen ein wichtiger Schritt, sie ist zudem essenziell in der Pandemiebekämpfung. Während der PCR-Test im Labor durchgeführt werden muss, ist der Antigen-Schnelltest für jeden selbst anwendbar, und so avancierte der Test, nachdem er ab September 2020 zunächst für Fachpersonal, ab dem Februar darauf dann als Selbsttest für alle erhältlich war, neben der Maske zu den Utensilien der Pandemie, die es damals in jeden Haushalt geschafft haben und bis heute in vielen Badezimmerschränken und Flurablagen in ansehnlicher Stückzahl lagern.[7]

Zunächst hatten viele noch Schwierigkeiten, den Antigen-Corona-Schnelltest und den Antikörper-Schnelltest auseinanderzuhalten, aber die Unterschiede sind doch wichtig, denn sie geben Aufschluss darüber, wann welcher Test am besten zum Einsatz kommen sollte. Während der Antigen-Schnelltest das Virus selbst nachweist, kann der Antikörper-Schnelltest nur die Immunantworten nachweisen. Daher schlägt der Antigentest am Anfang einer Infektion an, während der Antikörpertest erst am Ende oder nach einer Infektion anspricht.

Verbreitet zum Einsatz kam vor allem der Antigen-Schnelltest, der innerhalb von 15 Minuten ein Ergebnis liefert. Ab Anfang Februar 2021 war er als Selbsttest auf SARS-CoV-2 erstmals in Deutschland erhältlich und am Ende desselben Monats dann auch offiziell zugelassen.[8] Der Test ist leicht zu handhaben, und nach ersten Startschwierigkeiten und nachdem sich herausgestellt hatte, dass Getränke wie Coca-Cola ein falsch positives Ergebnis produzieren können, war der Schnelltest von Schule, Partys und Arbeitsplatz nicht mehr wegzudenken. Die anwenderkompatiblen Antigen-Schnelltests fanden ihren Weg bis in die Supermarktregale als kostengünstige, reaktionsschnelle Verwandte des behäbigen, aber weitaus verlässlicheren PCR-Tests.

Schnelltests haben den großen Vorteil, dass man mit ihnen eine Coronainfektion direkt am Ort der Versorgung oder sogar zu Hause bestätigen oder ausschließen kann, sind aber im Vergleich zum PCR-Test ungenau. Der PCR-Test beruht auf der Polymerase-Kettenreaktion, einem biochemischen Verfahren, das die RNA des Virus vervielfältigt. Dabei reichen kleinste Virusmengen aus, damit er anschlägt. Der Test bietet eine hohe Genauigkeit und Zuverlässigkeit bei der Erkennung von Coronainfektionen, da er direkt das Erbgut des

Virus nachweist. Von Nachteil ist, dass er mehrere Stunden braucht, um ein Ergebnis zu liefern. Ein anderes Problem besteht darin, dass er einfach »zu gut« ist. Er kann das Virus selbst dann noch nachweisen, wenn die Person nicht mehr infektiös ist und das Virus nicht mehr weitergegeben werden kann.[9]

Doch auch der Antigen-Schnelltest besitzt Nachteile: Zwar hat sich dieser Test vor allem bei Personen mit Coronasymptomen in der ersten Woche nach Symptombeginn als am genauesten erwiesen, da in dieser Phase die Viruslast im Körper am höchsten ist. Doch er ist ungenau bei Menschen ohne Symptome sowie bei denjenigen, die ganz am Anfang ihrer Infektion stehen und vielleicht ein paar Stunden später erste Symptome entwickeln. Ein negativer Antigentest schließt daher nicht unbedingt eine Infektion aus.

Von Vorteil ist er vor allem dort, wo schnelle Entscheidungen über die Behandlung von Patienten, die Identifizierung von Ausbrüchen, eine zügige Isolation von Betroffenen oder die Einleitung von Kontaktverfolgungen notwendig sind. Und auch wenn man ihn häufiger zum Einsatz bringt, also seriell testet, kann eine Infektion eher ausgeschlossen werden. Allerdings ist bei einem negativen Testergebnis – insbesondere, wenn Symptome vorliegen – Vorsicht geboten, und es sollte gegebenenfalls durch einen PCR-Test bestätigt werden.

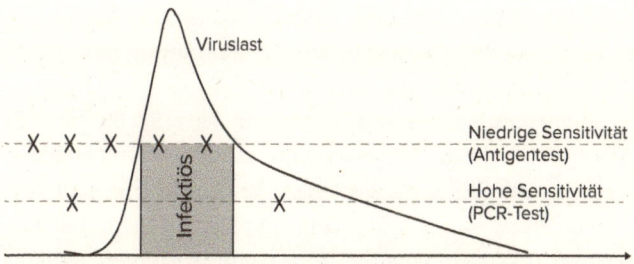

Vor- und Nachteile von PCR-Test und Antigentest [4]

Beide Tests unterliegen somit besonderen Bedingungen: Will man eine Infektion gesichert ausschließen – wenn Symptome vorliegen, bei Erkrankung oder als Teil einer Therapie –, ist der PCR-Test immer vorzuziehen; braucht man ein schnelles Ergebnis, eignet sich der Antigentest. PCR-Tests sind schon seit Jahrzehnten für den Nachweis verschiedener Viren im Einsatz, beispielsweise von Masern oder Windpocken. Zahlreiche Studien haben sich mit der Genauigkeit von Tests beschäftigt, die sich an ihrer Sensitivität und ihrer Spezifität zeigt. Zur Erinnerung: Die Sensitivität gibt an, bei welchem Prozentsatz erkrankter Patienten die jeweilige Krankheit durch die Anwendung des Tests tatsächlich erkannt wird. Das bedeutet, bei einer Sensitivität von 50 Prozent kann man im Grunde genommen genauso gut würfeln.

Daran zeigt sich das Problem nicht zielgerichteter diagnostischer Tests, also Tests, die ohne spezifische Indikation oder Verdacht auf eine bestimmte Erkrankung bei einer breiten Bevölkerungsgruppe eingesetzt werden. So können bei Tests mit einer hohen Sensitivität, aber nicht optimaler Spezifität falsch positive Ergebnisse auftreten. Das bedeutet, dass Personen fälschlicherweise als krank diagnostiziert werden, obwohl sie gesund sind. Andersherum kann es zu einer Häufung von falsch negativen Ergebnissen kommen. Also solchen, bei denen tatsächlich kranke Personen fälschlicherweise als gesund eingestuft werden. Völlig sorglos bewegen sie sich dann zur Arbeit oder gehen einkaufen – und verteilen das Virus unwissentlich weiter. Falsch positiv getestete Personen wiederum harren unnötig lang in Quarantäne aus, fehlen am Arbeitsplatz und sind isoliert.

Das Forschungsnetzwerk Cochrane hat 152 Studien zu Antigen-Schnelltests vorgenommen, die große Unterschiede bei der Empfindlichkeit der Tests feststellten. Die durchschnittliche Sensitivität lag bei symptomatischen Teilnehmern mit 73 Prozent über der bei asymptomatischen Teilnehmern (~55 Prozent). Auch war die Sensitivität in der ersten

Woche nach Symptombeginn höher (~81 Prozent) als in der zweiten Krankheitswoche (~54 Prozent). Interessanterweise war die Sensitivität bei asymptomatischen Personen zum Zeitpunkt des Tests dann höher, wenn ein epidemiologischer Kontakt mit SARS-CoV-2 vermutet wurde (~64 Prozent), verglichen mit Fällen, in denen COVID-19-Tests ohne Grund durchgeführt worden waren (~50 Prozent).[10]

Perfekte medizinische Tests gibt es nicht, ihre Genauigkeit bemisst sich praktisch daran, wie gut ihre Sensitivität und ihre Spezifität abgewogen werden können. Diese Problematik betrifft nicht nur Tests auf SARS-CoV-2, sondern beispielsweise auch HIV-Tests, Schwangerschaftstests oder Mammografie-Screenings. Deshalb ziehen wir es in der Medizin fast immer vor, diagnostische Tests gezielt und basierend auf klinischen Indikationen und Verdachtsmomenten einzusetzen, sie also nur dann vorzunehmen, wenn es zum Kontakt mit Infizierten gekommen ist oder spezifische Krankheitssymptome vorliegen, man aber noch nicht weiß, welcher Erreger dafür verantwortlich ist. Wird beispielsweise jemand mit einer schweren Lungenentzündung ins Krankenhaus eingeliefert, ist es für die Behandlung sehr wichtig zu wissen, ob eine Infektion mit einem Corona- oder einem Influenzavirus vorliegt.

Doch während der Coronapandemie wurden Testungen oft ins Blaue hinein gemacht, ohne nach ihrer Relevanz zu fragen. Die Folge war eine Fülle vieler falscher Testergebnisse – mit oftmals weitreichenden Konsequenzen. Denn vor dem Impfnachweis im späteren Verlauf der Pandemie diente ein negatives Testergebnis vielfach als Schlüssel zur gesellschaftlichen Teilhabe. Sei es, dass man sich nach überstandener Coronainfektion freitestete, um wieder ins Büro gehen zu können, sei es, dass ein negativer Test als Eintrittskarte für Veranstaltungen oder auch willkommener Unbedenklichkeitsnachweis bei der Einladung im Freundeskreis diente. Gemeinsam unterm Weihnachtsbaum nur nach vorheriger

Testung? Reichte ein Antigen-Schnelltest, oder musste es eine PCR sein? Drinnen oder draußen, dabei sein oder nicht – viel hing vom Testergebnis ab in den frühen Tagen der Pandemie.

So wichtig die Tests für die Kontaktnachverfolgung waren, so problematisch erwiesen sich die Sensitivität und das Tempo, in dem sie Resultate liefern, für die Effektivität der KPN. Zwar ist ein PCR-Test hochsensitiv und deshalb von großem Wert für die Identifizierung einer Infektion, aber das Ergebnis lässt schon mal ein bis zwei Tage auf sich warten. Ein viel zu langer Zeitraum für die Kontaktnachverfolgung, da währenddessen weitere Infektionen stattfinden können. Zudem erkennt selbst ein hochsensitiver PCR-Test in den ersten Tagen nach der Infektion das Virus nicht. Jeder Test stellt nur eine Momentaufnahme dar. Das bedeutet: Ist der Abstrich am Morgen negativ, kann schon der Abstrich am Abend desselben Tages positiv ausfallen.[11]

Und so sind die begrenzten Möglichkeiten der Tests auch eine der Ursachen dafür, dass die KPN über den gesamten Verlauf der Coronapandemie gesehen hinter den Erwartungen zurückblieb. So viel vorweg: Unser schärfstes Schwert in der Bekämpfung von Infektionserkrankungen, die von Mensch zu Mensch übertragen werden, erwies sich sehr bald als stumpf. Es gelang nicht, mit der KPN die erhoffte Wirkung zu erzielen und die Infektionsketten zu durchbrechen. Es waren auch irgendwann schlichtweg zu viele Infizierte, als dass man über eine KPN wirklich eine Eindämmung erzielen konnte. Die Gesundheitsämter wurden überflutet mit Meldungen und konnten ihrer Verpflichtung, bei jedem Infizierten eine KPN durchzuführen, nicht mehr nachkommen.

Ein weiterer Grund besteht darin, dass wir es bei dem neuartigen Coronaerreger mit einer komplexeren Situation zu tun haben. Wie bei manch anderen Viren auch kann eine SARS-CoV-2-Infektion und -Infektiosität vorliegen, wenn die Symptome einer Erkrankung nicht auftreten oder nur mit etwas Verzögerung. Ein Test kann also eine Zeit lang negativ ausfallen, obwohl die Person bereits infektiös ist und das Virus weitergeben kann.

Wie lange hatte jemand das Virus unentdeckt mit sich herumgetragen und andere angesteckt? Die Zeitspanne zwischen Infektion und deren Nachweis setzte sowohl die Effektivität als auch die Beurteilbarkeit der KPN herunter,[12] denn nur wenn man wusste, seit wann jemand infiziert war, konnte man auch die Gruppe seiner Kontaktpersonen identifizieren, testen und isolieren. Auch weiß man nicht, wie häufig eine asymptomatische Übertragung stattfindet, denn der Nachweis eines Virus lässt nicht gleich darauf schließen, dass jemand auch infektiös ist. Verschiedene Studien haben die Wirksamkeit der Kontaktnachverfolgung bei unterschiedlichen Infektionskrankheiten eingehend untersucht und auf diese Problematik verwiesen.[13]

Die Tests stellten nichtsdestotrotz einen wichtigen Baustein in der Pandemiebekämpfung dar, denn ohne die Sichtbarmachung des Virus war die schleichende Ausbreitung der Coronainfektionen kaum zu fassen. Krankheitsfälle mit ähnlicher Symptomatik lieferten erste Hinweise, Häufungen deuteten auf eine Infektionswelle hin – aber solange der Nachweis von SARS-CoV-2 nicht erbracht war, bewegte man sich im Reich der Vermutungen; schließlich kam auch die Influenza oder ein anderes respiratorisches Virus als Verursacher infrage. Allein durch Testung konnte man Licht ins Dunkel bringen. Deshalb war es für die Pandemiebekämpfung auch von besonderer Wichtigkeit, dass ein verlässlicher PCR-Test sofort und bald auch eine Vielzahl an Antigentests entwickelt wurden, mit denen das neuartige SARS-CoV-2-Virus nachgewiesen werden konnte.

Doch nicht immer gab es Tests in ausreichender Menge. Dabei hatte das RKI schon nach den ersten Coronaausbrüchen ausreichende Testmöglichkeiten als eine der Voraussetzungen benannt, um den Pandemieplan umzusetzen. Dann wurden Fehler gemacht: Man versäumte es, diese zu überprüfen, und für die Zuverlässigkeit der Testung war auch nicht das RKI zuständig, sondern das Paul-Ehrlich-Institut (PEI) sowie das Bundesinstitut für Arzneimittel und Medizinprodukte (BfARM).

Gerade zu Beginn der Pandemie, als die Testkapazitäten begrenzt und nur PCR-Tests vorhanden waren, empfahl das RKI dann, Tests allein für Personen mit Atemwegssymptomen oder Kontaktpersonen von Infizierten oder Beschäftigte im Gesundheitswesen vorzuhalten. Ab April 2020 standen mehr Tests zur Verfügung, die Empfehlung wurde auf alle Personen mit Atemwegserkrankungen ausgeweitet. Die Kapazität für PCR-Tests in deutschen Laboren erhöhte sich rasant von 84 000 Tests pro Woche zu Beginn des Monats März 2020 auf über eine Million Tests pro Woche bis Mitte Mai 2020 und weiter auf über drei Millionen im Jahr 2022.[14] Für die Zeit danach fehlen konkrete Zahlen, sodass unklar bleibt, wie viele Tests tatsächlich durchgeführt wurden.

Hinzu kommen unzählige Corona-Schnelltests. Jedem Bürger und jeder Bürgerin in Deutschland wurden ab Frühjahr 2021 zwei kostenlose Corona-Schnelltests pro Woche angeboten. Wie viele aber wirklich vorgenommen wurden, weiß niemand, nicht zuletzt deshalb, weil es dabei zu Betrügereien kam und Tests abgerechnet wurden, die nicht durchgeführt worden waren.

Das Bundesgesundheitsministerium bezifferte die Kosten für die Praxis der kostenlosen Bürgertests Anfang 2022 mit etwa einer Milliarde Euro pro Monat (!).[15] Ob die Maßnahme allerdings effektiv war oder nicht, werden wir nie in Erfahrung bringen können.

Pandemiebekämpfung digital

»Zuverlässig und zeitnah über Begegnungen mit Corona-positiv getesteten Personen zu informieren«,[16] war der Ansatz der Corona-Warn-App, damit man sich testen, isolieren und die Weitergabe des Virus verhindern konnte. Erschien eine rote Kachel auf dem Display, lag ein erhöhtes Risiko vor, grün bescheinigte weitgehende Unbedenklichkeit. Soweit die Idee des digitalen Instruments zur Unterstützung der Kontakt-nachverfolgung. Doch die Verlässlichkeit der Warnung hing von zahlreichen Faktoren ab, die den Wert beeinflussten: der Testung, Meldung und Nutzung der App. So war die App von Anfang an ein System, das auf wackeligen Füßen stand und der Kritik Tür und Tor öffnete. Nur der Datenschutz war solide und wurde deshalb auch viel gelobt.

Von der neuen Möglichkeit einer App machten die Länder weltweit in unterschiedlicher Weise und mit einem jeweils anderen Anspruch auf Datenschutz Gebrauch. In Deutschland kam die digitale Nachverfolgung von Infektionen samt Warnung potenzieller Kontaktpersonen während der Coronapandemie erstmalig zum Einsatz. Bei uns stand mit der Corona-Warn-App (CWA) ab Mitte Juni 2020 ein solches Instrument zur Verfügung, und die App wurde bis zu ihrer Deaktivierung drei Jahre später mehr als 48 Millionen Mal installiert.[17] Damit zählt sie laut Bundesregierung zu den weltweit erfolgreichsten und am häufigsten genutzten Apps zur Kontaktnachverfolgung, auch wenn man die Anzahl aktiver Nutzer nur schätzen kann.[18] Denn die App zu installieren bedeutete nicht gleich, dass sie auch genutzt wurde. Zudem lud sich manch einer die App auf verschiedene Endgeräte herunter.

Deutschland investierte rund 223 Millionen Euro in die Corona-Warn-App, um auch mithilfe der Warnung vor Risikobegegnungen die Infektionsketten zu durchbrechen und das Virus einzudämmen.[19] Dass die finnische Warn-App

Koronavilkku in der Entwicklung nur knapp unter sechs Millionen Euro kostete und der niederländische CoronaMelder nur fünf Millionen Euro Entwicklungskosten beanspruchte, war bei den Geldströmen, die während der Coronapandemie flossen, nur ein Nebenschauplatz.[20]

Die wissenschaftliche Evidenz für die Effektivität der Corona-Warn-App ist entgegen der hohen Kosten nicht besonders ausgeprägt und bleibt trotz der auf den ersten Blick nachvollziehbaren Wirkung unbewiesen, da es nur sehr wenige Daten aus realen Ausbruchssituationen gibt. Einige Simulationsstudien liefern zwar Hinweise, aber die Probleme mit solchen Studien haben wir ja bereits diskutiert. Auch bei der Warn-App wurde keine Praxisforschung gemacht, und aufgrund der Datenschutzbestimmungen kann man auch im Nachhinein nicht nachvollziehen, ob die CWA tatsächlich Infektionen verhindern konnte. Immerhin oberflächliche Nutzungsdaten hat sie geliefert: Bis zum 1. März 2022 wurden insgesamt mehr als 150 Millionen Testergebnisse an das CWA-System gesendet, davon waren etwa 15 Millionen positiv, fast 134 Millionen negativ und etwas mehr als eine Million ungültig. Es gab rund 27 Millionen rote Warnungen und mehr als 17 Millionen grüne Entwarnungen bis zum 28. Februar 2022.[21]

Das klingt erst einmal gut. Jedoch haben die Daten einen Haken: Die Effektivität der App steht und fällt damit, wie schnell Personen nach einer Risikobegegnung gewarnt werden; im Durchschnitt erfolgte die Warnung durch die CWA aber 4,2 Tage später. Die durchschnittliche Generationszeit von COVID-19, also wie schnell das Virus nach einer Übertragung eine Erkrankung auslöst und die Person wieder infektiös ist, unterscheidet sich je nach Variante: Bei Alpha, Beta, Gamma etwa lag sie bei gut 5 Tagen (3 bis 7), bei Delta bei 4 Tagen (3 bis 5) und bei Omikron bei 3 Tagen (3 bis 4).[22] Das bedeutet, dass die meisten Gewarnten (mehr als 50 Prozent) bereits infiziert und wieder ansteckend waren, bevor sie gewarnt wurden. Daher ist es bei solchen Systemen enorm wichtig, die Verzögerung zwischen dem Symptombeginn bei einer infizierten Person und der Warnung ihrer Kontakte so gering wie möglich zu halten.[23]

Die Corona-Warn-App blieb bis zu ihrer Stilllegung im September 2023 umstritten und nur bedingt erfolgreich. Wurde anfangs mangelnder Datenschutz beklagt, stand sie zuletzt wegen Ineffektivität aufgrund eines zu strengen Datenschutzes in der Kritik. Außerdem begegneten viele Menschen dem Gedanken, sensible persönliche Daten an eine staatliche Sammelstelle wie der App weiterzugeben, mit Skepsis.

Eine Alternative in Deutschland bot die Luca-App. Bei einem Besuch in öffentlichen Einrichtungen wie Restaurants oder Konzerten konnten die Gäste durch das Scannen eines QR-Codes, der von den Veranstaltern oder Betreibern erstellt wurde, einchecken. Damit entfiel die Notwendigkeit, sich handschriftlich in Gästelisten einzutragen, und die Dokumentation von Besucherdaten war leichter möglich.

Die durch die Luca-App erfassten Daten wurden verschlüsselt, zentral gesammelt und nur im Falle eines Ausbruchs an die Gesundheitsämter weitergeleitet. Dieses Verfahren entspricht zwar den Vorgaben des Infektionsschutzgesetzes (IfSG), doch wie sich später herausstellte, ging dabei nicht immer alles mit rechten Dingen zu. So gab es Berichte, dass Daten aus der Luca-App an die Polizei weitergeleitet wurden, damit diese sie für Ermittlungszwecke nutzen konnte.[24]

Für die Entwickler, deren Angaben zufolge sich über 40 Millionen Menschen als Nutzer registrierten, war die Luca-App ein Erfolg, für die Eindämmung der Pandemie verlor sie bald an Bedeutung.[25] Rund 20 Millionen Euro ließen sich die Länder die Nutzung der Luca-App kosten.[26] Neben den Fragen rund um die zentrale Sammlung und Weitergabe der Daten wurden auch Zweifel laut, ob die enormen Kosten mit der geringen Nutzung durch die Gesundheitsämter überhaupt zu rechtfertigen waren. Eine Nutzung, die gen null ging, als das Land von der Omikron-Infektionswelle überrollt wurde und die Gesundheitsämter mit der Kontaktnachverfolgung nicht mehr hinterherkamen. Auch nutzten viele Gesundheitsämter die App kaum oder erhielten nie Daten über die App. Und so kündigten Anfang 2022 die Bundesländer nach und nach ihre Verträge mit den Luca-Betreibern, die Aufsteller mit QR-Codes verschwanden von den Tischen der Restaurants und die App, einst Lichtschimmer am Horizont im Kampf gegen die Coronapandemie, war Geschichte.

Bei all der Ungewissheit, wie sinnvoll die digitalen Hilfsmittel in der Bekämpfung der Coronapandemie waren, bei all den enorm hohen Kosten, die deren Entwicklung und Unterhalt verschlungen haben, und bei all der Enttäuschung über die fehlenden Daten, die eine Auswertung der Corona-Warn-App hätte ermöglichen können, kann sie dennoch ein wichtiger Baustein für eine zukünftige Pandemiebekämpfung sein. Denn nur durch Digitalisierung der Kontaktpersonennachverfolgung haben wir die Chance, schneller zu sein als ein Virus in der Ausbreitung.

Zudem ist es bei aller Kritik an den verschiedenen digitalen Tools, die in der Coronazeit zur Anwendung kamen, wichtig zu betonen, dass die Nutzung der Apps hierzulande immer freiwillig blieb. Ganz anders als beispielsweise in China, wo deren Gebrauch verpflichtend war und die digitale Nachverfolgung von Infektionswegen sehr bald zum festen Bestandteil des Alltags der Menschen wurde. Einkaufen in der Shoppingmall? Nur nach Scan des QR-Codes auf dem Handy, der bescheinigte, dass man weder infiziert war noch mit Infizierten in Kontakt gestanden hatte. Schnell noch einen Kaffee trinken gehen? Zugang zum Café nur mit der App wie auch zu jedem Restaurant, Sportstudio, Zug oder Flugzeug.

Kam es dann zum Ausbruch an einem Ort, den man besucht hatte, setzte eine rigorose Nachverfolgung ein, bis hin zum Durchtesten ganzer Viertel chinesischer Großstädte, auf das konsequent durchgeführte Quarantänemaßnahmen folgten. Mit dem Schreckensbild Wuhan vor Augen, wo das Virus kurzzeitig außer Kontrolle geriet und Quartiere förmlich abgeriegelt und von der Außenwelt isoliert worden waren, wurde die weitreichende Kontrolle von den Bürgerinnen und Bürgern des Landes kaum infrage gestellt.

Die Grenzen des Machbaren

Wie aber fällt die Bilanz der Kontaktpersonennachverfolgung – digital oder analog – insgesamt aus? Hat sie sich als effektives Instrument zur Eindämmung der Pandemie erwiesen, das auch in Zukunft bei denkbaren weiteren Ausbrüchen von Infektionskrankheiten unverzichtbar wäre?

Da die Durchführbarkeit und Wirksamkeit dieser Maßnahme stark von der Verbreitung der Krankheit sowie den Kapazitäten der Gesundheitsämter und Labore abhängen, die nötig sind, um die Informationen zu bewältigen, stieß die KPN während der Coronapandemie bald an ihre Grenzen. Zahlreiche Studien haben dieses Problem der KPN bei hohen Infektionsraten aufgezeigt: Die Gesundheitsämter waren überlastet, was die Nachverfolgung erschwerte. Viele von uns werden noch die Bilder von Bundeswehrsoldaten im Kopf haben, die in auf die Schnelle eingerichteten Büroräumen am Telefon sitzen, um mögliche Kontaktpersonen von Infizierten zu informieren und zu beraten. Hinzu kam die Anzahl unentdeckter Fälle, denn bei einer hohen Dunkelziffer kann die Kontaktnachverfolgung ineffektiv werden. Es entstehen sogenannte »Verschwimmungseffekte«: Durch unvollständige oder ungenaue Informationen über potenziell infektiöse Kontakte wird die Effizienz der Nachverfolgung beeinträchtigt und die Weiterverbreitung von Infektionskrankheiten begünstigt.

Anders in der Anfangsphase einer Pandemie. Dann ist die KPN eine durchaus wirksame Methode, darauf lassen sowohl das Erfahrungswissen der Gesundheitsämter als auch Studien und Beobachtungen zu verschiedenen Erregern, die über Jahre angesammelt wurden, schließen. Die meisten Studien zu den Effekten der Kontaktnachverfolgung in der Coronapandemie haben diesen Befund erbracht – auch wenn ihre Ergebnisse bisweilen widersprüchlich sind. So fand eine Analyse von Daten aus 130 Ländern nur eine schwache Verbindung zwischen KPN und dem Rückgang der Infektionszahlen, und es war zudem schwierig, diesen Effekt von anderen Interventionen zu unterscheiden.[27]

Es bedarf zusätzlicher Forschung, um zu bestimmen, unter welchen Bedingungen die KPN effektiver ist als die einfache Empfehlung, bei Symptomen zu Hause zu bleiben. Dies gilt insbesondere dann, wenn die Maßnahmen über die Anfangsphase eines Ausbruchs hinaus wirksam sein sollen. Dabei müssen verschiedene Faktoren berücksichtigt werden, wie die Generationszeit des Erregers, die Qualität der Tests, der Zeitpunkt der Infektiösität (vor oder nach dem Auftreten von Symptomen) und die Nachverfolgbarkeit von Kontakten. In anderen Worten: Es muss das Gleichgewicht zwischen der Verringerung der Ausbreitungsgeschwindigkeit in der Anfangsphase einer Pandemie und den langfristigen unerwünschten Auswirkungen in der fortschreitenden Pandemie bestimmt werden.

Denn dem Nutzen der Kontaktnachverfolgung – auch das ist eine der Lehren aus der Coronapandemie – stehen verschiedene schwer messbare oder vielfach unberücksichtigt gebliebene negative Auswirkungen gegenüber. Insbesondere in der Anfangsphase waren die Diagnose einer Infektion und die darauffolgende Quarantäne oder Isolierung oft mit Ausgrenzung verbunden. Ähnliches wurde bereits bei anderen Viruserkrankungen beobachtet, wo Stigmatisierung am Arbeitsplatz beispielsweise dazu führte, dass Symptome oder

Infektionen nicht gemeldet wurden. Zudem stellt die Anordnung von Isolierung oder Quarantäne und die Befragung durch Gesundheitsämter einen Eingriff in die Privatsphäre dar, der Angst und Misstrauen auslösen oder verstärken kann. Auch ökonomische Faktoren wie Arbeitsausfall und Produktivitätseinbußen, die entstehen, wenn Mitarbeiter, die gesichert oder eventuell in Kontakt mit Infizierten standen, in Quarantäne müssen, zählen zu den negativen Effekten der KPN.

Ein Beispiel für den Erfolg einer solch rigorosen Maßnahme während der COVID-19-Pandemie ist Südkorea. Das Land implementierte eine durchschlagende KPN, kombiniert mit umfangreichen Tests und Isolationsmaßnahmen, was wesentlich dazu beitrug, die Ausbreitung des Virus ohne umfassende Lockdowns einzudämmen. Ein Unterschied zwischen der KPN bei uns und jener in Südkorea war, dass die deutschen Gesundheitsämter häufig noch analog arbeiteten. Listen wurden manuell bearbeitet, Benachrichtigungen erfolgten telefonisch oder gleich per Brief. In Südkorea erfolgten diese Schritte digital, waren automatisiert und damit sehr viel zügiger. Deshalb war die KPN in Südkorea letztendlich schneller als die Weitergabe des Virus, bei uns dagegen – wie unsere Daten zeigen – deutlich langsamer. Dieser Vergleich zeigt, dass die Kontaktnachverfolgung eines der schärfsten Schwerter in der Pandemiebekämpfung sein kann, sofern man mittels Digitalisierung effektiver wird. Anders gesagt: Einen Krieg gewinnt man heute auch nicht mehr mit Schwertern, sondern eher mit Marschflugkörpern.

Lockdown, Shutdown, Grenzen zu:
Alles ganz einfach, oder?

Wie schön wäre das: Man macht die Grenzen zu, und das Virus bleibt ausgesperrt. Was in der Theorie gut klingt, stellt sich in der Realität als fast unmöglich dar. Zumindest bei einem Virus wie Corona. Und überhaupt: Wie kommen dann Waren zu uns? Was bedeuten geschlossene Grenzen für unsere Handels- und internationalen Beziehungen? Welche Auswirkungen hätte eine solche Maßnahme auf unsere Wirtschaft – und kann dadurch wirklich verhindert werden, dass ein Virus oder eine neue Virusvariante ins Land kommen?

Staaten wie Australien und Neuseeland haben diese Form der Abschottung während der Coronapandemie verfolgt und vermochten sie auch relativ leicht durchzuführen, da sie im Grunde genommen große Inseln sind. Deutschland hingegen könnte nur unter erheblichem logistischem Aufwand komplett dichtmachen, und ob dies überhaupt gelänge, ist keineswegs sicher. Mit neun Landesgrenzen und fast 4000 Kilometern Grenze ist eine radikale Abschottung illusorisch. Die Überwachung und Kontrolle langer und oft schwer zugänglicher Grenzabschnitte erfordern ungeahnte Personalressourcen, die wir wahrscheinlich nur unter Hinzuziehung der Bundeswehr aufbringen könnten. Besonders in Regionen mit stark frequentierten Grenzübergängen oder natürlichen Grenzen wie Flüssen oder Gebirgen ist eine lückenlose Kontrolle so gut wie unmöglich.

Und eigentlich auch nicht erwünscht, denn wir stehen mit vielen Ländern in regem Austausch und sind von ihnen abhängig. Medikamente, Nahrungsmittel, Halbleiter, Rohstoffe – wir importieren und exportieren Unmengen an Gütern. Nicht zu vergessen die Grenzpendler, die aus dem Ausland nach Deutschland zum Arbeiten kommen, und die Grenzgänger, die tagtäglich den umgekehrten Weg gehen, zum Beispiel in die Schweiz. Grenzschließungen würden erhebliche wirtschaftliche Auswirkungen haben. Versorgungsengpässe und Preiserhöhungen wären die Folge und eine massive Verschlechterung der Wirtschaftslage. Auch das Leben der Menschen, die in Grenzregionen wohnen, vielleicht sogar in einer geteilten Stadt wie Görlitz, Laufenburg oder Frankfurt an der Oder, würde erheblich beeinträchtigt. Pendler, Familienmitglieder oder Personen, die aus humanitären Gründen reisen, hätten mit sozialen und menschlichen Einbußen zu rechnen.

Doch haben Grenzschließungen bei all den zu erwartenden negativen wirtschaftlichen und sozialen Folgen überhaupt den gewünschten positiven Einfluss auf ein Pandemiegeschehen? Die Wirksamkeit dieser Maßnahme zumindest bei der Eindämmung von SARS-CoV-2 ist umstritten. Es gibt Untersuchungen zur Infektionsentwicklung bei der Kontrolle von Reisenden. Dafür wurde jeder an der Landesgrenze getestet, bevor man ihm Einlass gewährte. Eine Studie legt nahe, dass Symptomkontrollen an Reiseknotenpunkten wie Flughäfen die Einfuhr von Infektionen möglicherweise etwas verlangsamen, aber nicht verhindern können.[28] Andere Studien haben die Auswirkungen von Testungen aller Reisenden mittels eines Corona-Schnelltests untersucht. Die Ergebnisse sind ernüchternd. Bei 10 oder 100 angenommenen infizierten Reisenden, die pro Woche an die Grenze kommen, könnte eine Massenteststrategie einen lokalen Ausbruch auf 8 Tage beziehungsweise 1 Tag reduzieren.[29] Nicht aber verhindern.

Das liegt auch daran, dass die Tests bei Weitem nicht perfekt sind und, wie geschildert, gerade in der Anfangsphase der Infektion – zum Beispiel während der Inkubationszeit – das Virus nicht erkennen. Und so reisen Viren und andere Krankheitserreger einfach über Grenzen hinweg, ohne dass sie jemand bemerkt oder gar stoppen könnte. Bei SARS-CoV-2 gestaltet sich die Situation besonders schwierig, da der Erreger auch von anderen Säugetieren auf den Menschen und umgekehrt übertragen werden kann. Da muss nur ein infiziertes Reh oder eine infizierte Katze über die Grenze laufen und schon ist das Virus wieder im Land. Eine Eindämmung von Corona im Tier-Reservoir wäre nötig, was so gut wie unmöglich ist.

Neuseeland und Australien waren mit ihrer Strategie der Abschottung in Teilen erfolgreich. Allerdings ist ihre Einwohnerzahl weitaus niedriger und die Bevölkerung anders verteilt als in Deutschland, und die Grenzschließung war nur unter extrem hohem Aufwand zu bewerkstelligen. Die Härte dieser Maßnahme traf die Menschen mit voller Wucht – die Bilder weinender Angehöriger, die ihre Verwandten nach vielen Monaten Einreiseverbot am Flughafen in Sydney endlich wieder in den Arm nehmen konnten, gingen um die Welt. Den höchsten Preis für die Abschottung zahlten die Australier aber, als die Grenzen wieder geöffnet wurden. Denn jetzt schossen die Infektionszahlen abrupt nach oben. Die Strategie, dem Virus an den Landesgrenzen Einhalt zu gebieten, erwies sich als Bumerang. Eine Erfahrung, die auch China machen sollte beim Versuch, das Virus auszuradieren. In Deutschland ging man einen anderen Weg, der allerdings auch radikal und in dieser Form einmalig war in unserer Geschichte. Ja, in gewisser Weise sogar weltweit, und der auch als deutscher Sonderweg bezeichnet wurde.[30]

Wenn das Leben auf Eis liegt

Am 22. März 2020 begann, was das Leben von vielen von uns nachhaltig veränderte: Deutschland ging in den Lockdown, den ersten von insgesamt dreien, die während der Coronapandemie verhängt wurden. Der Maßnahmenkatalog, der nun in Kraft trat, hatte das Ziel, Kontakte drastisch herunterzufahren, um das Virus einzudämmen. Die simple Gleichung lautete, dass weniger Kontakte weniger Möglichkeiten bedeuten, das Virus weiterzugeben, und damit zu weniger Infektionen und letztendlich auch weniger schweren Krankheitsverläufen führen. Wann hatte es einen derartigen Eingriff bis in unseren Alltag hinein je gegeben?

Einmal sagte jemand frustriert zu mir, dass man mit einem richtigen Lockdown die Pandemie doch sofort beenden könnte. Die Idee war so einfach wie einleuchtend: Alle Menschen bleiben zwei Wochen zu Hause, und die Pandemie ist vorbei. Doch was theoretisch gut klingt, ist praktisch unmöglich, denn wer hält das Land in dieser Zeit am Laufen? Wasserversorgung, Elektrizitätswerke, Kläranlagen, Krankenhäuser, Notfallsanitäter, Polizei, Müllabfuhr – und nicht zuletzt unsere Essensversorgung muss gewährleistet sein. Für all das sind deutschlandweit etwa zehn Millionen Menschen jeden Tag im Einsatz und haben auch physisch Kontakt untereinander. Sie zu Hause zu behalten hätte nicht nur für Müllberge am Straßenrand gesorgt, sondern zu einem Zusammenbruch unserer Wirtschaft, sinkenden Lebensstandards und vor allem unzähligen Todesfällen geführt. Und so entschied man sich für die zweitbeste Lösung: die Kontakte so weit zu reduzieren, wie es unter praktischen Gesichtspunkten umsetzbar erscheint.

Der Verordnung des ersten Lockdowns zufolge hieß das: Soziale Kontakte außerhalb des eigenen Hausstandes sollten auf ein Minimum beschränkt werden, im öffentlichen Raum galt ein Abstandsgebot von 1,5 Metern zu haushaltsfremden Personen; Restaurants mussten gleich ganz schließen, ebenso hatte jedwede körpernahe Dienstleistung zu unterbleiben, der Friseursalon machte genauso zu wie das Massagestudio.[31] Schulen und Kitas sowie die meisten Einzelhandelsbetriebe waren bereits flächendeckend wenige Tage vorher geschlossen worden. Gedacht als Kurzzeitmaßnahme, erwies sich die Verordnung als folgenreich: Landesweit kam das öffentliche Leben in vielen Bereichen zum Erliegen, und der Rückzug ins Private nahm seinen Anfang. Die Einschränkung der Freiheiten war enorm. Gewerbefreiheit, Bewegungsfreiheit, Religionsfreiheit – viele der Grundfreiheiten waren betroffen.

Die Entscheidung für die weitreichenden Maßnahmen wurde von der Bundesregierung getroffen, die sich vor allem an der Einschätzung der Infektionslage durch das Robert-Koch-Institut orientierte. Dort fand in jenen Tagen im März 2020 eine lebhafte Diskussion über das Für und Wider solch strikter Maßnahmen statt, wie die hausinternen Protokolle des Corona-Krisenstabs im RKI belegen. So wurde laut Protokoll vom 16. März eine neue Risikobewertung vorbereitet, von »mäßig« zu »hoch« – eine nicht unerhebliche Veränderung für die Entscheidung der Politik, den ersten Lockdown zu verhängen.[32]

Das Robert-Koch-Institut benannte verschiedene Gründe für diesen Schritt, als die Protokolle bekannt wurden: Die Infektionszahlen stiegen stark an, am 11. März rief die WHO die Pandemie aus, viele Coronatote in Bergamo im Februar und März, einige Länder verhängten ein Einreiseverbot (USA), andere Länder fuhren das öffentliche Leben stark herunter (Spanien, Italien).

Erkennbar zeigen die Protokolle, dass man sich um das richtige Maß bemühte. Aber auch, dass man wenig wusste über die Verordnungen, um die es ging. So heißt es am 27. Februar 2020: »… zur Evidenz der Wirksamkeit von Quarantänemaßnahmen (z. B. Abriegelungen) gibt es keine Informationen.«[33] Die Protokolle lesen sich zum Teil wie ein Widerspruch zur öffentlichen Wahrnehmung. Während innerhalb des RKI gerungen wurde – um richtige Antworten, wissenschaftliche Evidenzen bei Abwägung des Zwiespalts der Verhältnismäßigkeit zwischen Infektionsschutz und Grundrechten –, vermittelten Gesundheitsministerium und Kanzleramt mit ihrem starken Auftreten, dass es nur einen richtigen Weg gebe. »Es leitet uns dabei, was uns immer wieder von der Wissenschaft gesagt wird«, erklärte die Bundeskanzlerin in der Pressekonferenz, aber verdeutlichte nicht, wie sehr »die Wissenschaft« mit sich selbst rang.[34] Selbst als die öffentliche Debatte – ein Spiegelbild der internen Erörte-

rungen des RKI – zunehmend das Pro und Kontra für Maßnahmen thematisierte, blieb die politische Führung unbeein-
druckt.

Der erste Lockdown kam, und die Diskussionen gingen
weiter. Dabei wurde jedoch nicht ausreichend berücksichtigt,
dass bei einem Virus wie SARS-CoV-2, das nicht immer mit
sichtbaren Anzeichen einer Infektion einhergeht, eine Strategie, die allein auf Containment basiert, unzureichend ist, da
asymptomatische Träger das Virus unbemerkt weiterverbreiten können. Dieses Problem konnte auch der zu einem späteren Zeitpunkt verfügbare Corona-Schnelltest nicht beheben,
da bei seiner Anwendung zu viele Infizierte nicht erkannt
werden, wie wir schon gesehen haben.

Eine kurze Geschichte des Lockdowns

Fragt man nach der Evidenz eines Lockdowns, stellt sich
rasch heraus, dass die mit diesem Begriff verbundenen Maßnahmen in ihrer heutigen Form eine relativ neue Erscheinung sind. Das Konzept des Lockdowns war in Deutschland
vor der Coronapandemie vor allem aus der Veterinärmedizin
bekannt als Mittel zur Unterbindung der Ausbreitung von
Tierseuchen wie beispielsweise der afrikanischen Schweine-
pest. Im Vokabular der Infektionsepidemiologie und in unseren Pandemieplänen kam der Ausdruck Lockdown nicht vor,
allerdings gibt es historische Situationen, die wir heute als
eine Art »Lockdown« interpretieren können.

Als im 14. Jahrhundert der Schwarze Tod über Europa hereinbrach, legte sich eine Decke aus Angst und Verzweiflung
über den Kontinent. Die Pest, verursacht durch das Bakterium *Yersinia pestis*, zog wie ein düsterer Schatten durch die
Städte und Dörfer, raffte ein Drittel, mancherorts sogar die
Hälfte der Bevölkerung dahin und hinterließ eine Spur des
Todes und der Verwüstung. Damals war die Pest als Seuche
noch unbekannt, und niemand wusste, dass es sich bei ihrem
Verursacher um ein Bakterium handelt. Angesichts der hohen

Sterbezahlen griff man zu drastischen Maßnahmen, in der Hoffnung, den Fluch der Pest abwenden zu können. Die Quarantäne wurde zum zentralen Instrument im Kampf gegen die Seuche. Schiffe mussten 40 Tage lang vor den Toren der Stadt ausharren, bevor sie ihre Ladung löschen durften und die Besatzung an Land konnte. Städte wurden zu Festungen im Kampf gegen die Pest; ganze Straßenzüge wurden isoliert, Türen zugemauert und die Bewohner ihrem Schicksal überlassen.

Auch 500 Jahre später, als sich die Spanische Grippe 1918 über die Welt verbreitete, wurden Maßnahmen gegen die tödliche Bedrohung ergriffen, zu denen auch frühe Formen des Lockdowns zu zählen sind.[35] Nehmen wir das Beispiel Philadelphia. Die Großstadt im Osten der USA war eine der am schlimmsten betroffenen Städte in den Vereinigten Staaten, was auch daran lag, dass man die Pandemie anfangs ignorierte. Die Stadtverwaltung hatte eine große Parade zu Ehren der Soldaten aus dem Ersten Weltkrieg genehmigt, bei der Zehntausende Menschen dicht gedrängt durch die Straßen zogen, bevor sie in den Pubs und Lokalen der Stadt weiterfeierten. Dies schien sich als fataler Fehler zu erweisen, denn in den folgenden Tagen schnellten die Infektionszahlen in die Höhe, das Gesundheitssystem brach zusammen und Tausende Menschen verloren ihr Leben.

Ganz anders stand St. Louis da, das frühzeitig und entschlossen gehandelt hatte. Nachdem die ersten Grippefälle bekannt geworden waren, schloss die Stadt umgehend die Schulen und verbot öffentliche Veranstaltungen. Die Bürger wurden angehalten, zu Hause zu bleiben, und man verhängte strenge Quarantänemaßnahmen für Erkrankte.

Auch in Europa wurden unterschiedliche Strategien verfolgt, um der Grippepandemie Herr zu werden. In London wurden Schulen geschlossen und die Leute dazu ermutigt, Masken zu tragen und Menschenansammlungen zu vermeiden. Die Stadt versuchte, das öffentliche Leben so gut es ging aufrechtzuerhalten, während gleichzeitig Maßnahmen zur Eindämmung der Krankheit ergriffen wurden. Interessanterweise gingen schon damals die Schweden einen anderen Weg. In Stockholm entschied man sich gegen weitreichende Schließungen oder Beschränkungen und setzte vielmehr auf die Aufklärung der Bevölkerung und freiwillige Maßnahmen. Dem Vorwurf einer zu hohen Anzahl von Infektionen, der laut wurde, begegnete die Stadt mit dem Argument, dass ihr Vorgehen zum Aufbau einer Immunität in der Bevölkerung notwendig sei.

Aus den erheblich voneinander abweichenden Sterberaten und Maßnahmen während der Spanischen Grippe versuchte man im Nachhinein anekdotische Evidenz zu ziehen, was aber aufgrund von Unterschieden in der Demografie, den klimatischen Bedingungen und kulturellen Gegebenheiten zwischen den einzelnen Ländern unter Vorbehalt zu betrachten ist. Und es ist wichtig hervorzuheben, dass bis zur Coronapandemie keine Erfahrungswerte darüber vorlagen, ob Lockdowns oder ähnliche Wege, das gesellschaftliche Miteinander zu beschränken, einen wesentlichen Erfolg bei der Eindämmung einer Viruserkrankung haben.

Dennoch entwickelte die Weltgesundheitsorganisation lange vor der Coronapandemie einen Maßnahmenkatalog zum Eindämmen von Pandemien, der durchaus drastische Schritte empfiehlt: schnelles Aufspüren und Isolieren von Infizierten, Quarantäne ihrer Kontaktpersonen und Einschränken der Bewegungsfreiheit in den betroffenen Gemeinschaften.[36] Zwar wurde er nach einer vertieften Analyse der Auswirkungen solcher sogenannter nicht-pharmazeutischer Interventionen (NPI) gegen die pandemische Influenza im Jahr 2019 aktualisiert,[37] doch die Empfehlung von Kontakt- und Bewegungsbeschränkungen in der Bevölkerung blieb unverändert. Allerdings hebt die WHO hervor, dass die wissenschaftlichen Studien für die Wirksamkeit dieser Maßnahmen zu keinem abschließenden Urteil kommen. Und damit steht sie nicht allein da. Auch im Sicherheitsbericht des Johns Hopkins University's Center for Health Security vom September 2019 wird auf die Ambivalenz der wissenschaftlichen Erkenntnisse zur Effektivität der pandemischen Maßnahmen hingewiesen und die Notwendigkeit betont, diese sorgfältig abzuwägen.[38]

Wie aber kam es dann dazu, dass in Deutschland nur wenige Monate nach Auftreten der ersten Coronafälle ein strikter Lockdown verhängt wurde? Vorreiter für die moderne Form des Lockdowns war China. Vielleicht dachte man wirklich, dass man das Virus auf diese Weise noch eindämmen könnte. Am 23. Januar 2020 trat in Wuhan ein beispielloser Lockdown in Kraft, der die Stadt in ein abgeschottetes Bollwerk verwandelte.[39] Zug- und Flugverbindungen wurden gekappt, der öffentliche Nahverkehr kam zum Erliegen. Die Bewohner standen unter der dringlichen Anweisung, die Stadtgrenzen nicht zu überschreiten. Bibliotheken, Museen und Theater wurden zu Geisterstätten; die Türen verschlossen, die Veranstaltungen abgesagt. Zu diesem Zeitpunkt wies die offizielle Statistik 500 Infizierte und 17 Tote aus, doch ahnten die Epidemiologen, dass die Dunkelziffer weit höher liegen musste.

Nur wenige Wochen später, Mitte Februar, wurden die Maßnahmen in der gesamten Provinz Hubei mit der Verhängung restriktiver Beschränkungen weiter verschärft. Öffentliche Plätze verwaisten, Massenveranstaltungen wurden untersagt. Geschäfte mussten schließen, nur Apotheken und Supermärkte blieben unter strengen Auflagen geöffnet. Fahrzeuge wurden aus dem Verkehr gezogen, ausgenommen jene, die lebenswichtige Dienste leisteten. Eine beispiellose Tür-zu-Tür-Erfassungsaktion startete, mit dem Ziel, jede unentdeckte Coronainfektion zu identifizieren.

Als die ersten Coronafälle bekannt wurden, griffen auch andere Städte zu solchen Maßnahmen. Wuhans Nachbarstadt Huanggang erlebte ein ähnliches Schicksal, wurde ebenfalls von der Außenwelt abgeschnitten. In Peking und Schanghai wurden Großveranstaltungen abgesagt, Attraktionen geschlossen; Konzerne wie Google, Starbucks und McDonald's schränkten ihren Service ein oder machten ihre Läden gleich ganz zu. Die Quarantänemaßnahmen betrafen bald 56 Millionen Menschen in 18 Städten.

In der Tat schienen die Maßnahmen zum Erfolg zu führen, auch wenn das rigorose Vorgehen in Politik und Wissenschaft weltweit ein geteiltes Echo hervorrief: Eine Simulationsstudie des Robert-Koch-Instituts vom März 2020 entwarf eine Reihe von Beispielszenarien mit und ohne Eindämmungsmaßnahmen.[40] Unter der Annahme, dass Maßnahmen wie in China effektiv sind, wurde darin wiederum deren Notwendigkeit aufgezeigt. Dass solche Maßnahmen Wirkung zeigen würden, war auch die Aussage einer Simulationsstudie von Neil Ferguson und seinem Imperial-College-COVID-19-Response-Team.[41] Grundlage waren auch hier nicht die echten Corona-Lockdowns in Europa, denn die gab es zu diesem Zeitpunkt (Mitte März 2020) noch fast gar nicht. Stattdessen wurden in einem Computer-Simulationsmodell Annahmen zu deren Wirkung getroffen. Beispielsweise ging man in dem Modell davon aus, dass durch Schulschließungen die Kontaktraten von Familien mit Schulkindern um 50 Prozent sinken und Kontakte in der gesamten Gesellschaft um 25 Prozent abnehmen würden. Darauf aufbauend wurde berechnet, wie viele Infektionen und Todesfälle durch diese angenommenen sinkenden Kontaktraten verhindert werden würden. Es wurde also, wie in der RKI-Studie, bereits vorausgesetzt, dass solche Maßnahmen Infektionen und Todesfälle reduzieren. Ferguson entwarf in seinem Modell verschiedene Szenarien des Pandemieverlaufs und sprach sich klar für die Implementierung von Lockdowns aus.

Studien, die auf Modellsimulationen basieren, bergen immer Probleme – wie bereits ausführlich beschrieben –, und doch legte Ferguson den Finger in die Wunde, als er modellhaft erschütternd hohe Opferzahlen für eine Pandemie prophezeite, der man ohne ein entschlossenes Eingreifen hilflos ausgeliefert wäre. Zugleich skizzierten seine Modelle merklich lindernde Effekte, die durch Maßnahmen wie die Absage von Veranstaltungen, Schließungen von Schulen und Geschäften oder Lockdowns zu erreichen seien. Wie konnte man unter solchen Voraussetzungen überhaupt anders handeln, als die Menschen umgehend in einen strikten Lockdown zu schicken?

Die Problematik solcher Vorhersagemodelle war vielen bewusst und wurde unter Experten lebhaft diskutiert. Jedoch nur hinter verschlossenen Türen, und man kam in der Frage der Effektivität eines solch drastischen Vorgehens zu ganz unterschiedlichen Bewertungen. Da aber leider die einmalige Chance, durch eine gute wissenschaftliche Begleitung genau diese Frage zu beantworten, verpasst wurde, muss man sich bei der Beurteilung der Wirksamkeit von Lockdowns bis heute mit deskriptiven Beobachtungsstudien und Simulationsmodellen begnügen. Ein Versäumnis, das zu den Fehlern der Coronakrise zählt, die wir aufarbeiten und bei einer möglichen nächsten Pandemie vermeiden sollten.

Was bringt ein Parkverweilverbot?
In den Anfangszeiten der Pandemie im Jahr 2020 und während des Wiederaufflammens Ende 2020 und Anfang 2021 nutzte Deutschland den Lockdown vor allem als strategisches Mittel, um die Ausbreitung von SARS-CoV-2 einzudämmen, bevor Impfstoffe und Schnelltests in der Breite verfügbar waren. Dabei nahm die Regulierung bisweilen seltsame Formen an, nicht zuletzt mit der Ausgangssperre bis hin zu »Bundesnotbremse« und »Osterruhe«. Die Notbremse war eine Reaktion auf die fünftägige Ausgangssperre zu Ostern 2021, die als nicht umsetzbar mit einer Entschuldigung der Bundeskanzlerin zurückgenommen wurde – ein schon für sich genommen besonderes Ereignis –, und trat am 24. April

des Jahres in Kraft. Sie umfasste sowohl nächtliche Ausgangssperren – Joggen und Spaziergänge allein waren bis Mitternacht erlaubt – und Kontaktbeschränkungen als auch Geschäftsschließungen, Homeschooling oder Wechselunterricht in Schulen sowie Homeofficepflicht am Arbeitsplatz – ab einer Inzidenz von 100.

Ein ganzes Bündel an Beschränkungen und Maßnahmen wurde in jener Zeit von Bund und Ländern nach und nach erlassen – nicht immer abgestimmt und bisweilen widersprüchlich, sodass die Menschen oft ratlos zurückblieben. War das Einkaufen in einem Bundesland nur nach Vorlage eines negativen Coronatests, nicht älter als 24 Stunden, möglich, durfte er ein paar Kilometer weiter im Nachbarland mehrere Tage alt sein oder wurde erst gar nicht verlangt. Manchmal war die Mitnahme eines Einkaufswagens Pflicht, manchmal wurde einem beim Betreten des Supermarkts ein Desinfektionsmittel in die Hand gesprüht. Während in Ulm (Baden-Württemberg) Paare gemeinsam joggen durften, war es auf der anderen Seite der Donau in Neu-Ulm (Bayern) verboten.[42] Dabei reichten die Vorgaben von Ausgangs- und Kontaktbeschränkungen über das Verbot oder die Einschränkung von Freizeit- und Kulturveranstaltungen bis hin zur Schließung von Geschäften und Regelungen des öffentlichen Verkehrs. Noch dazu wurde das Maßnahmenpaket immer wieder aufgeschnürt, umgepackt und neu verknotet.

Nur wenige der Regelungen waren zu diesem Zeitpunkt durch wissenschaftliche Evidenz gedeckt. So waren alle Maßnahmen, die das Leben draußen betrafen, mehr als fragwürdig.[43] Abstandsgebote im Freien, Schließung von öffentlichen Parks, nächtliche Ausgangssperre und, und, und. Auch das RKI konstatierte zum Thema Ausgangssperren noch am 18. März 2020 in seinem Protokoll: »Jedes andere Mittel ist besser.«[44]

Eine Studie der Universität Gießen konnte die Effektivität nächtlicher Ausgangssperren direkt untersuchen.[45] Die Wissenschaftler machten es sich dabei zunutze, dass in einigen hessischen Landkreisen eine Ausgangssperre verhängt wurde und in anderen nicht; es gab also eine Interventions- und eine Kontrollgruppe. Im Ergebnis zeigte die Ausgangsperre keinerlei Einfluss auf die Entwicklung der Inzidenz.

Das Risiko, sich im Freien mit SARS-CoV2 anzustecken, ist im Vergleich zur Infektionsgefahr in Innenräumen sehr viel geringer, das weiß man. Eine Studie zu diesem Zusammenhang konnte zeigen, dass weniger als 10 Prozent der Infektionen draußen stattfanden und dass das Risiko einer Ansteckung in Innenräumen um fast 19-mal höher ist als im Freien. Eine Untersuchung aus China vermeldete sogar nur eine Ansteckung im Freien von insgesamt über 7000 Coronainfektionen. Auch andere Studien überall auf der Welt kamen zu ähnlichen Ergebnissen: dass die meisten Ansteckungen in geschlossenen Räumen stattfanden wie zum Beispiel bei einem Ausbruch in einem Ferienlager im US-Bundesstaat Georgia im Juni 2020. Über die Hälfte der Teilnehmer hatte sich dort infiziert, was vor allem auf das Übernachten in Gruppenunterkünften sowie gemeinsames Spielen in geschlossenen Räumen zurückgeführt wurde.[46]

Die Nähe zu anderen Personen spielt eine entscheidende Rolle für das Infektionsrisiko. Daher ist es nicht ganz auszuschließen, dass auch im Freien Ansteckungen stattfinden. Dennoch ist die Gefahr, dass ein respiratorisches Virus wie SARS-CoV-2 im Freien von einem Menschen zum anderen überspringt, sehr viel geringer als in Innenräumen – dieser Zusammenhang ist unstrittig wie auch die Schlussfolgerung, dass man das Übertragungsrisiko deutlich reduzieren kann, wenn man Aktivitäten von drinnen nach draußen verlegt.

Was aber wurde während der COVID-19-Pandemie gemacht? Outdooraktivitäten wurden eingeschränkt, Spielplätze geschlossen, Parkbankverweilverbote erlassen und Sportaktivitäten im Freien untersagt. Das war in höchstem Maß kontraproduktiv. Man hätte die Menschen im Gegenteil dazu ermutigen sollen, mehr Zeit draußen als zu Hause zu verbringen – gerade in den Sommermonaten. Warum nicht im Freien unterrichten, wenn es die Umstände erlauben?

Solche einfachen Maßnahmen hätten dazu beitragen können, die Infektionsraten zu senken. Denn draußen ist es nicht nur unwahrscheinlicher, sich zu infizieren, sondern die Infektionsdosis, also wie viel Viren man abbekommt, ist in den Sommermonaten und draußen auch deutlich kleiner, und es gibt Studien, die zeigen, dass die Wahrscheinlichkeit einer asymptomatischen Infektion bei niedriger Dosis höher ist.[47] Man hätte also eine Immunität aufgebaut und somit wahrscheinlich auch zur Pandemiebekämpfung beigetragen.

Der bunte Strauß an gut gemeinten, bisweilen absurden Vorgaben trieb bisweilen die schönsten Blüten. So wurde in der gesamten Stadt München ein Alkoholverbot von 23 bis 6 Uhr verhängt. Das macht »Sinn«, da das Virus gerade in diesen Stunden gerne Menschen befällt, die Alkohol trinken – zumindest muss die Münchner Stadtverwaltung so ähnlich gedacht haben, als sie schildbürgerhaft im August 2020 die Verordnung zum Alkoholverbot von den späten Abendstunden bis in den frühen Morgen erließ.[48] Nicht nur München war von solchen Regelungen betroffen, sondern auch andere Städte in Bayern oder Nordrhein-Westfalen.

Doch hinter dem vergeblichen Possenspiel steckte ein ernst gemeinter Gedanke: Alkoholkonsum könnte zu zügelloserem Verhalten führen, man kommt sich näher, wird unbedachter und gibt weniger auf sich und andere acht. Fehlende Distanz kann natürlich das Infektionsrisiko erhöhen, aber gibt es wirklich einen Zusammenhang zwischen Alkoholkonsum und der Wahrscheinlichkeit, sich mit Corona anzustecken?

Im Rahmen unserer Untersuchung des Pandemiegeschehens im Landkreis Heinsberg sind wir nach dem Coronaausbruch auf der Karnevalssitzung in Gangelt im Februar 2020 dieser Frage nachgegangen, und auch andere Studien haben nach einer Verbindung zwischen Alkoholkonsum und Infektionswahrscheinlichkeit gesucht. Ohne Erfolg. Ein vermehrter Alkoholkonsum steht nach bisherigem Forschungsstand in keiner Verbindung mit einer erhöhten Infektions- und Sterberate bei SARS-CoV-2.[49]

Um aber gleich einen anderen Mythos auszuräumen: Unzutreffend ist ebenfalls die Behauptung, Alkohol schütze vor einer Coronainfektion; diese Idee hielt man in Indien und anderen asiatischen Ländern lange Zeit aufrecht. Auch diese Annahme wurde wissenschaftlich untersucht und hat sich – wie kaum anders zu erwarten – als falsch herausgestellt: Der Konsum von Alkohol bietet keinen Schutz gegen COVID-19. Übermäßiger Alkoholkonsum kann stattdessen Leber und andere lebenswichtige Organe schädigen, ohne das Infektionsrisiko oder die Schwere einer Erkrankung durch das Coronavirus zu verringern.[50] Eine Intelligenzblüte war auch der Vorschlag von Donald Trump und anderen, sich zum Schutz vor einer Infektion mit SARS-CoV-2 ein Desinfektionsmittel zu injizieren. Einige Menschen in den USA, die dieser Empfehlung gefolgt waren, bezahlten ihre Entscheidung dann traurigerweise mit dem Leben.

Unklare Gemengelage

Die Absurdität mancher Maßnahmen erscheint offensichtlich, allein die Bilder von einsamen Fußgängern mit der obligatorischen FFP2-Maske, die bei Wind und Regen den leer gefegten Marienplatz in München überqueren, sprachen für sich. Doch obwohl ihre Effektivität schon früh angezweifelt wurde, blieben auch solche Verordnungen wie das verpflichtende Maskentragen auf öffentlichen Plätzen lange Zeit in Kraft. Warum, ist unklar.

Man hätte mehr mit Freiwilligkeit arbeiten müssen, als an solch unsinnigen Maßnahmen festzuhalten, deren Einhaltung womöglich noch von der Polizei kontrolliert und bestraft wurde, obwohl sie medizinisch wenig Sinn ergeben. Hier wäre mehr Transparenz und eine schnellere Reaktion hilfreich gewesen, auch um für eine größere Akzeptanz der Maßnahmen zu sorgen, schließlich verlangten sie uns viel ab. Gerade die verschiedenen Lockdowns blieben nicht ohne Folgen für das gesellschaftliche Klima.

Ein Grund mag in der Gemengelage des Katalogs an Verordnungen gelegen haben, die eine differenzierte Sichtweise auf die Coronamaßnahmen bis heute problematisch gestaltet. Die Vielzahl an Maßnahmen und deren verschiedene Aspekte erschweren die Isolierung und Bewertung der Wirksamkeit einzelner Bestandteile. Leider – und man kann es nicht oft genug erwähnen – wurde die Effektivität isolierter Maßnahmen fast nie wissenschaftlich überprüft. Dutzende Studien haben versucht, sich der Problematik zu nähern und verallgemeinerbare Aussagen zu treffen. Allein zur Frage nach der Effektivität von Ausgangssperren sind in den letzten Jahren über 150 Studien durchgeführt worden. Aber es gibt auch unzählige Studien zu Restaurant- oder Fitnessstudioschließungen – eine Fülle, die kaum mehr zu überblicken ist.

Noch dazu sind Restaurants nicht mit der Situation am Arbeitsplatz in der Produktion, Fitnessstudios nicht mit Bibliotheken gleichzusetzen. Ein McDonald's ist eben anders aufgebaut als der kleine Italiener an der Ecke, und ein Großraumbüro kann man kaum mit einem Klassenzimmer vergleichen. Auch gibt es erhebliche Unterschiede in der Demografie, Ess- und Verhaltenskultur und dem gesellschaftlichen Beisammensein zwischen Ländern und Kontinenten, sodass man kaum generalisierte Ableitungen vornehmen kann. Insgesamt gilt: Dort, wo Menschen zusammenkommen, wo sie eng beieinander sind, und vor allem in geschlossenen, schlecht belüfteten Räumen steigt die Wahrscheinlichkeit, sich anzustecken. Daher ist es durchaus plausibel, dass eine Reduktion der Kontakte und Kontaktmöglichkeiten unter Menschen auch zu einer Reduktion der Infektionen führt.[51]

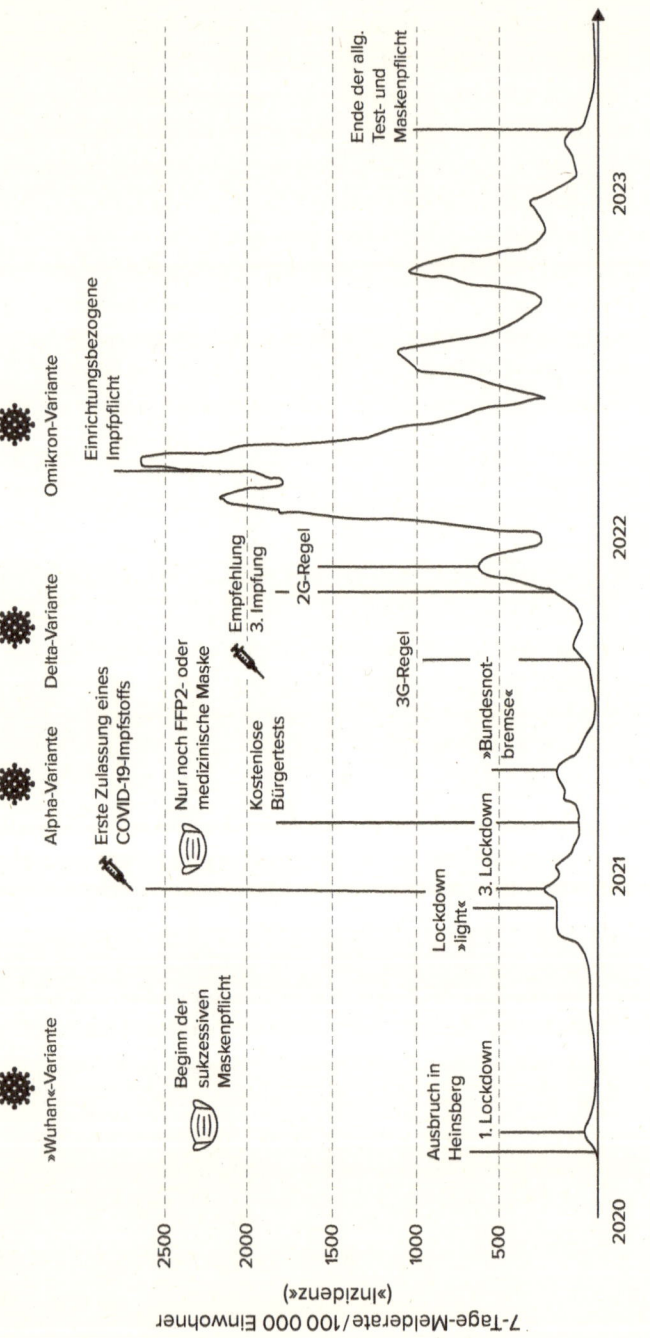

Maßnahmen in Deutschland während der Pandemie [5]

Dennoch zeichnen die Ergebnisse auch solcher Studien, die sich ausführlich mit der Frage beschäftigt haben – wie zum Beispiel die Metaanalyse der Royal Society – ein sehr gemischtes Bild und bekunden, dass beispielsweise »Stay at Home Orders«, also die Aufforderung, zu Hause zu bleiben, nicht immer einen Effekt zeigen.[52] Eine Multiverse-Studie von Stanford und Harvard untersuchte fast 100 000 Modelle zu staatlichen Corona-Maßnahmen. Die Studie zeigt, dass der Nutzen der Maßnahmen nicht empirisch belegbar ist, da die Ergebnisse stark variieren und keinen klaren Effekt nachweisen.[53]

Bis heute finden sich aber immer wieder Schlagzeilen, die gewöhnliche Orte als bedrohlich erscheinen lassen, wie beispielsweise im April 2024: »Studie: Supermärkte waren Treiber von Corona-Infektionen«.[54] Dass solche irreführenden Behauptungen aufgestellt werden, liegt wahrscheinlich daran, dass man mit der korrekt lautenden Nachricht: »Infektionsrisiko in Supermärkten sehr gering« kaum dieselbe Aufmerksamkeit hervorrufen kann. In der Studie, um die es hier geht, steht nämlich, dass die Wahrscheinlichkeit, sich im Supermarkt anzustecken, bei 0,000025 Prozent liegt, und wenn sich ein Infizierter dort befindet, er nur 0,04 Personen ansteckt. Es braucht also 100 infizierte Supermarktbesucher, damit sich 4 weitere Menschen anstecken.[55] Ist das verwunderlich? Nein. Denn natürlich ist das Ansteckungsrisiko in Innenräumen, wo sich auch noch andere Menschen befinden, höher, als wenn man sich allein draußen aufhält. Treiber der Pandemie waren Supermärkte aber mit Sicherheit nicht.

Die grundlegende Effektivität von Kontaktreduktionen in diversen Bereichen wurde in zahlreichen systematischen Analysen unter die Lupe genommen.[56] Die Studien setzten die Implementierung solcher nicht-pharmazeutischer Maßnahmen in verschiedenen Ländern in Beziehung zu Fallzahlen, Inzidenz und R-Wert und haben daraus Schlüsse über die Wirksamkeit der Maßnahmen gezogen. Nicht überraschend zeigten auch einige der Studien, dass Homeofficepflicht, die Absage öffentlicher Veranstaltungen, das Schließen von Restaurants und Bars einen Effekt auf das Infektionsgeschehen hatten.[57]

In der Tat zeigten Studien, dass die Anordnung, zu Hause zu bleiben, Maßnahmen zur physischen Distanzierung sowie die Begrenzung von Versammlungsgrößen wiederholt mit signifikanten, gemeinschaftsweiten Reduktionen der SARS-CoV-2-Übertragung in Verbindung gebracht werden konnten. Diese Maßnahmen wurden häufig mithilfe der zeitvariablen Reproduktionszahl Rt zu beurteilen versucht, die als ein entscheidendes Instrument galt, um die Dynamik der Virusverbreitung steuern zu können – was aber natürlich nicht gelingen kann.

Denn damit sind wir bei einem weiteren Problem der Beurteilung der Wirksamkeit von Maßnahmen: dem Risiko, dass Effekte erzielt werden, ohne dass sie wirklich stattfinden. Man spricht hier von einem wissenschaftlichen Bias. Wie kommt er zustande? Die gemessene Reproduktionszahl ist ein Faktor der gemeldeten Fälle, und die gemeldeten Fälle wurden in Deutschland nur bestimmt mithilfe durchgeführter Tests. Wurde viel getestet, wurden auch mehr Infektionen gefunden. So weit, so gut. Doch daraus ergibt sich die Frage, wann wird viel getestet?

Ein Beispiel: Man stelle sich einen Arbeitgeber vor, der zweimal wöchentlich seine Mitarbeiter bittet, sich zu testen – die Infektionszahlen sind hoch. Daraufhin beschließt er, Homeoffice einzuführen. Es wird weniger getestet und die Infektionszahlen gehen wieder nach unten. Diese Zusammenhänge zu berücksichtigen ist entscheidend, wenn man den tatsächlichen Einfluss einer Regelung – wie in diesem Beispiel der Homeofficepflicht – auf das Infektionsgeschehen messen will. Um solche vermeintlichen Effekte zu vermeiden, müsste die Inzidenz systematisch bestimmt werden – aber dazu später mehr.

Insgesamt gesehen war die Beweislage für die Auswirkungen von Regelungen am Arbeitsplatz auf das Pandemiegeschehen weniger konsistent als bei Kontaktbeschränkungen, wobei ein direkter Einfluss bei strikteren Maßnahmen wie Betriebsschließungen häufiger festgestellt wurde. Ähnlich verhielt es sich bei den Beschränkungen bezüglich der Größe von Versammlungen; hier hing der Erfolg oft von der Strenge der umgesetzten Maßnahmen ab. Allerdings existieren auch Studien, die keinen klaren Effekt dieser Maßnahmen feststellen konnten. So zeigt eine andere Arbeit zum Beispiel, dass Lockdowns keinen oder nur geringen Einfluss auf die COVID-19-Mortalität hatten.[58]

Ein Großteil der Forschung zur Wirksamkeit verschiedener Verordnungen stützt sich auf die Analyse empirischer Zeitreihen, um Bruchpunkte und Wendepunkte in den Infektionskurven zu bestimmen. Die Ergebnisse deuten darauf hin, dass diese Wendepunkte oft nicht mit der Einführung spezifischer Maßnahmen zusammenfallen oder sogar schon vor allgemeinen Lockdowns aufgetreten sind.[59] In der Tat haben wir ähnliche Erkenntnisse auch für die erste Infektionswelle in Deutschland.[60] Wie ist das zu erklären?

Es gibt Belege dafür, dass in der Frühphase der Pandemie viele Menschen auf freiwilliger Basis ihr Verhalten anpassten, insbesondere in Bezug auf ihre Mobilität und Freizeitaktivitäten.[61] Auch das Robert-Koch-Institut attestiert in einer viel kritisierten und statistisch schwachen Studie den Maßnahmen insgesamt eine gute Wirksamkeit, zeigt aber den überraschenden Effekt, dass die Ankündigung der Einführung einer Maßnahme bereits Auswirkungen auf das Infektionsgeschehen hat.[62]

Zudem gibt es das Phänomen des Clustereffekts. Ein kurzer Exkurs: Wir, also die Bevölkerung eines Landes, sind keine Kiste mit Bällen, bei der die Chance, auf einen anderen Ball beziehungsweise eine andere Person zu treffen, gleich verteilt wäre. Im Gegenteil, wir treffen meistens immer dieselben, gewohnten Personen aus unserem Umfeld und kaum jemand Neues, oder bewegen uns in unserem sozialen Umfeld. Ja, selbst alte Schulfreunde treffe ich zumindest seltener, obwohl wir häufig miteinander telefonieren.

In einer Kiste mit Bällen, die kräftig durchgerüttelt wird, hat jeder Ball die gleiche Chance, den anderen Ball zu treffen. So entsteht exponentielles Wachstum. Ein Ball trifft drei weitere, drei weitere jeweils auch drei, also neun, und so weiter. Da wir aber ja keine Kiste an Bällen sind, schwächt sich diese Weiterverbreitung irgendwann ab. Man spricht dabei von einer heterogenen Verteilung. Oder einem Clustereffekt.

Der Clustereffekt in der Epidemiologie beschreibt das Phänomen, dass Krankheitsfälle räumlich oder zeitlich gehäuft auftreten, anstatt zufällig in einer Population verteilt zu sein. Neben dem Faktor, wen man eigentlich kennt, spielen auch Verhaltensweisen eine Rolle. So war die erste Coronawelle wahrscheinlich selbstlimitierend, da sich die Infektionen auf Gemeinschaften mit hohem sozioökonomischem Status beschränkten und erst in der zweiten Welle in andere Regionen und gesellschaftliche Gruppen übersprangen.[63] Aus diesem Grund ist eine mögliche Erklärung für das Abebben der ersten Welle neben der Psychologie, den Maßnahmen und der Saisonalität des Virus auch der Clustereffekt.

Selbst wenn die Stärke des Effekts einer freiwilligen Verhaltensänderung nicht genau benannt werden kann, da sie in den vorhandenen Studien zur Effektivität nicht-pharmazeutischer Maßnahmen oftmals nicht berücksichtigt wird und der Effekt nur von sehr kurzer Dauer ist, ist diese Beobachtung doch bemerkenswert, denn sie kann auch als Argument gegen einen Lockdown dienen. Sind staatlich verordnete Maßnahmen nicht überflüssig, wenn man genauso viel durch die freiwillige Mitarbeit der Bevölkerung erreichen kann? Diese Annahme war schließlich ein Grundpfeiler des schwedischen Wegs, mit dem das Land im hohen Norden während der Coronapandemie Schlagzeilen machte. Erfolgreich oder nicht – das Problem, das sich bei der Freiwilligkeit von Verhaltensmaßnahmen stellt, besteht darin, wie diese erreicht werden kann. Hierin sah das RKI eine große Hürde, wie in den Protokollen des Krisenstabs nachzulesen ist.[64]

Über die Schwierigkeit hinaus, die Wirksamkeit einzelner Maßnahmen aus dem Einflussbereich der Gesamtheit der Eingriffe herauszufiltern, leidet die Aussagekraft der bisher vorliegenden Studien auch unter der Komplexität der Einflussfaktoren. Lassen sich die Auswirkungen der Maßnahmen auf den Infektionsstand von der Psychologie, dem Verhalten und anderen Größen wie der vorherrschenden Virusvariante oder Immunhistorie des Infizierten überhaupt trennen?

Das größte Manko besteht darin, dass es nur wenige experimentelle Studien gibt, die über die Beschreibung hinausgehen. Die Einführung der Maßnahmen wurde schlichtweg nicht wissenschaftlich begleitet. So wurde mit der Bevölkerung experimentiert durch Verordnungen, die theoretisch die Infektionszahlen reduzieren sollten, ohne dass man wusste, ob sie überhaupt einen Effekt haben oder – wenn ja – welche von ihnen die größte Wirkung zeigt.

Reduktion von Veranstaltungsgrößen, Abstandsregeln, Desinfektionsvorschriften, Alkoholverbote, Verweilverbote, Plexiglasscheiben, Masken, Lockdowns bis hin zu Ausgangssperren. Alles ergab irgendwie mehr oder weniger Sinn, wenn man der Formel folgte: Weniger Kontakte heißt weniger Infektionen. Während diese Losung durchaus plausibel ist und mit Sicherheit einen Effekt zeigt, kann man aber bis heute das Ausmaß des Effekts nicht beurteilen. Einfache Experimente wurden nicht durchgeführt, die jedoch wertvolle Erkenntnisse hätten liefern können. Zum Beispiel hätte man in einem bestimmten Gebiet eine Kohortenstudie durchführen können, um die Inzidenz zu messen und unterschiedliche Maßnahmen zu bewerten, Ideen, die auch in den RKI-Krisenstabsprotokollen zu finden sind.

Stellen Sie sich vor, 2000 Personen würden eingeladen, an der Studie teilzunehmen. Jeder Teilnehmer würde einen Fragebogen zu Demografie, Verhalten, Impfstatus und Ähnlichem ausfüllen. Durch Bluttests könnten Antikörper nachgewiesen und mittels PCR-Abstrich die Anzahl der aktuell infizierten Personen bestimmt werden. Diese Messungen könnte man einen Monat später wiederholen. Nach Einführung einer Maskenpflicht könnte man erneut einen Monat später und nochmals einen Monat später die Messungen vornehmen. Würde man solche wissenschaftlichen Studien an drei oder vier Orten durchführen, wäre es möglich, mit Sicherheit festzustellen, wie sich eine Maskenpflicht auf das Infektionsgeschehen auswirkt.

Ein alternativer Studienaufbau bestünde darin, an einem Ort eine Maskenpflicht zu verordnen, während an einem anderen Ort auf Freiwilligkeit gesetzt wird. Auf diese Weise ließe sich ebenfalls eine bessere Aussage über die Wirksamkeit dieser Maßnahmen treffen, als es derzeit möglich ist. Auch für Lockdowns, Alkoholverbot, Abstandsregel hätte man ähnliche Untersuchungen durchführen können. Aus einem mir nicht bekannten Grund wurden aber solche Studien nicht gemacht oder waren nicht gewollt.

Stattdessen haben viele Maßnahmenstudien zur Pandemiebekämpfung einige methodische Probleme: So gibt es keine Kontrollgruppen, da die meisten Studien aus der ersten Welle stammen, als fast alle Länder gleichzeitig ähnliche Maßnahmen ergriffen haben, wodurch Vergleichsmöglichkeiten fehlen. Zudem werden oft verschiedene Maßnahmen, wie die Schließung von Kitas, Schulen und Hochschulen, zusammengefasst, was die Identifizierung spezifischer Wirkungen erschwert. Viele Maßnahmen wurden auch gleichzeitig eingeführt, was zu hoher Kollinearität zwischen den Maßnahmenvariablen führt.

Auswirkungen durch reine Beobachtungsstudien und Modellierungen zu beweisen, ist deutlich schwerer, denn die wissenschaftliche Analyse der Effektivität der Coronamaßnahmen ist voller Fallstricke. Dazu zählt auch das Risiko der Scheinkausalität, was so viel heißt wie, dass eine Korrelation nicht immer einen Zusammenhang bedeutet.

Stellen wir uns vor, wir haben eine Studie, die zeigt, dass in Städten, die über mehr Pizzerien verfügen, auch mehr Mathematikprofessoren leben. Eine Scheinkausalität wäre nun zu folgern, dass der Konsum von Pizza Menschen dazu bringt, sich im Fach Mathematik mehr anzustrengen oder sogar eine Karriere als Mathematikprofessor anzustreben. Schließlich könnte es genauso gut sein, dass größere Städte sowohl mehr Pizzerien als auch mehr Universitäten (und somit mehr Mathematikprofessoren) zu bieten haben oder dass Mathematikprofessoren dazu neigen, in Städten zu leben, wo es eine größere Auswahl an Essensangeboten, einschließlich Pizza, gibt.

Ein Rückgang der Infektionszahlen – sei es durch Homeofficepflicht, Schulschließung oder andere Verordnungen – kann zum einen an der jeweils ergriffenen Maßnahme liegen, zum anderen aber auch an Faktoren wie der Testhäufigkeit, Saisonalität des Virus oder Verhaltensänderungen bei den Menschen. Ohne eine wissenschaftliche Untersuchung der Ursache für den Rückgang läuft man Gefahr, die falschen und vorschnelle Schlüsse zu ziehen.

Von Risiken und Nebenwirkungen

Ob Pizzerien etwas mit dem Infektionsgeschehen während der Coronapandemie zu tun hatten, lässt sich schnell beantworten, denn zu den Hochzeiten der Infektionszahlen waren sie geschlossen. Welche anderen unerwünschten Auswirkungen Lockdowns nach sich zogen, ist jedoch genauso schwer zu entflechten wie deren Einfluss auf das Infektionsgeschehen. Die Pandemie brachte ein vielschichtiges Wirrwarr an Nebeneffekten mit sich, die direkt oder erst deutlich später zutage traten. Ein kritischer Fehler im Pandemiemanagement – so viel sei vorweg gesagt – bestand darin, dass die gewollten und ungewollten, die beabsichtigten und die unbeabsichtigten Auswirkungen nicht gleichermaßen unter die Lupe genommen wurden. So würde man in der Medizin niemals vorgehen. Operation geglückt, Patient tot?

Da weder eine wissenschaftliche Begleitung der Auswirkungen erfolgte noch deren systematische Erfassung oder wenigstens die Registrierung des Anstiegs von möglichen Krankheiten während der Pandemie, bleibt uns nur, einige Facetten zu beleuchten und zu versuchen, die Tragweite der unbeabsichtigten Konsequenzen zu verstehen. Und es könnte Jahre dauern, bis wir das ganze Ausmaß begreifen. Wenn überhaupt. Denn die Liste der bereits jetzt bekannten unbeabsichtigten Nebenwirkungen ist lang: von der Verschlechterung der allgemeinen Gesundheit der Bevölkerung durch verschobene Operationen über nicht erkannte organische und psychische Erkrankungen bis hin zu persönlichen Verlusten, Ängsten, Lernrückständen, materiellen und existenziellen Sorgen und den wirtschaftlichen Konsequenzen.

In der Pandemie hat man mit gutem Grund viel Aufmerksamkeit auf den Schutz von Risikogruppen und chronisch Kranken vor einer Coronainfektion gerichtet. Doch es stellt sich die Frage, ob die Vermeidung einer Infektion für die Betroffenen immer das Wichtigste war. Geht es nicht vielmehr auch um Würde, Zufriedenheit, psychische Gesundheit und die Vermeidung des Risikos, dafür vermehrt andere Erkrankungen zu bekommen?

Die Kehrseite der Medaille dieses umfassenden Schutzes kennen wir heute: Die Isolation der vulnerablen Gruppen hat bisweilen psychische Folgen nach sich gezogen, und die medizinische Versorgung anderer ernsthafter Krankheiten wurde beeinträchtigt. Gerade bei Krebs, Herzerkrankungen oder Infektionskrankheiten, wo eine schnelle Diagnose und umgehende Behandlung über Leben und Tod entscheiden können, gab es berechtigten Anlass zur Sorge. Die *New York*

Times warnte schon im April 2020 vor dieser gefährlichen Entwicklung,[65] und immer mehr Studien bestätigen mittlerweile, dass die Pandemie die Krebsdiagnostik und -therapie stark beeinflusst hat.[66] Internationale und nationale Forschungsergebnisse belegen diese Trends auch für andere Krankheiten. So beträgt die altersbereinigte Inzidenzrate 326,5 Fälle an Krebserkrankungen pro 100 000 Einwohner. Während der Hochphase der COVID-19-Pandemie wurden 28,6 Prozent weniger Krebsfälle als erwartet diagnostiziert, was darauf hinweist, dass in diesem Zeitraum möglicherweise 134 395 Krebsfälle unentdeckt blieben.[67]

Aber nicht nur das. Bei der Diagnose von einer ganzen Reihe von Krankheiten, für deren Verlauf es entscheidend sein kann, dass man sie früh entdeckt und so schwerwiegende Folgen vermieden werden, ist es während der Pandemie zu einer geradezu alarmierenden Verzögerung gekommen. Manche Früherkennungsuntersuchungen wurden seltener oder gar nicht durchgeführt. Das war ein Versäumnis, das später zu einer vermehrten Diagnose von Krebs in fortgeschrittenem Stadium führte – ein Phänomen, das als »Stage Shift« bekannt ist. Erste Studien zeigen, dass es während der Pandemie zu einem erschreckenden Anstieg der Sterblichkeit durch Herzkrankheiten gekommen ist; ähnliche Daten hierzu gibt es auch für Deutschland.[68] Aber auch die frühzeitige Erkennung von Infektionen wie HIV ging durch Lockdowns, verzögerte oder unterbrochene Lieferketten massiv zurück, und das weltweit. Unzählige Infektionen wurden nicht erkannt, und die Infizierten gaben unwissentlich das Virus weiter – möglicherweise mit weitreichenden Folgen für die kommenden Jahre.

Nicht nur die Testprogramme und Eindämmungsstrategien von Infektionserkrankungen wurden unterbrochen, die Lockdownmaßnahmen legten auch global wichtige Gesundheitsprogramme lahm, gegen Hungersnöte und Kinderhochzeiten, Genitalverstümmelung und für lebensrettende Impfungen. UNICEF sprach bereits im Oktober 2020 die eindringliche Warnung aus: Etwa 80 Millionen Kinder unter einem Jahr in mindestens 68 Ländern verpassten lebenswichtige Impfungen gegen Krankheiten wie Polio, Masern und Diphtherie.[69] Im Jahr 2019 erreichte die weltweite Polio-Impfrate bei Einjährigen stolze 86 Prozent – ein historischer Höchststand. Doch mit dem Beginn der Pandemie sank die Impfquote abrupt auf 82 Prozent. Und die Abwärtsspirale setzte sich weiter fort: Im Jahr 2021 lag die Deckungsrate nur noch bei 80 Prozent.[70] Ein Virus, das in Städten sowie vielen Ländern als ausgerottet galt, war wieder virulent. New York schlug im Jahr 2022 wegen dem Wiederauftreten von Poliofällen Alarm,[71] und auch in Deutschland wuchs die Sorge vor einer möglichen Infektion. Es ist von entscheidender Bedeutung, diese Entwicklungen in den nächsten Jahren gut im Auge zu behalten und akribisch zu dokumentieren.

Eine weitere spürbare Folge des Lockdowns betraf unsere Wirtschaft. Wo zuvor lebhaftes Stimmengewirr, Klirren von Geschirr, das rege Treiben von kommenden und gehenden Kunden und Dienstleistern das Bild prägten, herrschte plötzlich Stille. Die Restaurants waren geschlossen und damit ohne Einnahmen oder Aussicht auf eine baldige Rückkehr zum geschäftigen Handel.

Die Pandemie löste eine Wirtschaftskrise aus, die in eine umfassende Rezessionswelle mündete. Das Bruttoinlandsprodukt schmierte um 5,3 Prozent ab, die Exporte sanken um 7,6 und der private Konsum um fast 7 Prozent.[72] Der ökonomische Schaden aufgrund unterbrochener Wertschöpfungsketten und geschlossener Betriebe wurde zum Teil durch umfangreiche Hilfen aus dem Bund abgefedert. Die Zahlen sprechen eine klare Sprache: Ein Netz aus Kurzarbeit spannte sich über das Land, ein Spiegelbild der Strenge der Coronamaßnahmen. Das Deutsche Institut für Wirtschaftsforschung

(DIW) malte ein düsteres Bild der deutschen Wirtschaft, dessen BIP-Wachstumsprognosen nach dem harten Lockdown auf ein schmales Plus von 3,5 Prozent schrumpften, weit entfernt von der vorhergesagten Prosperität.

Unter dem wirtschaftlichen Druck brach eine ganze Schicht des Unternehmertums weg. Die Selbstständigen wurden abhängig. Manche fanden Rettung in der Umarmung sozialversicherungspflichtiger Beschäftigungen, andere fielen in die Arbeitslosigkeit. Studenten und Minijobber standen plötzlich vor dem Abgrund, da die Lockdowns ihre Einnahmequellen verschluckt hatten. Studien des DIW zeichneten das Bild einer verzögerten, aber unvermeidlichen Krise gleicher Bildungschancen, die durch den Wegfall von Nebenjobs noch verstärkt wurde.[73]

Angesichts der teils drastischen Konsequenzen für so viele Menschen stellt sich die Frage nach der Gewichtung. Worum ging es bei den Entscheidungen für oder gegen eine Maßnahme? Es war die Abwägung zwischen der gesundheitlichen Gefährdung durch Infektionen und gesellschaftlichen Schäden. Eine Abwägung zwischen potenziell schweren Erkrankungen, manchmal sogar mit Todesfolge, auf der einen Seite und Schäden durch nicht entdeckte Krebserkrankungen, Herzleiden, Ängsten und Depressionen, vielleicht ebenfalls mit Todesfolge, auf der anderen Seite. Infektionen zulassen mit der Folge von Ausfällen in der kritischen Infrastruktur hier und Infektionen eindämmen mit wirtschaftlichen Ausfällen, Gewalt und familiären Problemen dort. Eine Abwägung, die sich auf viele Bereiche erstreckte und bei Weitem nicht leicht war.

Bei jeder Handlung oder Entscheidung ist ein grundlegender Leitsatz zu befolgen: »Zuerst keinen Schaden anrichten.« Damit ist gemeint, dass jede durchgeführte Maßnahme vorrangig daraufhin überprüft werden muss, ob sie potenziell schädlich sein könnte. Falls nicht ausgeschlossen werden kann, dass eine Maßnahme Schaden verursacht, muss eine Abwägung zwischen dieser Schadensmöglichkeit und dem zu erwartenden Nutzen erfolgen – es muss die Angemessenheit gewährleistet sein. Die Einschätzung der Angemessenheit, ein wichtiger Begriff aus der Gesundheitspolitik, erfordert eine sorgfältige Abwägung von Schadensrisiko und Nutzen. Sowohl die Wahrscheinlichkeit als auch das Ausmaß des erwarteten Nutzens und der möglichen Risiken müssen in Betracht gezogen werden. Es genügt nicht, sich auf einen erhofften, aber im Einzelfall nicht nachgewiesenen Nutzen zu stützen.

Umso wichtiger ist es, in ruhigen Zeiten Pläne zu entwickeln, an denen man Gradmesser einer Pandemie festmacht, und vielleicht sogar Studien in Auftrag zu geben, um bestimmte offene Fragen zu beantworten. Respiratorische Viren wie SARS-CoV-2 kommen gehäuft in den Wintermonaten vor, sodass man solche Zeiten dazu nutzen könnte, in Studien mit freiwilligen Teilnehmern drängende Fragen wissenschaftlich zu untersuchen, die man während der Pandemie nicht beantworten konnte oder wollte.

Das Damoklesschwert überlasteter Krankenhäuser

Motiviert und begründet wurden die Coronaverordnungen wieder und wieder mit der Situation an den Krankenhäusern. Was, wenn Menschen sterben würden, weil wir sie nicht ausreichend medizinisch versorgen konnten? Die Furcht vor einer Überforderung unseres Gesundheitssystems durch einen Ansturm von Coronapatienten zählte zu den zentralen Argumenten für die Maßnahmen bis hin zum Lockdown und schwebte über allem. Ein Szenario, das es unbedingt zu vermeiden galt: eine kritische Situation in den Krankenhäusern; die ernsthafte Gefahr einer Überlastung der Intensivstationen; zu viele Patienten, die stationär versorgt werden mussten; zu viele Patienten, die beatmet werden mussten; zu wenig Intensivbetten; zu wenig Beatmungsgeräte.

Und tatsächlich war der Personalmangel an Krankenhäusern damals schon alarmierend, sodass bis zu 30 Prozent der Intensivbetten während der Pandemie wegen fehlender Pflegekräfte nicht belegt werden konnten.[74] Wer dort arbeitete, erkrankte häufig zudem selbst – an COVID-19, aus Erschöpfung. Die Pflegekräfte flehten in Videos die Menschen an, zu Hause zu bleiben, damit sie sich nicht infizierten; sie wurden beklatscht von den Balkonen, oder sie nahmen Tanzvideos auf, um auf ihre Situation aufmerksam zu machen. Die Ressourcenknappheit zwang Krankenhäuser dazu, nicht notwendige Operationen zu verschieben und ihr Personal neu zu verteilen.

Der Begriff der »Triage« stand im Raum, eine Notfallmaßnahme aus der Katastrophenmedizin, bei der Patienten je nach Überlebenschancen priorisiert werden. Und tatsächlich wurde 2022 infolge der Coronapandemie eine gesetzliche Regelung der Triage eingeführt, die die Verantwortlichen dazu verpflichtete, bei der Entscheidung über die intensivmedizinische Versorgung ausschließlich die »aktuelle und kurzfristige Überlebenswahrscheinlichkeit« der Patienten zu berücksichtigen. Weder Behinderung noch Alter oder andere langfristige Gesundheitsprognosen durften die Auswahl beeinflussen.[75]

Das Wort »Triage« ging vielen damals schnell über die Lippen. Man sprach von »weicher« oder »latenter Triage«, wobei Letztere in Regionen mit hohen Inzidenzwerten drohte, wenn Notfallpatienten, wie beispielsweise Personen, die gerade einen Herzinfarkt erlitten hatten, nicht adäquat versorgt werden können.[76] Doch hatten wir während der Pandemie zu irgendeinem Zeitpunkt die gefürchtete Überlastung der Krankenhäuser, und drohte wirklich eine Triage?

Schauen wir uns zunächst die Bettenanzahl an. Der internationale Vergleich der Intensivbettenausstattung zeigt signifikante Unterschiede zwischen den Ländern, die teilweise mit demografischen Faktoren wie dem Anteil der älteren Bevölkerung korrelieren. In Deutschland, das eine relativ hohe Versorgungsdichte aufweist, gab es Ende 2017 etwa 34 Intensivbetten pro 100 000 Einwohner.[77] Dies stellt im internationalen Vergleich eine umfangreiche Kapazität dar, die sich größtenteils auf Allgemeinkrankenhäuser der Spitzen- oder Maximalversorgung konzentriert. Im Kontrast dazu stehen Länder wie England, Spanien und Italien, die zu den von der Coronapandemie besonders stark betroffenen Staaten gehören und deutlich weniger Intensivbetten pro 100 000 Einwohner verzeichnen: England mit 10,5, Spanien mit 9,7 und Italien mit 8,6, um mehr als zwei Drittel weniger also. Diese geringere Kapazität könnte eine der Herausforderungen in der Bewältigung der Pandemie gewesen sein, insbesondere angesichts des höheren Anteils älterer Menschen in Ländern wie Italien, wo die über 65-Jährigen 22 Prozent der Bevölkerung ausmachen.[78]

In Deutschland wurde die Bettenzahl durch staatliche Fördermaßnahmen während der Pandemie aufgestockt, doch eine Analyse zeigt keinen direkten Zusammenhang zwischen der erhöhten Bettenkapazität und der COVID-19-Melderate der Bundesländer. Das bedeutet, dass man massiv in Intensivbetten investierte, die aber gar nicht belegt oder gebraucht wurden. Selbst auf dem Höhepunkt der Pandemie wurden die neu geschaffenen Intensivkapazitäten nicht vollständig ausgeschöpft. In einigen Bundesländern wie Mecklenburg-Vorpommern oder Schleswig-Holstein hätte theoretisch jedem COVID-19-Infizierten ein Intensivbett zur Verfügung stehen können, ohne die Kapazitäten zu überschreiten.[79]

Die tatsächliche Situation auf den Intensivstationen während der Pandemie war deutschlandweit weniger dramatisch als angenommen – so viel kann man sagen. Auch wenn es natürlich möglich ist, dass es in einzelnen Regionen und einzelnen Erfahrungsberichten anders erinnert wird. Die Analyse von Routinedaten zeigte, dass 2021 weder die Zahl der

Intensivpatienten noch der beatmeten Patienten im Vergleich zum Vorjahr gestiegen war; numerisch waren es sogar weniger.[80] Und obwohl einzelne Krankenhäuser zeitweise überfüllt waren, gab es keine Überlastung des gesamten Systems. Allerdings nahm die Anzahl schwerer Fälle trotz niedriger Patientenzahlen zu. Auch mussten Ärzte und Pflegepersonal bei jedem Patientenkontakt besondere Schutzkleidung anlegen, was das medizinische Personal zeitlich noch stärker forderte – auch das ein Problem in der Pandemie.

An dieser Stelle muss man ein Thema ansprechen, das während der gesamten Coronakrise als Totschlagargument diente, aber sicher auch einen gewissen Wahrheitsgehalt besitzt: das Präventionsparadoxon. Worum es dabei geht, lässt sich mit einem Beispiel aus der Fernsehserie »Die Simpsons« schön darstellen. Da erklärt Lisa Simpson ihrem Vater Homer das Problem auf folgende Weise. Sie hebt einen Stein auf und sagt: »Dieser Stein vertreibt Tiger.« Homer fragt: »Wie soll das gehen?«, und Lisa antwortet: »Keine Ahnung, aber ich sehe hier keinen einzigen Tiger.« Homer ist überzeugt und will Lisa den Stein abkaufen, um sich in Zukunft vor Tigerattacken zu schützen.

Das Präventionsparadoxon ist allerdings schon deutlich länger bekannt. Geprägt wurde es von dem englischen Epidemiologen Geoffrey Rose vor 30 Jahren, und es beleuchtet das Phänomen, dass eine Maßnahme, die für eine gesamte Bevölkerung großen Nutzen haben kann, für das Individuum oft wenig spürbare Vorteile bietet. Im Kontext der COVID-19-Pandemie wurde der Begriff allerdings häufig falsch angewandt: »Die Maßnahmen haben ja gut gewirkt, so gut, dass Menschen vielleicht aus dem Blick verlieren, dass es wegen der Maßnahmen so gut gekommen ist. Also das, was Präventionsparadox genannt wird«, hieß es in einem Podcast zu der Zeit.[81]

Es wurden Lockdowns, Schulschließungen und Maskenpflicht eingeführt, und die Infektionszahlen sanken. Natürlich ist es durchaus möglich, dass solche Maßnahmen tatsächlich wirksam sind und deutlich die Fallzahlen gesenkt haben, aber – und das ist die Irreführung dabei – es ist schlichtweg falsch zu behaupten, dass die Maßnahmen der definitive Grund für das Ausbleiben hoher Infektionszahlen sind. Das Nichteintreten eines Ereignisses direkt auf die Intervention zurückzuführen, ist irreführend. Nur weil eine Annahme mit der beobachteten Tatsache übereinstimmt, bedeutet das noch lange nicht, dass diese Annahme auch tatsächlich richtig ist – eine Fragestellung, mit der sich die Kausaltheorie beschäftigt.

Im Kern der Kausaltheorie dreht sich alles um die hypothetische Frage »Was wäre, wenn?«. Diese Überlegung versucht zu klären, was geschehen wäre, wenn anders gehandelt worden wäre. Das Argumentationskonzept, das hier diskutiert wird, nimmt grundsätzlich an, dass der Nutzen einer Intervention offensichtlich ist und dass auch klar ist, wie sich die Dinge ohne diese Intervention entwickelt hätten. Dies führt oft dazu, dass die kritische Frage »Was wäre, wenn?« nicht ausreichend beleuchtet wird. Stattdessen wird eine Antwort formuliert, die bequem zu den erwarteten Effekten der Intervention passt, ohne wirklich zu überprüfen, ob diese Effekte tatsächlich durch die Intervention verursacht wurden.

Diese Art von Logik ist nicht neu und findet sich in der gesamten Menschheitsgeschichte. Sie wurde verwendet, um die verschiedensten Maßnahmen zu rechtfertigen, von religiösen Riten bis hin zu fragwürdigen medizinischen Behandlungen. Antike Priester zum Beispiel erklärten den Nutzen von Götzenverehrung mit der Abwesenheit vorhergesagter Katastrophen. Wenn keine Katastrophen eintraten, galt dies als Beweis für den Erfolg ihrer Rituale; traten sie doch ein, wurde argumentiert, dass die Rituale entweder nicht ausreichend praktiziert worden waren oder dass es ohne sie noch schlimmer gekommen wäre. Kommt das irgendjemandem bekannt vor? Das Muster zeigt, wie leicht es ist, Maßnahmen als erfolgreich darzustellen, unabhängig davon, was tatsächlich geschieht, indem man die Interpretation so anpasst, dass sie die eigenen Vorstellungen bestätigt.

Ob die Intensivstationen also während der Pandemie doch noch überlastet worden wären, können wir im Nachhinein nicht mit Sicherheit sagen. Zwar zeigte die Statistik, dass wir nie annähernd an die Grenze einer Überlastung kamen, jedoch musste man die Rufe und Warnungen der Intensivmediziner davor ernst nehmen. Was kann man auch anderes tun? Wenn Ärzte, die tagtäglich um das Überleben von Menschen kämpfen, die sich mit Corona infiziert haben, deutlich sagen, dass es nicht mehr geht, dass die Krankenhäuser überstrapaziert werden oder dass es zur weichen Triage kommt, sollte man als Gesellschaft ihren Aussagen Glauben schenken. Schließlich möchte niemand mit der Schuld leben, für unnötige Todesopfer verantwortlich zu sein.

Das eigentliche Problem war nicht notwendigerweise die Anzahl an fehlenden Betten, sondern das Fehlen von Personal. Schon vor der Coronapandemie hatte das Deutsche Krankenhausinstitut vor einem gravierenden Personalmangel auf den Intensivstationen gewarnt, die einen Fehlbestand von etwa 5000 Pflegekräften aufwiesen.[82] In der Pflege insgesamt haben wir heute rund 130 000 offene Stellen, die nicht besetzt werden können.[83]

Das Problem des Personalmangels im Gesundheitswesen besteht seit vielen Jahren und wurde durch die Pandemie noch verschärft. Mit dem Ausbruch von COVID-19 und den damit verbundenen steigenden Infektionszahlen war das vorhandene Personal durch die Hygienemaßnahmen zudem selbst stärker gefordert. Erkrankten dann auch noch Pflegekräfte und mussten sich in Quarantäne begeben, wurde es eng. Haben auf einer Station plötzlich drei Pfleger gleichzeitig Corona, ist das ein riesiges Problem, denn diese Fach-

kräfte kann man nicht einfach aus anderen Bereichen um-
schichten. Zu komplex und zu spezifisch ist die Arbeit auf
diesen Stationen. In einigen Ländern wie Belgien und Österreich ging man während der Pandemie aus diesem Grund
sogar dazu über, medizinisches Personal weiterarbeiten zu
lassen, auch wenn es infiziert war, solange es keine Symptome
hatte.

Dabei haben die Personalprobleme direkte Konsequenzen,
nicht nur im Umgang mit Coronapatienten, sondern auch bei
der Behandlung anderer dringender medizinischer Fälle wie
Unfällen, Herzinfarkten und Schlaganfällen. Die Missstände
im Gesundheitssektor sind seit Langem bekannt und werden
immer wieder thematisiert, doch konkrete Maßnahmen blieben bislang aus. Deutschland hat das Problem verschlafen
und vernachlässigt – ein Grund dafür, dass wir in der Pandemie in einer besonders prekären Lage waren, die bis heute
anhält. Konkret bedeutet das: Mit jeder Grippewelle, jedem
verstärkten Auftreten von Infektionskrankheiten droht eine
Überlastung unseres Systems, wenn nicht endlich gegenge-
steuert wird.

Dabei geht es nicht allein um mehr Personal, schon der
Abbau von Bürokratie würde Wunder bewirken. Ein Arzt
verbringt 44 Prozent seines Arbeitstages mit der Dokumentation seiner Tätigkeit! Beim Pflegepersonal sind es 36, beim
Chefarzt sogar 68 Prozent seiner Arbeitszeit.[84]

Würden wir diese Prozentsätze nur halbieren, hätten wir
einen Überfluss an Zeit für die Patientenbetreuung. Gesprä-
che mit Patienten könnten länger dauern, Pflegekräfte könnten sich Zeit für die Patienten nehmen. Ein Arzt verbringt am
Tag im Schnitt drei Stunden mit Verwaltungsaufgaben. Der
Marburger Bund hat errechnet, dass allein die Halbierung
dieses durchschnittlichen Zeitaufwandes dazu führen würde,
dass die Arbeitskraft von rund 32 000 vollzeitbeschäftigten
Ärztinnen und Ärzten im Krankenhaus deutlich länger zur
Verfügung stünde.[85] Zusätzliche Stunden für 32 000 Ärzte, in

denen sie die Arbeit übernehmen können, für die sie nicht nur dringend gebraucht werden, sondern die ihnen auch Freude bereitet. Genau die Arbeit, deretwegen man diesen Beruf gewählt hat.

Unser Gesundheitssystem ist in den letzten Jahrzehnten zu einem Bürokratiemonster geworden. Die bürokratischen Prozesse müssen dringend analysiert, vereinfacht und reduziert werden. Denn der tägliche Papierkram nimmt wertvolle Zeit in Anspruch, die für den Patientenkontakt und eine humanere Arbeitsbelastung benötigt wird. Bürokratie ist nicht nur lästig, im Gesundheitswesen – das kann man sagen – führt Bürokratie zum Tod.

Eine Utopie namens No-COVID

»Ohne das Virus leben ist das Ziel«, titelte *Zeit online* am 20. Januar 2021 und befeuerte damit die Idee, anstelle des »zaghaften Vorgehens der Bundesregierung« auf einen »Null-Fälle-Plan« zu setzen.[86] Die No-COVID-Strategie wurde erstellt von vierzehn Wissenschaftlern, Aktivisten und Praktikern unterschiedlicher Fachrichtungen, die im Laufe des Jahres 2021 immer wieder mit Publikationen Aufsehen erregten.[87] Es ging um die Abkehr von einem Weiter-so und die Entwicklung einer langfristigen Perspektive. Ein Anliegen, das nach fast einem Jahr Pandemie für die Menschen immer drängender wurde und in der Wissenschaft ganz unterschiedliche Vorstellungen auf den Plan rief. Stimmen, die meinten, dass man mit dem Virus leben lernen müsse, standen Verfechtern einer No-COVID- oder Zero-COVID-Strategie gegenüber, die den Weg aus der Pandemie nur über ein Leben ohne SARS-CoV-2 für möglich hielten. Doch was hieß das, und war ein solches Szenario überhaupt realisierbar?

Der Plan sah aus wie folgt: Zunächst sollten durch Lockdowns und ähnliche Maßnahmen die Infektionszahlen auf nahezu null gebracht werden. Dort, wo sie diesen Wert erreicht hätten, sollten sogenannte »grüne Zonen« eingerichtet werden. In diesen Zonen würde es zu keinen Neuinfektionen kommen, und die Bevölkerung könnte schrittweise zur Normalität zurückkehren. Außerhalb dieser Zonen würden weiterhin strenge Kontakt- und Mobilitätsbeschränkungen sowie Quarantäneregeln gelten. Neue lokale COVID-19-Ausbrüche sollten sofort und rigoros bekämpft werden, um eine erneute Ausbreitung des Virus zu verhindern. Im Bereich des Ausbruchs würde eine orangefarbene oder rote Zone eingerichtet werden, mit dem Ziel, sie wieder in grüne Zonen umzuwandeln, sobald das Virus dort nicht mehr virulent war.

Das Konzept der grünen Zonen war unter anderem von Yaneer Bar-Yam, einem theoretischen Physiker aus den USA, entwickelt worden, dessen Thesen vor allem in Deutschland auf Anklang stießen. Es geht darum, durch geografische Abgrenzung und strenge Kontrollen die Ausbreitung des Virus zu verhindern, sodass mehr und mehr Regionen zu grünen, also virusfreien Zonen werden.

Theoretisch klingt die Strategie zunächst einmal gut. Erst kommt der Shutdown. Alle bleiben zu Hause. Wenn die Inzidenz niedrig genug ist, werden die Läden wieder aufgemacht. Die Strategie hat aber einige erhebliche Schwachstellen: Die Durchführbarkeit solch strenger Maßnahmen und deren Akzeptanz in der Bevölkerung sind fraglich, insbesondere angesichts der sozialen und wirtschaftlichen Auswirkungen längerer Lockdowns. Doch während zumindest die Möglichkeit besteht, dass man die Menschen überzeugen könnte, diesen radikalen Weg mitzugehen, stellt uns die Umsetzung vor unüberwindbare Probleme. Treten regional Unterschiede bei der Inzidenz auf, müssten die Menschen selbst beim Passieren von innerdeutschen Grenzen wie zwischen Landkreisen getestet und womöglich abgewiesen werden – ein unmögliches Unterfangen. Was ist mit Personen, die im einen Landkreis leben, im anderen arbeiten? Oder denjenigen, die in der kritischen Infrastruktur beschäftigt sind?

Die No-COVID-Strategie erfordert zudem umfangreiche Ressourcen für Tests und Kontaktnachverfolgung, die Deutschland schlichtweg nicht aufbieten konnte. Schließlich ist auch die politische Durchsetzbarkeit in einer demokratischen Gesellschaft schwierig. Teile der Bevölkerung hätten Ausgangssperre, während andere quasi »belohnt« würden, weil in ihrer Region eine niedrige Inzidenz herrscht. Gerade dort, wo sozial benachteiligte Menschen leben, könnte es zu Spannungen und Unruhen kommen.

Dass eine No-COVID- oder Zero-COVID-Strategie zu extremen gesellschaftlichen Spannungen führt, hat China gezeigt, wo man mit monatelangen Lockdowns, Massentestungen und radikalen Isolierungsmaßnahmen drei Jahre lang versuchte, jede Infektion zu verhindern, und dabei die Grund- und Freiheitsrechte der Menschen stark einschränkte. Genau dort zeigte sich aber auch, dass diese Strategie nicht funktioniert, denn nach der Aufhebung der Null-COVID-Politik im Dezember 2022 schnellten die Infektionszahlen unter der chinesischen Bevölkerung in die Höhe und außerordentlich viele Sterbefälle waren im Zusammenhang mit Coronaerkrankungen zu beklagen.

Der schwedische Weg

Ganz anders stellte sich die Situation in unserem Nachbarland im hohen Norden dar. Anstatt Verbote oder gar Lockdowns auszusprechen und verpflichtende Vorgaben zu erlassen, rief Schweden seine Bürgerinnen und Bürger dazu auf, bei den geringsten Krankheitssymptomen zu Hause zu bleiben, sich regelmäßig die Hände zu waschen und Großveranstaltungen zu meiden. Mehr nicht. Besonders bemerkenswert war, dass zunächst Restaurants, Friseursalons und Hotels geöffnet blieben und niemand einen negativen COVID-19-Test oder einen Impfnachweis vorlegen musste, um diese zu besuchen. Gastronomiebetriebe durften öffnen, allerdings mit der Vorgabe, dass Essen und Trinken nur sitzend an

Tischen erlaubt war. Das öffentliche Leben fand mit geringen Einschränkungen statt und lief doch auf Sparflamme,[88] denn die Schweden hielten sich überwiegend an den Aufruf, ihr Kontaktverhalten zu verändern und mehr Zeit zu Hause zu verbringen.

Und es gab weitere Empfehlungen: Die Schweden wurden gebeten, Reisen innerhalb der Landesgrenzen zu vermeiden, wenn sie nicht dringend notwendig waren; aber die Landesgrenzen blieben offen, allein die Einreise aus Nicht-EU-Ländern war zeitweise verboten oder wurde mit einer Testpflicht verbunden. Auch die Schulen blieben geöffnet. In Bildungseinrichtungen wurde bis zur neunten Klasse normaler Unterricht durchgeführt, und nur ältere Schüler und Universitätsstudenten mussten zwischendurch auf Fernunterricht umstellen.

Doch Schweden ging nicht leichtfertig vor. So gab es ein Besuchsverbot in Pflegeheimen – allerdings erst ab Ende März 2020, als die ersten Todesfälle auch in Altenheimen auftraten –, und Senioren wurde geraten, soziale Kontakte zu minimieren. Ganz ohne Maßnahmen kam das Land nicht durch die Pandemie, ein Kurs, den der Staatsepidemiologe Anders Tegnell weitestgehend beeinflusste. Aber die Art und Weise, wie es dazu kam, sei eine andere gewesen, bilanziert Tegnell heute. Das Land habe versucht, Balance zu halten zwischen Schaden und Nutzen.[89]

Und tatsächlich hatten die Menschen in Schweden ihre Lebensgewohnheiten stark verändert und sich in ihrer Bewegungsfreiheit selbst eingeschränkt, wie man anhand von Handydaten belegen kann.[90] Es wurden weniger Reisen unternommen, mehr im Homeoffice gearbeitet, und man reduzierte auch die sozialen Kontakte. So traf man sich etwa nur mit einer Familie anstatt in einer ganzen Gruppe, verschob den Ausflug ans Meer erst einmal und ließ das Kind zu Hause, wenn es Erkältungssymptome hatte. Dass die Schulen weitestgehend geöffnet blieben, wurde von der Bevölkerung mit großer Zustimmung aufgenommen und zählt bei aller Kritik auch aus heutiger Sicht zu den großen Erfolgen der schwedischen Sonderstrategie, den kaum jemand in Abrede stellt.

Die ganz eigene Herangehensweise der Schweden, basierend auf Vertrauen und Eigenverantwortung, war weltweit einzigartig und zeigte einen anderen Weg im globalen Kampf gegen die Pandemie auf, als ihn die Mehrheit der Staaten ergriff – auch wenn das Ziel, die Zahl an Neuinfektionen zu reduzieren, sich nicht unterschied. Doch welcher Ansatz hat sich als geeignet erwiesen, die Pandemie einzudämmen? Waren es die strikten Maßnahmen bis hin zu Ausgangssperren, Maskenpflicht oder Impfnachweis als Zugang zum gesellschaftlichen Leben, die Deutschland und viele andere Länder verhängten, oder das Vertrauen auf eigenverantwortliches Handeln, das den Schweden als Richtschnur diente?

Man würde meinen, dass sich die Frage leicht beantworten lässt, doch dem ist nicht so. Allein der Vergleich von COVID-19-Statistiken – wie Infektions- und Sterberaten – zwischen verschiedenen Ländern ist tückisch, da jedes Land eigene Methoden zur Erfassung und Meldung dieser Daten hat. Die Unterschiede in den Zählweisen und die Anzahl der durchgeführten Tests beeinflussen die Zahlen erheblich.

Einige Länder führten umfassende Tests durch und entdeckten daher mehr Infektionen, während andere weniger testeten und somit auf eine geringere Zahl an Fällen in der Statistik kamen. Es trifft also nicht unbedingt zu, dass in einem Land mit weniger gemeldeten Fällen die Pandemie weniger stark gewütet hat. Niedrigere Fallzahlen können auch einfach bedeuten, dass weniger getestet oder dass die Erfassung der Fälle unterschiedlich streng gehandhabt wurde.

Das gilt auch für die Sterblichkeitsrate oder Übersterblichkeit in verschiedenen Ländern. So zeigte eine Studie, dass Schweden eine deutliche Übersterblichkeit auch im Vergleich zu anderen skandinavischen Ländern hatte,[91] während eine andere Studie zu dem Ergebnis kam, dass Schweden in den drei Jahren von 2020 bis 2022 den niedrigsten relativen Anstieg an Sterbefällen im Vergleich zu anderen EU-Ländern aufwies.[92]

Das Phänomen, das Schweden im internationalen Vergleich bei den Sterbefällen relativ gut dastehen lässt, könnte teilweise mit der hohen Übersterblichkeit am Anfang der Pandemie unter den ältesten Schweden erklärt werden. Es wäre möglich, dass die hohen Zahlen zu Beginn später zu niedrigeren Werten geführt haben, da ein Teil der besonders gefährdeten Bevölkerung dann bereits verstorben war. Diese komplexe Dynamik zeigt, wie schwierig es ist, die Auswirkungen der Pandemie zwischen verschiedenen Ländern zu vergleichen.[93]

Gerade in der Rückschau lassen sich Staaten nur schwer miteinander vergleichen. So gibt es nicht nur Unterschiede in der Kultur, der Wahrnehmung oder der Bevölkerungsdichte, sondern auch in der Kombination von Maßnahmen, die ergriffen wurden. Deshalb kann man nur Näherungen in den Vergleichen ziehen. Es ist falsch zu sagen, dass Schweden nur am Anfang Fehler gemacht hat – und es deshalb da zur Übersterblichkeit kam – und am Ende alles richtig. Auch später gab es – entgegen anderslautender Behauptungen – in Schweden keine genauso strikten Maßnahmen im Vergleich zu Deutschland, wie der Stringency Index deutlich zeigt.[94] Die Sterblichkeit in Schweden blieb aber hinter der von Deutschland zurück. Der Befund kann auch nicht auf den unterschiedlichen Grad der Urbanisierung zurückgeführt werden, wie es manchmal geschieht, da diese zwischen beiden Ländern vergleichbar ist.[95]

Folgt man dem Urteil Anders Tegnells zum schwedischen Sonderweg, ist seine Behörde zu früh davon ausgegangen, dass sich eine Herdenimmunität in wenigen Wochen einstellen könnte – das bezeichnet er heute als Irrtum. Auch sei die schwedische Altenpflege auf die besonderen Herausforderungen einer Pandemie nicht vorbereitet gewesen, die Standards waren zu niedrig, Masken nicht auf Lager. Doch insgesamt gesehen zieht der Staatsepidemiologe, der sich teils harscher Kritik ausgesetzt sah, eine positive Bilanz und erklärt in Interviews heute vielmehr, dass Schweden nicht etwa zu wenig, sondern in manchen Bereichen sogar zu stark eingegriffen hätte – wie beispielsweise Besuche in Altenheimen schließlich doch noch zu untersagen. So sind viele Alte und Kranke gestorben, ohne ihre Angehörigen noch einmal gesehen zu haben.[96]

Vom Sterben und der Übersterblichkeit

Die Frage einer möglichen Übersterblichkeit während der Coronapandemie zu beantworten hat sich nicht nur in Schweden als komplex erwiesen. Dazu muss man wissen: Übersterblichkeit ist ein Konstrukt; sie wird nicht »gemessen«, sondern anhand von Annahmen berechnet. Es wird, vereinfacht gesagt, geschaut, ob innerhalb eines Zeitraums mehr Menschen gestorben sind, als zu erwarten gewesen wäre. Auch bei uns wurde sie immer wieder gestellt und hat zu hitzigen Diskussionen geführt.

Dabei schien die Sache zunächst ganz klar zu sein. Die Erzählung war gleichermaßen eindeutig wie bedrückend: Corona hat die Todesrate in Deutschland nach oben getrieben.[97] Die offizielle Sterbestatistik zeigt für 2020 eine erhöhte Sterblichkeit in der deutschen Bevölkerung im Vergleich zum Vorjahr von 985 572 anstelle von 939 520 Personen. Das wären mehr als 45 000 zusätzliche Sterbefälle. Alles wäre viel schlimmer, hätte man die Maßnahmen nicht durchgeführt, so hieß es, und ein Blick nach Schweden nährte die Vermutung, dass die Schweden einfach unverantwortlich waren, während Deutschland das Schlimmste verhindern konnte.

Doch halt! Irgendetwas stimmte an dieser Geschichte nicht. So hatte Schweden in den Folgejahren eine geringere Übersterblichkeit als Deutschland,[98] und als die Impfung kam, stieg die Sterblichkeit in Deutschland erschreckend an auf 1,023 Millionen, 2021 und 2022 schon auf 1,066. Sollte die Impfung etwa dazu geführt haben, dass mehr Menschen sterben?

Ganz so einfach ist es nicht, und Sterblichkeitsraten zwischen verschiedenen Ländern lassen sich auch nicht so ohne Weiteres vergleichen. Ein Kernfaktor für die erhöhte Sterblichkeitsrate bei uns ist neben externen Einflussfaktoren wie Pandemie, Klima und Katastrophen das Alter der Personen in Deutschland. Also die demografische Struktur unserer Bevölkerung, sprich: die Verteilung der Altersgruppen.

Die Anzahl älterer Menschen in Deutschland nimmt stetig zu, und diese Entwicklung ist alles andere als unbedeutend: Beispielsweise ist die Bevölkerung bei uns von 2016 bis zum ersten Pandemiejahr 2020 von 82,2 Millionen auf 83,2 Millionen angewachsen, was einem Wachstum von etwa 1,2 Prozent entspricht. Im selben Zeitraum ist die Anzahl der Menschen im Alter von mindestens 80 Jahren von 4,7 auf 5,7 Millionen gestiegen, also eine Zunahme von etwa 20 Prozent.[99] Eine älter werdende Bevölkerung führt aber naturgemäß auch zu mehr Todesfällen, da das Risiko zu sterben mit dem Alter zunimmt.

Doch diese klare Logik wird durch einen gegenläufigen Trend verwirrt: Die Lebenserwartung der Menschen steigt. Dieses Phänomen, das teilweise auf Fortschritte in Medizin und Technologie zurückzuführen ist, mildert den durch die Alterung bedingten Anstieg der Sterbefälle ab. Es gleicht ihn jedoch nicht vollständig aus. Hinzu kommt, dass der Anteil junger Menschen unter Geflüchteten höher ist und auch diese Tatsache dem Trend entgegenwirkt.

Die Entwicklung des natürlichen Anstiegs der Sterbefälle ist bekannt als Alterungseffekt. Seit 20 Jahren wird daher mit einer Zunahme an Todesfällen gerechnet – jedes Jahr sterben etwa 3 bis 5 Prozent mehr Menschen als im Vorjahr.[100] Die gegenläufigen Trends – ein wachsender Anteil älterer Menschen und eine zunehmende Lebenserwartung – schaffen eine komplexe Dynamik, die nicht leicht zu analysieren ist. Einerseits gibt es klare Beweise für eine Überalterung der Gesellschaft und die damit verbundenen Herausforderungen wie die Zunahme von altersbedingten Krankheiten und einen wachsenden Bedarf an Pflegeleistungen. Andererseits zeigt die steigende Lebenserwartung, dass ältere Menschen heute gesünder leben und länger aktiv bleiben als je zuvor. Aus diesen Gründen ist es zu einfach, allein die absoluten Werte Gestorbener miteinander zu vergleichen. Um Übersterblichkeit zu bestimmen, werden deshalb diese demografischen Effekte berücksichtigt, aber dazu später mehr.

Pro Tag versterben in Deutschland rund 2700 Menschen. Das geschieht aber nicht punktgenau, sondern erfolgt in Wellen. Im Herbst und Winter, wenn es mehr Infektionen gibt, steigt die Zahl der Todesfälle, wobei insbesondere gesundheitlich bereits vorbelastete Menschen betroffen sind. Die niedrigen Temperaturen und das raue Wetter sowie saisonale Infektionskrankheiten wie die Grippe sind für angeschlagene Menschen häufig zu viel. Fast jedes Jahr haben wir deshalb in diesen Jahreszeiten einen Anstieg der Todesfälle; üblicherweise gibt es eine erhöhte Sterblichkeit in höheren Altersgruppen im Januar und Februar, wofür auch die Grippe verantwortlich ist. Läuft es anders – ist die Grippewelle zum Beispiel weniger stark –, kann es gut sein, dass einige sehr alte Menschen noch ein Jahr länger leben.

Das war auch 2019 der Fall. Überhaupt war das Jahr 2019 ein Jahr mit sehr niedriger Sterblichkeit, was, wie wir später sehen werden, auch eine wichtige Rolle bei der Ermittlung der Übersterblichkeit spielt. Wir hatten im Vergleich zu den Vorjahren weniger Grippeinfektionen.[101] Nun darf man aber nicht den Fehlschluss begehen, dass eine erhöhte Sterblichkeitsrate 2020/2021 zwingend auf fehlende Maßnahmen zurückzuführen ist, wie immer wieder vorgebracht wurde. Hätte man im Herbst 2020 nicht so zögerlich gehandelt, hätte man vielen Menschen das Leben gerettet, so hieß es. Wer das behauptet, hat sich nicht wirklich mit der Komplexität des Themas beschäftigt – oder gibt es jemanden, der meint, dass wir im Jahr 2019 so gute Maßnahmen durchgeführt haben, dass es aus diesem Grund zu keiner Übersterblichkeit kam?

Allein die Demografie zu berücksichtigen reicht aber ebenso wenig aus, um die Sterberate zu erklären. Auch die Auswahl der Referenzzeiträume vor der Pandemie, wie zum Beispiel nur das Jahr 2019 zu nehmen oder die Jahre 2015 bis 2019, beeinflusst die Ergebnisse. 2017/2018 hatten wir eine starke Influenzasaison, in der wir auch eine erhöhte Sterberate verzeichneten. Aus gutem Grund ist die Analyse von Sterblichkeit und Übersterblichkeit ein eigener Forschungszweig, an dem viele Wissenschaften beteiligt sind, darunter die Bevölkerungswissenschaft, Bevölkerungsgeografie, Epidemiologie, Wirtschaftswissenschaften und viele andere.[102] Schaut man sich unter diesem Aspekt die Sterbestatistik während der Coronapandemie an, fallen verschiedene Dinge auf. Erstens: Mehr Menschen sind im Vergleich zu den Vorjahren an einer respiratorischen Infektion gestorben. Zweitens: Der Unterschied ist nicht so extrem, wie es häufig in den Medien dargestellt wurde, und drittens lassen sich verschiedene Länder nur schwer miteinander vergleichen.

Ein Beispiel: Eine Studie hat sehr genau die erste Welle der SARS-CoV-2-Pandemie im Jahr 2020 analysiert und eine Übersterblichkeit in den Wochen 10 und 23 festgestellt.[103] Es gab in dieser Zeit 8071 zusätzliche Todesfälle. Zum Vergleich: Die Grippesaison 2017/2018 mit geschätzten 25 100 überzähligen Todesfällen war die schwerste der letzten 30 Jahre in Deutschland. Auch die Grippesaison 2016/2017 hatte eine hohe Übersterblichkeit von 22 900 Todesfällen. Daten für die Grippesaisons 2018/2019 und 2019/2020 liegen bisher noch nicht vor. Natürlich vergleicht man hier Äpfel mit Birnen. Die Grippesaison begann zum Beispiel bereits im Dezember, und es wurden zu diesem Zeitpunkt keine Maßnahmen ergriffen.

Hier zeigt sich auch ein weiteres Problem bei der Bestimmung der Übersterblichkeit: Betrachte ich eine Saison, zum Beispiel von November bis März, oder rechne ich in Jahren? Jemand, der sich im Dezember 2020 mit SARS-CoV-2 angesteckt hat, verstirbt möglicherweise daran im Januar 2021. Man kann in einer Saison zeitweise eine sehr hohe Übersterblichkeit haben, aber aufs Jahr gerechnet gibt es keine nennenswerte Erhöhung. Und schließlich kommt auch noch die Frage dazu, ob der Alterungseffekt berücksichtigt wurde. Studien, die sich nicht auf die absolute Zahl an Gestorbenen, sondern auf die sogenannten Mortalitätsraten beziehen, fanden zumindest für das erste Pandemiejahr in Deutschland keine oder nur eine sehr geringe Übersterblichkeit.[104] Zur Wahrheit gehört aber auch dazu, dass wir in einer Analyse mit gleichen Verfahren (!) in den Corona-Hotspots – also dort, wo das Infektionsgeschehen stark war – eine deutliche Übersterblichkeit gesehen haben, die aber deutschlandweit nicht ins Gewicht fällt, da wir in anderen Regionen, wo das Infektionsgeschehen zu diesem Zeitpunkt niedrig war, eine Untersterblichkeit feststellen konnten.

In unseren Studien über den Coronaausbruch in Gangelt im Kreis Heinsberg hatten wir für SARS-CoV-2 eine Infektionssterblichkeit von rund 0,36 Prozent geschätzt – und diese Schätzung ist in einer Reihe von Studien und Metastudien mittlerweile bestätigt worden –,[105] wenngleich sogar etwas niedriger aufgrund der starken Abhängigkeit der schweren Verläufe vom Alter. Das sind übrigens Schätzungen und keine Punktlandungen, was selbst einigen Wissenschaftsjournalisten in der Pandemie schwerfiel zu verstehen. Genau genommen lag in unserer Studie der geschätzte Wert mit einer 95-prozentigen Wahrscheinlichkeit zwischen 0,29 und 0,45 Prozent. Das heißt, wir sind zu 95 Prozent sicher, dass der wahre Wert in diesem Bereich liegt. Wenn man die Unsicherheit bezüglich der Anzahl der aufgezeichneten Todesfälle berücksichtigt, weitet sich das Konfidenzintervall auf einen Bereich von 0,17 Prozent bis 0,77 Prozent aus. Das bedeutet, unter Berücksichtigung dieser Unsicherheit sind wir zu 95 Prozent sicher, dass der wahre Wert irgendwo in diesem breiteren Bereich liegt. Doch das war ebenjenen aktivistischen Wissenschaftsjournalisten nicht genug, und sie wandten ein, dass wir doch nicht in die Zukunft schauen könnten, da ja irgendwann jemand doch noch an den Folgen von Corona versterben könnte. Das stimmt! Irgendwann werden wir alle mal mit einer zurückliegenden Coronainfektion sterben. Das liegt in der Natur der Sache mit einem Virus, das bei uns endemisch geworden ist.

Abgesehen davon, dass wir einem standardisierten Protokoll der Weltgesundheitsorganisation für diese Fragestellung folgten, haben wir uns trotzdem die Mühe gemacht, alle Totenscheine aus der Region zu analysieren. Dabei fanden wir heraus, dass von den Menschen, die positiv auf SARS-CoV-2 getestet wurden und gestorben sind, 33 Prozent an Ursachen starben, die nicht mit COVID-19 zusammenhängen. Das bedeutet, ein Drittel der Verstorbenen, die das Virus hatten, fanden aus anderen Gründen, die nicht direkt durch die COVID-19-Erkrankung verursacht wurden, den Tod.[106] Aber Vorsicht, auch wenn wir hier aus den Anfangstagen der Pandemie die Frage beantwortet haben, ob jemand »mit« oder »an« Corona gestorben ist, kann man diesen Prozentsatz auf keinen Fall verallgemeinern. Das diagnostische Feingefühl ist mit der Zeit immer besser geworden und so auch die Definition, woran jemand schließlich gestorben ist.

Doch wir konnten auch die Frage beantworten, wann bei jemandem, der positiv auf Corona getestet worden war, das Coronavirus auch tatsächlich die Todesursache war. Je länger jemand nach einem positiven Test lebte, desto geringer war die Wahrscheinlichkeit, an COVID-19 zu sterben. Waren 100 oder mehr Tage seit der Infektion vergangen, war davon auszugehen, dass die Person mit hoher Wahrscheinlichkeit nicht

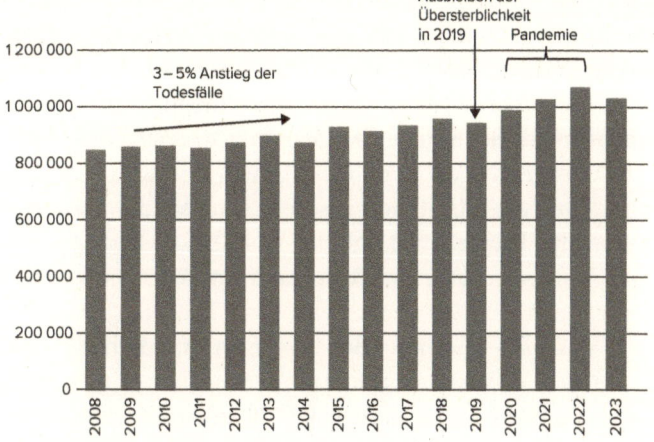

Anzahl der Sterbefälle in Deutschland [6]

an COVID-19 verstorben ist. Der Durchschnitt lag bei 18 Tagen.

Auffallend war aber, dass die Sterblichkeitsrate in einigen Regionen Deutschlands wie zum Beispiel in Tirschenreuth nach dem dortigen Coronaausbruch fast um das Zehnfache höher lag als in Heinsberg.[107] Die Vermutung, dass der Unterschied auf die Altersstruktur der Bevölkerung zurückzuführen war, ließ sich später anhand von Studien zu anderen Ausbrüchen bestätigen. Sie zeigten: Das Coronavirus ist für Ältere deutlich gefährlicher als für Jüngere. So lag die Sterblichkeitsrate weltweit in der Altersgruppe 0 bis 19 Jahre nur bei 0,0003 Prozent, bei den 60- bis 69-Jährigen dagegen bei 0,506 Prozent.[108] Die Infection Fatality Rate (IFR) steigt etwa um das Vierfache pro Dekade Lebenszeit an.

Man muss also Folgendes festhalten: Ja, es gab eine Übersterblichkeit während der Coronapandemie. Vergleiche mit anderen Ländern, anderen Kulturen und anderen Ereignissen muss man allerdings immer mit Vorsicht genießen. Genauso wie Aussagen wie »Hätte man XYZ getan, wären weniger Menschen gestorben.« Das setzt voraus, dass man ein Alternativuniversum kennt, eine Fähigkeit, die ich bei keinem noch so hervorragenden Experten für möglich halte. Noch gibt es keinen beweisbaren Ansatzpunkt, dass ein noch härteres Durchgreifen die Sterblichkeitsraten drastisch reduziert hätte. Eine Argumentation aus dem Bauchgefühl heraus ist hier nicht hilfreich. Auch Computersimulationsstudien gehen von Annahmen aus, die diese Komplexität nicht erfassen können.

Leider hieß es schon früh in der Krise, wir haben 300 Coronatote zu beklagen, und das können wir als Gesellschaft nicht akzeptieren. Ein Satz, dem ich vollumfänglich zustimme. Nur wenn man diese Aussage tätigt, muss man auch sagen können, wie viele Coronatote denn akzeptabel sind. Als Arzt ist meine Antwort hier eindeutig: Es ist ethisch geboten, jeden einzelnen Coronatoten (überhaupt jeden Todesfall) zu verhindern. Das Problem ist, dass wir wissen, dass wir das nicht können. Bei keiner Krankheit.

Und damit sind wir beim Sandhaufen-Problem. Sagen wir mal, 100 Sandkörner sind ein Haufen. Nehmen wir davon ein Sandkorn weg, bleibt der Rest immer noch ein Haufen. Daraus können wir folgern: Wenn 100 Sandkörner ein Haufen sind, müssen 99 Sandkörner auch ein Haufen sein; wenn 99 Sandkörner ein Haufen sind, müssen auch 98 Sandkörner ein Haufen sein und so weiter. Am Ende führt uns dieses Gedankenspiel zu der Aussage, dass ein einzelnes Sandkorn bereits ein Haufen ist. Doch das ist absurd, da wir intuitiv wissen, dass das nicht stimmt.

Die Paradoxie des Haufens – oder das Sorites-Problem – ist in der Philosophie altbekannt. Im übertragenen Sinn angewandt auf die Bemessung der Pandemie lautet für uns die richtige Antwort, dass unser ethischer Anspruch sein muss, jeden Coronatoten, ja jede Infektion zu verhindern – auf der anderen Seite aber zu wissen, dass wir dies nicht schaffen können. Vor allem dann nicht, wenn wir nicht dauerhaft Schaden und Leid provozieren wollen, wie es in China beim Durchsetzen der No-COVID-Strategie entstanden ist. Wir müssen also lernen, mit einer Grauzone umzugehen, und uns bewusst machen, dass die Vermessung einer Pandemie unter Beachtung allein eines Faktors, den wir nicht einmal greifen können, unmöglich ist und dass wir dabei Gefahr laufen, in ein ethisches und philosophisches Dilemma zu geraten.

Verschiebungen: Von Positionen und Gegenpositionen

Zweifellos zählt es zu den positiven Ergebnissen des schwedischen Sonderwegs, dass es dem Land gelungen ist, seine Bevölkerung in weiten Teilen mitzunehmen; vier Fünftel der Bevölkerung trugen die Maßnahmen der Regierung dauerhaft mit.[109] Auch wenn nicht alle Schweden der Einschätzung ihres Staatsepidemiologen zu jeder Zeit folgten, blieben größere gesellschaftliche Verwerfungen aus. Der Appell an eigenverantwortliches Handeln, gepaart mit Mahnungen, barg wenig gesellschaftlichen Sprengstoff, denn – so Tegnell – die Menschen mussten sich nicht Verboten fügen, die ihnen nicht angemessen erschienen. In Deutschland galt der Chefepidemiologe als »umstritten«, eine Beschreibung, die hierzulande jeder Experte bekam, der sich kritisch zu den Maßnahmen äußerte. In Schweden hingegen wurde Anders Tegnell von vielen als der Verfechter von Freiheit gefeiert; T-Shirts, Bilder, Graffiti, sogar Tattoos zeigten sein Gesicht. Doch neben der Bewunderung gab es auch dort Kritik. Er meinte mal, er fühle sich wie ein Sandsack. Selbst Morddrohungen hatte er erhalten. Während in deutschen Medien der schwedische Weg schnell für gescheitert erklärt wurde, sahen viele Schweden und auch internationale Hygieniker und Epidemiologen das anders.[110]

An der Wirksamkeit von Aufrufen zu freiwilligen Verhaltensänderungen gab es im Robert-Koch-Institut erhebliche Zweifel, wie aus den Protokollen des Corona-Krisenstabs ersichtlich ist. Schon früh beschäftigte die Behörde die Sorge vor einer Pandemiemüdigkeit in der Bevölkerung, die zu einem laxeren Umgang mit dem Virus führen und die Infektionswellen befeuern könnte.[111] Man setzte weiter auf Maßnahmen und überarbeitete die erforderlichen Regelungen immer wieder neu.

Während es dem schwedischen Staat per Gesetz verwehrt ist, die Rechte seiner Bürger maßgeblich einzuschränken – und man auch deshalb verstärkt an die Eigenverantwortung der Bürgerinnen und Bürger appellierte –,[112] bewegte sich Deutschland mit den Coronamaßnahmen innerhalb des verfassungsrechtlichen Rahmens, vor allem da die Vorgaben zeitlich beschränkt blieben.[113] So zumindest las man es in vielen Gerichtsurteilen aus der Zeit.

Dabei ging es immer um die Abwägung zwischen dem Allgemeinwohl, also der Gesundheit aller, und den Freiheitsrechten des Einzelnen. Das Stichwort war Verhältnismäßigkeit. Drei Hauptfragen standen im Raum: Erstens, sind die getroffenen Maßnahmen wirksam, um die Ausbreitung der Pandemie einzudämmen? Zweitens, sind sie notwendig? Und drittens, sind sie zumutbar?

Insbesondere Letzteres ist umstritten und wurde viel vor Gerichten diskutiert. Das lag vor allem daran, dass die Zumutbarkeit ein höchst individuelles Empfinden ist. Und so gaben viele Gerichte auch erst einmal den staatlichen Stellen recht, dass die Regierung zwar bis an die Grenzen des Rechtsstaats gegangen sei, aber nicht darüber hinaus. Das Bundesverfassungsgericht in Karlsruhe hat im November 2021 die »Corona-Notbremse« als verfassungsgemäß erklärt, wobei Schulschließungen und Ausgangsbeschränkungen im Zentrum standen. Obwohl diese Maßnahmen erheblich in die Grundrechte eingegriffen haben, wurden sie als gerechtfertigt angesehen, um Leben und Gesundheit vor großen Gefahren zu schützen.[114]

Wie belastbar aber war die offene Gesellschaft, wann wurden Menschenrechte verletzt, und sollte dem Schutz des Individuums in jedem Fall Vorrang vor dem Gemeinwohl eingeräumt werden? Die Situation war in dieser Form historisch einmalig und stellte unsere Demokratie vor eine enorme Herausforderung. Während in Deutschland der schwedische Weg von den meisten Journalisten und Experten abgelehnt wurde, befanden ihn einige andere als den einzig richtigen und feierten ihn als Paradies.

Lauter Protest und nachdenkliche Töne

Im Frühjahr 2020 begann bereits die erste Welle von Protesten gegen die Coronamaßnahmen. Verschiedene Gruppen und Einzelpersonen traten auf den Plan, die sich vehement gegen das vermeintliche »Übergehen« des Grundgesetzes durch staatliche Autoritäten stemmten. In Stuttgart, einer der Keimzellen dieses Widerstands, wurde zu »Mahnwachen für das Grundgesetz« aufgerufen, aus denen später die Gruppierung »Querdenken711« hervorging.

Der Zorn entzündete sich am Infektionsschutzgesetz (IfSG). Erstmals aufgenommen wurden Regelungen zum Umgang mit Corona gleich im März 2020, und während der Pandemie wurde das Gesetz mehr als 35-mal an die veränderte Infektionslage angepasst und als Neufassung im Bundestag erörtert und beschlossen.[115] Der Paragraf zu COVID-19 wuchs und wuchs. Es war ein Novum in deutschen Gesetzen, dass es ein einzelnes Virus schaffte, eine derart präzise Regelung zu erhalten. Weder zum Umgang mit HIV noch mit Masern oder Influenza gab es solch detaillierte Vorgaben. Das ist übrigens bis heute ein Kritikpunkt am Infektionsschutzgesetz, bei dem sich auch viele Juristen eine Rückkehr zur Verallgemeinerbarkeit wünschen.

Der stetige Ausbau des Infektionsschutzgesetzes und besonders des Paragrafen 28a – »Besondere Schutzmaßnahmen zur Verhinderung der Verbreitung der Coronavirus-Krankheit-2019 (COVID-19) bei epidemischer Lage von nationaler Tragweite« –[116] erzeugte bei einigen Bürgerinnen und Bürgern den Eindruck, ihr Leben würde vollkommen von einer Verordnung zum Umgang mit einem Virus bestimmt, das Gesetz stünde über allem und alle weiteren Bereiche und ihre individuellen Rechte hätten dahinter zurückzutreten. Ein Verstoß gegen die Freiheitsrechte, ein Polizeistaat – ja, sogar die »Coronadiktatur« wurde ausgerufen.

Der gängigste Weg des Protests gegen die Coronaverordnungen war die Missachtung der Schutzmaßnahmen. Menschen ignorierten Maskenpflicht und Abstandsregeln auf sogenannten »Corona-Partys« oder nicht genehmigten öffentlichen Versammlungen. Solche Verstöße lösten Beschwerden bei den Behörden aus, führten zu Polizeieinsätzen und sorgten für Empörung in den Medien. Viele Bürgerinnen und Bürger sahen die Proteste mit einer Mischung aus Kopfschütteln, Unverständnis, aber auch ein wenig Verständnis dafür, dass man sich über die Vorgaben ärgerte – und mir ging es da nicht anders. Ich hätte mir gewünscht, dass man in dieser Krise gemeinsam das gleiche Ziel verfolgt. Doch die Proteste standen zum Teil gegen das gemeinsame Ziel, der Pandemie Herr zu werden, schwere Verläufe zu vermeiden, aber trotzdem das Leben unter diesen Umständen so weit wie möglich normal weiterführen zu können.

Natürlich konnte man Teile des Infektionsschutzgesetzes und einzelne Maßnahmen kritisieren, so wie ich es öffentlich tat, jedoch subsummierten sich in den Protesten alle möglichen Richtungen und Einstellungen: Neben Menschen, die berechtigte Kritik vorbrachten, demonstrierten Menschen, die leugneten, dass es das Virus überhaupt gab; Menschen, die Impfgegner waren, und wieder andere, die meinten, die BRD wäre eine GmbH und der Weltkrieg wäre nie richtig beendet worden. Ein Potpourri an unterschiedlichen Beweggründen, die zum gemeinsamen Protest führten. Teile dieser heterogenen Gruppe von Gegnern radikalisierten sich und begleiteten jede Novellierung des Infektionsschutzgesetzes mit lautstarken Demonstrationen, wobei das *Schutz*gesetz nicht selten als »*Ermächtigungs*gesetz« verunglimpft wurde. Neben der Maske als dem Symbol für die »Unterdrückung«.

Von Anfang an zeigten auch Verschwörungstheoretiker und Extremisten aus dem rechten Spektrum in diesen Protesten Präsenz. Sie nutzten soziale Medien wie Telegram oder WhatsApp und teilten Videos, um ihre Botschaften zu verbreiten und Zweifel an der Gefährlichkeit des Coronavirus zu säen. Ihre Kritik richtete sich nicht nur gegen die Regierung, sondern auch gegen die staatlichen Maßnahmen selbst, die sie als Mittel zur Kontrolle der Bevölkerung interpretierten.

Die Demonstrationen in Berlin im August 2020, die von »Querdenken711« unterstützt wurden, erhielten besondere Aufmerksamkeit. Die Bezeichnung »Querdenken« stand für Widerspruch gegen staatliche Maßnahmen, der von einer heterogenen Teilnehmerschaft getragen wurde. Die Demonstranten vereinte die Ablehnung der Schutzmaßnahmen, die sie als Angriff auf ihre Freiheit und Grundrechte interpretierten und die oft mit der Weigerung, eine Maske zu tragen, und der Kritik an einer vermeintlichen Impfpflicht symbolisiert wurde.

Manche der Teilnehmer überhöhten ihre empfundene Opferrolle und zogen unangemessene Vergleiche mit historischen Ereignissen wie dem Widerstand gegen den Nationalsozialismus oder der DDR-Ära. Aus zum Teil berechtigtem Ärger oder nachvollziehbaren Sorgen wurde manchmal Hass und Hetze, begleitet von verfassungsfeindlichen Äußerungen.

Die Proteste kulminierten am 29. August 2020, als rund 450 Menschen, darunter Anhänger der Reichsbürgerbewegung und Holocaustleugner, bis auf die Stufen des Reichstagsgebäudes in Berlin vordrangen. Dieser »Sturm auf den Reichstag« löste öffentlich große Bestürzung aus, da er an die Bilder der Stürmung des US-Capitols nach der Abwahl von Donald Trump erinnerte. Es kam zu einer Empörungswelle, doch obwohl die Aktion natürlich eine symbolische Wirkung hatte, wurden die meisten Ermittlungsverfahren gegen Teilnehmer eingestellt, da das Betreten der Treppen des Reichstagsgebäudes den Tatbestand des Landfriedensbruchs nicht erfüllte.

Im Laufe der Zeit wurden immer mehr radikale Tendenzen innerhalb der Protestbewegung beobachtet, die mit einer Zunahme von Drohungen und Gewalt einhergingen. Journalisten wurden angegriffen, Politiker bedroht und Büros beschädigt. Fachleute, die sich zu Corona geäußert hatten, erhielten Morddrohungen, und auf Plakaten waren Bilder von Experten, Politikern und anderen Entscheidern zu sehen, die sie hinter Gitterstäben als Gefangene zeigten. Ein »Nürnburg 2.0« wurde gefordert. Diese Entwicklung war erschreckend und Aktionen dieser Art sind klar zu verurteilen – auch das muss deutlich gesagt werden.

Bei der Beurteilung der Demonstrationen herrschte Unsicherheit darüber, wie das Recht auf Versammlungsfreiheit im Zusammenhang mit Infektionsschutzmaßnahmen zu bewerten ist. Experten diskutierten, ob es eine klare Trennung zwischen Infektionsschutzrecht auf der einen und Versammlungsrecht auf der anderen Seite gibt oder ob sie nebeneinander existieren können.

Problematisch war, dass eine kleine Querdenker-Demonstration von 500 bis 1000 Teilnehmern aufgrund des Infektionsschutzgesetzes verboten wurde, während kurze Zeit später ein Christopher-Street-Day mit rund 50 000 Teilnehmern stattfinden durfte. Natürlich kann man einwenden, dass auf dem CSD die Vorgaben des Masketragens, Abstandsregeln und andere Verordnungen eher eingehalten wurden als auf einer Demo, die sich genau gegen diese Maßnahmen richtet, aber die unterschiedliche Bewertung der Demonstrationen war Wasser auf die Mühlen der Kritiker.

Auch zu den Coronaprotesten selbst gab es verschiedene Ansichten. Manche warnten davor, die Teilnehmer pauschal abzulehnen und als »Spinner« oder »Hysteriker« zu bezeichnen. Sie betonten die Notwendigkeit einer respektvollen Auseinandersetzung und des Ringens um die besten Argumente. Gleichzeitig konnte man sich mit einigen der Gruppierungen nicht gemein machen. Verschwörungstheoretiker und Antisemiten sollten klar benannt und gegen sie vorgegangen werden. Wer mit ihnen demonstrierte, setzte sich zu Recht der Gefahr aus, als ebensolche auch bezeichnet zu werden. Eine schwierige Situation. Die wenigsten fühlten sich in einer Reihe mit den Querdenkern, aber Kritik an den Maßnahmen gab es von verschiedenen Seiten, und auch diese gemäßigten Stimmen wollten sich Gehör verschaffen. In der aufgeheizten Debatte war das allerdings gar nicht so einfach.

Zu Beginn der Krise stand die Devise »Wir gegen das Virus«. Die Angst und Ungewissheit im Zusammenhang mit dem neuartigen SARS-Virus, das plötzlich über uns hereinbrach, bewog viele Menschen noch dazu, die weitreichenden Einschränkungen ihres sozialen und beruflichen Lebens mitzutragen. Ja, selbst den Lockdown im März 2020 nahmen die meisten von uns als notwendig hin und passten ihr Leben an. Manche hielten es geradezu für abenteuerlich, aus dem gewohnten Trott auszubrechen, und fanden Gefallen daran, staatlich verordnet mehr Zeit zu Hause mit der eigenen oder der »Corona-Familie« aus engen Freunden zu verbringen. Für viele war die Sorge vor einer Erkrankung bestimmend, und die Bilder von überarbeiteten Pflegekräften, Patienten mit schweren Symptomen bei COVID-19 bis hin zu Todesfällen waren in den Köpfen und hielten die Zustimmung aufrecht. Eine Maske zu tragen, sich testen zu lassen, Abstand zu halten – das alles erschien vergleichsweise harmlos; vielleicht gab es auch die Oma, die geschützt werden sollte, oder die körperlich gehandicapte Freundin, für die eine Infektion mit drastischen Folgen verbunden sein würde.

Der Sommer brachte Entlastung, die Welle ebbte ab, wie bei einem respiratorischen Virus zu erwarten gewesen war. Die 7-Tage-Inzidenz fiel streckenweise auf unter 3.[117] Doch mit wieder steigenden Infektionszahlen im Herbst und den spürbaren Auswirkungen der Coronamaßnahmen wuchsen vielfach Anspannung und Sorge auch bei den Menschen, die sich in deutlicher Distanz zu radikalen Gegnern sahen.

Einen aufsehenerregenden Versuch der Kritik an der Corona-politik der Regierung und auch der Medienberichterstattung während der Pandemie unternahmen Ende April 2021 über 50 Schauspieler, Künstler und Regisseure. In der Protest-aktion »#Allesdichtmachen« persiflierten sie in kurzen On-linevideos die Entwicklungen und speziell die Corona-maßnahmen.[118] Mal wurde ein Leben beschrieben, das von Angst, Neid und Misstrauen geprägt ist und extreme Kon-taktbeschränkungen als erstrebenswert darstellt. Mal wur-den gesellschaftliche Probleme wie familiäre Gewalt, psy-chische Belastung von Kindern und Erwachsenen sowie die größer werdende Kluft zwischen Arm und Reich als Erfolge präsentiert. Der Verzicht auf die Meinungsfreiheit wurde gefeiert, das Befolgen der Coronaregeln bis zur voll-ständigen Unterordnung als einzig richtiger Weg propa-giert. Auf die Spitze getriebene Situationen, ins Absurde über-zeichnete Verhaltensweisen, drastische Bilder, graue Stim-mung.

In den teils ironischen, teils sarkastischen Clips wurde nicht nur die kritische Befürchtung laut, Meinungsvielfalt und Grundrechte seien aus dem Blick geraten und die Ver-ordnungen würden über das gezielte Verbreiten von Angst und Panik durch bestimmte Experten und Medien auf Kosten von Kindern, Jugendlichen und älteren Menschen durchgesetzt. Auch das uneingeschränkte Festhalten an den Maßnahmen und die Diffamierung jeden Widerspruchs wurde angeprangert. Aus vielen der Videos sprach die Sorge vor dem Verlust demokratischer Tugenden. Selbst wenn der Bogen hier und da sicher überspannt wurde, werden doch neuralgische Punkte berührt und es wird ein greifbares Stimmungsbild jener Tage geliefert.

Es ging ja doch um Folgendes: Mit der Aktion wollte man auf der einen Seite darauf aufmerksam machen, dass die Politik und ihre Maßnahmen auf einige Bürgerinnen und Bürger entfremdet wirkten, wie auch die Art und Weise, mit der sie durchgesetzt wurden. Auf der anderen Seite fühlten sich die Künstler nicht angemessen respektiert. Ihr Job war nicht mehr relevant in der Krise und wurde auf unbestimmte Zeit abgeschafft.

Die öffentliche Reaktion auf #Allesdichtmachen war in Teilen heftig. Manche bezeichneten die Videos als eine Verhöhnung der Maßnahmen zur Bekämpfung der COVID-19-Pandemie.[119] Andere warfen ihnen Hohn und Zynismus vor und kritisierten, dass sie keine Alternative zur Virusprävention aufzeigten.[120] Einige Kommentatoren unterstellten den Schauspielern eine egozentrische Sichtweise und sahen eine Nähe zur Coronaleugner- und Querdenkerbewegung.[121] Ein Shitstorm der Entrüstung entlud sich über den Machern der Aktion.

Diese heftigen Reaktionen wurden dann wiederum als ein Beispiel für eine Cancel Culture gesehen. Der Druck auf die Schauspieler wuchs, was dazu führte, dass einige von ihnen ihre Videos zurückzogen und sich von der Aktion distanzierten oder sich sogar dafür entschuldigten.[122] Manche, die bei der Protestnote mitgemacht haben – so hört man –, spüren die Folgen der Aktion bis heute. Es ist still geworden um sie. Der Telefonanruf, das Jobangebot, die Castinganfrage bleiben aus. Man braucht sie nicht mehr.

Die Debatten wurden schärfer mit fortschreitender Pandemie, der gesellschaftliche Frieden war brüchig geworden. In
Teilen auch angefeuert von manchen Medien und den öffentlichen Auseinandersetzungen zwischen Geimpften und Ungeimpften – bis hin zu dem Vorwurf, absichtlich Teile der
Gesellschaft ausschließen zu wollen –, tat sich eine Spaltung
auf. Dabei wurde die Impffrage bald zum zentralen Konflikt-
punkt. Geimpfte bewerteten Ungeimpfte negativ, während
Ungeimpfte sich bedrängt und unfrei fühlten. Dieses gegen-
seitige Misstrauen vertiefte Gräben und hat seine Spuren hinterlassen. Bis heute stehen sich Menschen vielfach unversöhnlich gegenüber, beäugen sich kritisch und suchen oft
vergeblich nach dem Band früherer Verbundenheit.

Verlust, Einsamkeit, Freiheit, Grundrechte, Gesundheit,
Familie – es ging immer um die großen Themen während der
Pandemie; Fragen, die jeden von uns mehr oder weniger
stark persönlich betreffen und die niemanden kaltlassen.
Auch deshalb wurde emotional reagiert und diskutiert, und
auch deshalb geht der Riss durch Familien und Freundschaf-
ten – immer noch. Es hätte uns als Gesellschaft gut zu Gesicht
gestanden, kritische Stimmen, solange sie sich auf dem Boden
des Grundgesetzes bewegten, anzuhören und sie nicht reflex-
artig zu verunglimpfen. Auch das sollten wir als Lehre für die
Zukunft mitnehmen. Zur Demokratie gehören die Vielstimmigkeit und der respektvolle Umgang miteinander. Heute
kann man nur mit einer klaren, ergebnisoffenen Aufarbeitung versuchen, diese Fehler von damals wiedergutzuma-
chen, Wunden zu heilen und Menschen zusammenzubrin-
gen. Dazu gehört als erster Schritt: Fehler offen zu kommunizieren. Aber schon während der Pandemie erwies sich die
Kommunikation als ein schwieriges Feld.

Wie kommuniziert man in einer Krise?

Was nützen jede Maßnahme, jede Entscheidung, jede Warnung und Mahnung, jeder Vorschlag und jeder gut gemeinte Rat, wenn sie beim Gegenüber nicht ankommen? Gute Kommunikation ist so wichtig. Gerade in einer Krise und gerade in einer Pandemie. Denn es findet keine Pandemie statt, oder die Pandemie wird kurzerhand für beendet erklärt, wenn es die Gesellschaft so entschieden hat. Andersherum kann Kommunikation eine Gefahr aber auch herbeireden, die es gar nicht gibt.

Wie zum Beispiel im Jahr 1962, als es in der Schneidereiabteilung einer US-amerikanischen Textilfabrik zu einem rätselhaften Krankheitsausbruch kam. Die betroffenen Arbeiterinnen und Arbeiter klagten über Symptome wie Taubheitsgefühle, Übelkeit, Schwindel und Erbrechen. Schnell machte das Gerücht die Runde, dass ein Insekt in der Fabrik die Menschen beiße und diese Symptome verursache. Die Situation eskalierte, als innerhalb kurzer Zeit insgesamt 62 Beschäftigte ähnliche Krankheitszeichen entwickelten und einige von ihnen sogar ins Krankenhaus eingeliefert wurden. Die Medien stürzten sich auf den Fall und berichteten ausführlich darüber. Experten des US Public Health Service und Betriebsärzte begannen mit Untersuchungen, die schließlich zu dem Ergebnis kamen, dass es sich nicht um ein Insekt handelte, sondern dass allein Angst und der kollektive Glaube an eine Bedrohung durch das Insekt wie Katalysatoren für die Ausbreitung der Symptome unter den Mitarbeitern wirkten.

Das war bei der Coronapandemie natürlich nicht der Fall, aber der geschilderte Ausbruch, der als »June-Bug-Outbreak« in die Medizingeschichte eingegangen ist, zeigt eindrücklich, welch positive und negative Energie Kommunikation in solchen Situationen entfalten kann.[123]

Gerade zu Beginn einer Pandemie gibt es große Unsicherheiten, und die Menschen suchen den Rat von Fachleuten. Das hat sich nicht nur bei der Coronapandemie gezeigt, als Experten zu den gefragtesten Gesprächspartnern von Politik und Medien wurden und die Menschen überall nach Informationen fahndeten, sondern auch schon in früheren Zeiten, wenn Infektionserkrankungen pandemische Ausmaße annahmen.

Als 1918 die Spanische Grippe ausbrach, waren sich Experten uneins bezüglich Diagnose, Todesursachen und der Frage nach Immunität. Inmitten des Ersten Weltkriegs bemühten sich die kriegsführenden Staaten zunächst darum, die Existenz der Grippe zu leugnen, und Kirchenvertreter interpretierten die Epidemie als Strafe Gottes. Gleichzeitig verbreiteten sich Verschwörungstheorien, und opportunistische Geschäftsleute versuchten, aus der Krise Profit zu schlagen, indem sie zweifelhafte Heilmittel anpriesen. So wurde beispielsweise Dr. Kilmers Sumpfwurzel als Medizin für grippegeschädigte Nieren vermarktet. In New Orleans erfreuten sich Amulette, weiße Hühnerfedern und Karo-Asse, die man im linken Schuh tragen sollte, großer Beliebtheit.[124]

Während die Menschen damals auf wenige Informationsquellen vertrauen mussten, werden wir heute mit tagesaktuellen Nachrichten aus der ganzen Welt sowie einer unerschöpflichen Menge an Hintergrundinformationen geradezu überschüttet. Laufend auf den neusten Stand gebrachte Berichte aus China, Israel und den USA erhalten wir ebenso wie immer neue Videos, Bilder, Grafiken und Texte, die uns auf verschiedenen Plattformen und Medien zugespielt werden. Es mangelte uns nicht an Informationen zu Beginn der Coronapandemie – im Gegenteil: Wir hatten mit einer Infodemie zu kämpfen. Nachrichtenbeiträge, Podcasts, Artikel und Fernsehsendungen verschafften uns ein tieferes Verständnis der Situation. Gleichzeitig kursierten auf Telegram-Kanälen, Chatgruppen und anderen Plattformen Informationen, die

die wissenschaftlichen Erkenntnisse oft anzweifelten oder als falsch darstellten.

Es gab viele Fragen, und das Bedürfnis nach Antworten war enorm. Die Mehrheit der Bevölkerung suchte regelmäßig Updates zu Fallzahlen und Pandemiemaßnahmen und bemühte sich, das Virus zu verstehen. Sie wollte wissen, was diese Erkrankung für sie selbst bedeutet. Im März 2020 waren »Corona« oder das »Coronavirus« die am häufigsten gesuchten Wörter bei Google in Deutschland; oft in Kombination mit Worten wie »Test«, »Zahlen« oder dem jeweiligen Bundesland.[125] Es folgten Fragen nach unterschiedlichen Varianten, oder man versuchte, die sich ständig ändernden Vorschriften der Coronaverordnungen zu verstehen.

Bald begann das Robert-Koch-Institut auf täglichen Pressekonferenzen und FAQ-Seiten wichtige Fragen zu beantworten, obwohl es dafür weder ausgestattet noch streng genommen zuständig war. Die originäre Aufgabe des RKIs ist es, das Fachpublikum – also Ärzte, Wissenschaftler und Beschäftigte anderer Heilberufe – zu informieren. Die Bevölkerung über die Infektionslage in einer Pandemie auf dem Laufenden zu halten, liegt eigentlich im Zuständigkeitsbereich der Bundeszentrale für gesundheitliche Aufklärung (BZgA). Normalerweise führt sie breit angelegte Informationskampagnen durch, wie beispielsweise die Aids-Kampagne in den 1990er-Jahren, doch während der Coronapandemie erwies sie sich aufgrund der schnellen Entwicklungen oft als überfordert. Eine Institution, die während dieser Krise die zentrale Funktion der Aufklärung und Information der Bevölkerung nicht erfüllen konnte.

Eine führende Rolle in der Kommunikation von öffentlicher Seite übernahm schließlich kurzerhand das Bundesministerium für Gesundheit (BMG), das früh für die überforderte BZgA einsprang. Zunächst noch unter deren Beteiligung wie bei der ersten Ad-hoc-Kampagne zum neuartigen Coronavirus Ende Januar 2020 »Zusammen gegen Corona«, bevor es dann die Leitung übernahm. Denn sehr bald war deutlich geworden, dass die Kommunikation zur fortlaufenden Information, Sensibilisierung, raschen Reaktion und erforderlichen Verhaltensänderung der Menschen »strukturiert und intensiviert« werden musste. Es musste schlicht schneller kommuniziert werden, direkter und klarer. Dafür war die BZgA nicht aufgestellt.

Der Fall der BZgA zeigt aber zwei Punkte deutlich: Erstens, Kommunikation und vor allem evidenzbasierte Kommunikation ist in einer Krise wie der Coronapandemie enorm wichtig. Wir müssen dahingehend investieren, dass Bürgerinnen und Bürger richtig aufgeklärt werden, den dafür zuständigen Institutionen vertrauen und sich mitgenommen fühlen. Zweitens, in der Krise muss die Kommunikation unter einem Dach angesiedelt sein. Die geografische und personelle Distanz zwischen RKI sowie BMG in Berlin und BZgA in Köln war hinderlich. Um in der Zukunft besser kommunizieren und die Menschen aktuell mit verlässlichen Informationen versorgen zu können, sollten wir genau das Gegenteil dessen machen, was gerade passiert: BZgA, Bundesministerium für Prävention und Aufklärung in der Medizin (BIPAM) und RKI zusammenlegen, damit sie aufeinander zugreifen können – und sie nicht weiter auseinanderzudividieren, wie derzeit angestrebt.

Auch wenn die anfänglich klare Kommunikationslinie des Bundesgesundheitsministeriums gut funktionierte, zeigte sich schnell, dass das BMG nicht dafür ausgerüstet war, den enormen Wissensdurst der Bevölkerung in der Pandemie zu stillen. Fachbegriffe wie Inzidenz, PCR und R-Wert mussten leicht verdaulich und allgemeinverständlich erklärt, aber auch wichtige Zusammenhänge, Fragen der Bürger und Fragen der Experten beantwortet werden. Während die BzgA mit einem Haushaltsvolumen von 120 Millionen Euro und 350 Mitarbeitern ausgestattet war, übernahmen nun kurzerhand einige wenige Beschäftigte im BMG deren Aufgabe.

Gerade in der Anfangsphase der Pandemie gab das BMG sehr klare Linien vor: Es wurde die Unsicherheit kommuniziert sowie erläutert, warum man bestimmte Maßnahmen für richtig hielt. Doch nicht alle Fragen konnten auf diese Weise beantwortet werden. Es entstand ein luftleerer Raum, in dem zu wenig kommuniziert wurde. Diesen aufzufüllen versuchte dann eine Vielzahl von Podcasts, wobei einige wenige meinten, die einzig gültige Wahrheit zu verbreiten – eine gefährliche Annahme vor allem dann, wenn die Macher mit ihrer Einschätzung doch einmal falschlagen und sich zu Fragen äußerten, die nicht in ihrem Fachgebiet lagen und von denen sie somit auch keine Ahnung hatten.

Zahlreiche Akteure aus Politik und Wissenschaft gaben eigene Interpretationen der Infektionslage und Empfehlungen zum Umgang mit SARS-CoV-2 ab. Diese Vielfalt an Botschaften und die oft konfliktreiche Beziehung zwischen Bund und Ländern führten zu Verwirrung und Inkonsistenzen in den öffentlichen Anweisungen. Ich nehme mich hier nicht aus. Auch ich habe viel und häufig kommuniziert. Zum Teil war ich ein Gegenpol. Aus gutem Grund. Ich empfand die kommunizierte Sichtweise als viel zu einseitig und aus der Sicht einer einzelnen Fachrichtung. Irgendwann sagte ich einmal in einer Talkshow: »Wenn wir unser ganzes Leben nur auf Virologen hören würden, würde es sehr schnell langweilig werden. Wir würden keine Menschen mehr treffen, nicht mehr küssen und keinen Sex mehr haben.« Auch wenn das überspitzt formuliert ist, fasst es die zugrunde liegende Problematik zusammen. Ein Fachbereich allein, ein Experte für sich genommen hat immer nur eine eingeschränkte Sicht auf die Dinge, während unter Experten verschiedener Fachrichtungen die Interpretation der Daten und Erkenntnisse stark variieren kann. Wir Virologen haben uns häufig in unserer Einschätzung nur in Nuancen unterschieden. Was aber war mit der Perspektive der Psychologen, Kinderärzte oder Wirtschaftsexperten?

Kommuniziert wurde dann vielfach direkt, ohne Einordnung oder Vorwarnung. Und damit sind wir bei einem weiteren Problem: der Angst und dem Umgang damit. Angst ist eine der stärksten Emotionen, die wir kennen, und sie ist tief in unserem evolutionären Erbe verankert. Sie dient als Überlebensmechanismus, indem sie uns vor drohenden Gefahren warnt und uns zur Flucht oder Verteidigung antreibt. Sie aktiviert das »Kampf-oder-Flucht«-System unseres Körpers, das blitzschnell auf Bedrohungen reagieren kann, indem es Hormone wie Adrenalin ausschüttet, die unsere Sinne schärfen und unsere Reaktionsfähigkeit steigern. Angst ist durchdringend, unmittelbar, lähmend und beeinflusst unser Denken, Handeln und sogar unsere physiologischen Zustände. In gefährlichen Situationen kann Angst lebensrettend sein. In einer Pandemie aber ist sie ein schlechter Ratgeber, da Angst in Hilflosigkeit mündet. Bei einem Virus, das nicht kontrollierbar ist und dessen Verbreitung man nur sehr bedingt aufhalten kann, muss man behutsam kommunizieren.

Umso misslicher war die Strategie des Bundesinnenministeriums, die Menschen mit Schreckensvisionen dazu zu motivieren, die Maßnahmen zu befolgen. Im März 2020 vergab es in einem Papier mit der Überschrift »Wie wir COVID-19 unter Kontrolle bringen« eine Richtlinie zum Umgang mit dem Virus, die allein mit düsteren Szenarien arbeitete. Es wurde auf die realen, oft tragischen Konsequenzen einer Epidemie hingewiesen: überfüllte Krankenhäuser, Menschen, die zu Hause sterben, mit der Folge psychischer Belastungen für Familienangehörige, die hilflos zusehen müssen. Kinder, oftmals als weniger gefährdet angesehen, verbreiten das Virus und können schwere Schuldgefühle entwickeln, wenn ihre Angehörigen erkranken oder sterben. Auch Langzeitschäden bei Genesenen, wie anhaltende Müdigkeit oder verminderte

Lungenfunktion, sind ernsthafte Folgen und wurden auch so dargestellt.[126] Gleichzeitig wollte man in dem Papier Panik und Überreaktion vermeiden, was schwer miteinander in Einklang zu bringen ist.[127]

Politiker und Medien haben oft dramatische Einzelfallgeschichten verwendet, um die Schwere der Pandemie zu unterstreichen. Diese Kommunikationsstrategie war nicht nur unangemessen und hat zu einer sachlichen Informationsweitergabe in keiner Weise beigetragen. Man hat sich auch zu wenig die Frage gestellt, wer eigentlich die Adressaten dieser Botschaften sind und wie diese Form der Kommunikation bei ihnen ankommt. Gerade bei labileren Menschen, Menschen mit psychosozialen Problemen oder Menschen in schwierigen Lebenssituationen kann solch eine Informationsvermittlung langfristige Auswirkungen haben.

Innerhalb von zwei Jahren wurde die Kommunikation zu Fragen des Virus nicht nur intensiver, sondern auch emotionaler. Warnungen wurden vorgebracht, dass Afrikaner wie die Fliegen sterben würden,[128] und Experten erinnerten daran – den Tränen nah –, dass man doch die Kinder vor dem Virus schützen müsse. Es wurde eine Schweigeminute in einer Pressekonferenz eingelegt,[129] oder Experten zweifelten schon gleich die Demokratie an. Die Nerven lagen blank, und die Ansichten drifteten weiter auseinander.

Einerseits gab es Menschen, die so frustriert und überwältigt von der ständigen und oft widersprüchlichen Berichterstattung waren, dass sie sich komplett abkapselten oder sogar die Existenz des Virus anzweifelten. Andererseits forderten einige immer strengere Maßnahmen, um das Virus komplett auszurotten, in der Hoffnung, damit zur alten Normalität zurückkehren zu können. Wieder andere sahen in den Maßnahmen einen so drastischen Eingriff in die Grundrechte und bezweifelten zunehmend die Berichterstattung. Diese Entwicklung verdeutlicht, wie herausfordernd es ist, in Krisenzeiten eine Kommunikationsstrategie zu finden, die alle Bürgerinnen und Bürger erreicht und dabei sachlich bleibt und keine Panik schürt.

Nur eine Kommunikation, die frei von Angst ist, fördert Vertrauen und Kooperationsbereitschaft und kann zu einem individuellen Schutzverhalten zum Wohl der Gemeinschaft motivieren. Es musste viel kommuniziert, aber auch differenziert werden. Doch suchte man nach Erklärungen des Unterschieds von Inzidenz und Prävalenz, zur Funktionsweise von Masken oder der Verschiedenheit von Impfstoffen, wurde man selten fündig. Man hatte den Eindruck, dass auch bei den öffentlich-rechtlichen Sendern überraschend wenig erklärt und in vielen Sendungen auch kaum differenziert wurde; unterschiedliche Meinungen wurden selten abgewogen oder fanden erst gar nicht statt. Die traf man – so schien es – im Gegenzug häufiger bei Privatsendern an. Das war schade, denn an dieser Stelle hätte der öffentliche Rundfunk seine Möglichkeiten zeigen und nicht nur fundierter informieren, sondern auch unterschiedliche Standpunkte deutlicher darstellen können.

Die Herausforderungen in der Krisenkommunikation wie die Notwendigkeit, wissenschaftliche Informationen verständlich und zugänglich zu machen, zeigen, dass es essenziell ist, schon in Ruhezeiten Vertrauen vor allem in die Wissenschaft aufzubauen. Wie aber kann das gelingen? Zunächst braucht es ein besseres Verständnis von der Wissenschaft, das auch klar kommuniziert werden muss.

Der Slogan »Follow the Science« wurde oft als Aufruf verstanden, einer festgelegten, klaren Richtung zu folgen – so, als ob die Wissenschaft ein gerader, klar markierter Wanderweg wäre. Diese Darstellung ignoriert jedoch, dass die Wissenschaft in Wahrheit mehr einem weitverzweigten Netz aus Trampelpfaden gleicht, bei denen es häufig notwendig ist, zurückzutreten, neu zu bewerten und andere Wege zu erkunden. Die Komplexität und Offenheit des wissenschaftlichen Diskurses wurde in der öffentlichen Kommunikation oft auf eine einzige, unumstößliche »Wahrheit« reduziert. Die tatsächliche Dynamik, bei der sich Wissen ständig entwickelt und verändert, ging in diesem vereinfachten Bild verloren.

Wissenschaft ist wie ein großer, vielstimmiger Raum, in dem verschiedene Experten diskutieren, permanent Informationen austauschen und ihre Ansichten immer wieder hinterfragen und anpassen. Jeder bringt kleine Puzzleteile an Wissen mit, die manchmal nicht ganz zusammenpassen. Dieser Prozess, bei dem Wissenschaftler Hypothesen aufstellen und Ergebnisse veröffentlichen, die von anderen hinterfragt und geprüft werden, Hypothesen angepasst und wieder verworfen werden, ist ein ständiges Suchen.

Der Slogan »Folgt der Wissenschaft« stellte diesen Prozess in der Öffentlichkeit verkürzt dar. Argumentierte jemand gegen den Mainstream oder stellte kritische Fragen, wurde er schnell als Pseudoexperte abgestempelt – das erwähnte »PLURV«-Schlagwort: Pseudoexperte, logische Trugschlüsse, unerfüllbare Erwartungen, Rosinenpickerei und Verschwörungstheorien. Doch eine solche Praxis der Etikettierung blockiert am Ende eher den freien Austausch von Ideen, als ihn zu fördern.

In der realen Welt der Wissenschaft, speziell unter dem Druck einer globalen Pandemie, wenn ständig neues Wissen entsteht und die Zeit drängt, können solche Etikettierungen besonders schädlich sein. Sie schränken die Möglichkeit ein, neue oder abweichende Informationen zu erkunden, was essenziell ist, um schnell auf neue Herausforderungen reagieren zu können. Diese Verengung des Diskurses kann nicht nur zu vorschnellen und möglicherweise fehlerhaften Schlussfolgerungen führen, sondern auch die langfristige Verlässlichkeit und Reproduzierbarkeit der Forschungsergebnisse gefährden. Genau wie in früheren Krisen der biomedizinischen Forschung kann dies dazu führen, dass wichtige Erkenntnisse übersehen oder missverstanden werden, weil sie nicht in das vorgefertigte Schema passen.

Wie zum Beispiel bei der Thalidomid-Krise in den 1960er-Jahren. Das Medikament Thalidomid wurde ursprünglich als sicheres Beruhigungs- und Schlafmittel vermarktet und häufig von Schwangeren gegen die morgendliche Übelkeit eingenommen. Erkenntnisse zu Fehlentwicklungen bei Ungeborenen durch Medikamente wurden übersehen, weil sie nicht in das vorgefertigte Schema der damals gängigen wissenschaftlichen Überzeugungen passten, dass Medikamente, die für Erwachsene sicher sind, auch für Kinder keine Gefahr darstellen. Erst als die Zahl an Neugeborenen mit schweren Fehlbildungen dramatisch in die Höhe ging, wurde der Zusammenhang mit Thalidomid hergestellt.[130]

In der Coronapandemie wurden durch den enormen Anstieg an Veröffentlichungen und Vorabveröffentlichungen auch die Qualitätsstandards teilweise aufgeweicht. Publikationen wurden unter Druck schnell veröffentlicht, wodurch Fehler und unsichere Ergebnisse häufiger auftraten. Solche Probleme wurden durch das Fehlen von Mechanismen zur sachlichen wissenschaftlichen Diskussion und den Mangel an angemessenen Peer-Review-Verfahren verschärft. Auch war es schwer, zwischen Fehlinformationen, Unsicherheiten und einfachen Fehlern zu unterscheiden. Dies trug dazu bei, dass wissenschaftliche Debatten zu politisch aufgeladenen Kontroversen wurden. Die Kommunikation über Pandemiemaßnahmen, die oft auf fehleranfälligen Modellierungen basierten, und das Unvermögen, kritische Stimmen einzubeziehen, haben potenziell den Blick für wichtige Wissenslücken versperrt und eine falsche Sicherheit vermittelt.

Dabei hat sich gerade während der Pandemie gezeigt, dass wissenschaftliche Erkenntnisse vorläufig sind und in einem fortlaufenden Prozess ergänzt, geprüft und auch revidiert werden. Allein das Wissen über das neuartige Coronavirus unterlag einer permanenten Revision, ebenso Erkenntnisse über die Wirksamkeit bestimmter Maßnahmen, die Eigenschaften von Impfstoffen und so weiter. Wir haben es in dieser Krise nicht geschafft zu kommunizieren, dass Wissenschaft nie eine Allgemeingültigkeit hat oder beansprucht, sondern auf der Basis neuer Erkenntnisse Veränderungen unterliegt.

Eine verständliche Risikokommunikation muss aber immer ehrlich und wissenschaftsbasiert sein. Menschen müssen selbst fundierte Entscheidungen bezüglich ihrer Gesundheit treffen können – soweit es geht. Informationen müssen transparent, vollständig und verständlich dargestellt werden. Sie sollten persönliche Risiken, möglichen Nutzen und Schaden von medizinischen Maßnahmen sowie bestehende Unsicherheiten klar darlegen. Wichtig ist auch die Transparenz bezüglich möglicher Interessenkonflikte der Informationsanbieter und einzelner Experten. So schlagen es die Leitlinien für Gesundheitsinformation vor, die auch auf diesen Fall zutreffen.[131]

Idealerweise werden in der Kommunikation das Für und Wider dargestellt, unterschiedliche Standpunkte beleuchtet und so auch weitergegeben. Unterschiede wie Unsicherheiten müssen klar benannt werden. Auch die Vor- und Nachteile von Maßnahmen müssen offen präsentiert werden. Menschen fühlen sich sicherer und sind eher bereit, Empfehlungen zu folgen, wenn sie das Gefühl haben, vollständig und ehrlich informiert zu werden. Sie bevorzugen eine ausgewogene Information, die auch Unsicherheiten und Unklarheiten der wissenschaftlichen Daten einschließt. Dies kann und darf in einer Krise kein einzelner Wissenschaftler machen. Denn das birgt die Gefahr, dass eine einzelne Meinung überhöht und dem Journalismus die Einordnung überlassen wird. Vielmehr braucht es dafür Expertengruppen, die über ihren Sprecher kommunizieren – idealerweise den erwähnten Chefberater im Kanzleramt. Ein umfassendes Verständnis der Situation ermöglicht es jedem Einzelnen, informiert Entscheidungen zu treffen, und fördert das allgemeine Vertrauen in die Wissenschaft und das politische Handeln.

3 Kontrollierter Umgang

Die Pandemie hielt an – kaum abzusehen, wie lange sie noch dauern würde. Die Stimmungslage war gemischt. Infektionen schwappten wellenartig über das Land, und mit ihrem Auf und Ab schwankte auch bei den Menschen die Akzeptanz der anhaltenden Beschränkungen ihres täglichen Lebens. Ich hatte mich eingependelt zwischen Forschung, Interviews, Talkshows und Beratung in unterschiedlichen, politischen Gremien. Es war zermürbend. Kaum wurde irgendwo eine Grundrechtseinschränkung zurückgenommen, kam bereits wieder die Warnung, man dürfe nicht zu sehr lockern. Für die Bürger war es zermürbend, da sie sich stetig über neue Entwicklungen informieren mussten. Waren die Infektionszahlen in einem Bundesland niedrig, schossen sie am anderen Ende der Republik wieder nach oben. Regeln wurden angepasst, neue Varianten tauchten auf. Für mich war es zermürbend, da ich ständig um eine Einschätzung gebeten wurde. Warum konnten wir kein Mittelmaß finden? Warum gab es keine Stringenz in dem, was beschlossen wurde? Oftmals galten von Bundesland zu Bundesland unterschiedliche Regeln, oder man musste gar im Zug zwei verschiedene Sorten von Masken dabeihaben, wenn man die Landesgrenze überschritt.

Viele Bürgerinnen und Bürger waren der Meinung, je mehr Maßnahmen gemacht wurden, desto besser.[1] Auf der anderen Seite waren die Folgen der Lockdowns längst zu spüren, erste Restaurants und Clubs gaben auf, und Betreiber wie

Personal standen vor der Herausforderung, ihre Existenz auf neue Füße zu stellen; auch Homeoffice, Homeschooling und lang anhaltende Quarantänemaßnahmen mussten erst einmal bewältigt werden. Viele litten unter Einsamkeit und Überforderung, nicht selten gepaart mit Ängsten vor einer schweren Coronaerkrankung. In einer Befragung von 2020 gab fast die Hälfte der 30- bis 59-Jährigen (48 Prozent) an, ihr Lebensgefühl sei schlechter als vor der Pandemie.[2] Der Durchschnittsdeutsche lebte ungesund. Der Alkohol- und Zigarettenkonsum ging nach oben, Sport und Bewegung wurden weniger, und so meinten in einer repräsentativen Umfrage auch 40 Prozent der Befragten, im Schnitt rund 5,5 Kilogramm an Gewicht zugenommen zu haben.[3]

Die Entscheidungsträger aus Politik und Gesundheitswesen waren zunehmend gefordert, auf die sich ständig verändernde Infektionslage angemessen zu reagieren. Doch was war angemessen? An dieser Frage entzündete sich bereits im Herbst 2020 eine heftige Diskussion unter internationalen Experten, die wie ein Richtungsstreit anmutete. Ausgelöst worden war sie durch die Veröffentlichung der »Great Barrington Declaration« des Epidemiologen Jay Bhattacharya und zweier weiterer Wissenschaftler Anfang Oktober, die für den gezielten Schutz (»Focused Protection«) von besonders gefährdeten Personen und weniger einschränkende Maßnahmen für diejenigen, die ein geringes Corona-Sterberisiko hatten, plädierten.[4] Den Jüngeren der Gesellschaft, für die SARS-CoV-2 weniger gefährlich war, sollte ein weitgehend normales Leben ermöglicht werden, auch damit sie durch Infektion eine natürliche Immunität aufbauten – ein Schritt in Richtung Herdenimmunität. Der Vorschlag war: Infektionen unter Jüngeren zulassen – ein fast normales Leben also – und Ältere gezielt schützen.

Die Empörungsmaschinerie ließ nicht lange auf sich warten: Ein solches Vorgehen wäre unethisch, leichtsinnig und gefährlich.[5] Sogar Vergleiche mit Josef Mengele, dem SS-Arzt und Massenmörder, der in Konzentrationslagern an Menschen experimentierte, wurden gezogen.

Als Antwort auf den Barrington-Ansatz wurde noch im selben Monat von einer Gruppe von Experten ein Memorandum formuliert, das sich für den entgegengesetzten Weg aussprach: durch robuste Maßnahmen wie Lockdowns die Infektionszahlen in allen Bevölkerungsgruppen dauerhaft niedrig halten, bis man einen Impfstoff hat. Dieses Memorandum wurde nach einem der Pioniere der Epidemiologie, John Snow, benannt (nicht etwa nach einem der Hauptcharaktere aus »Game of Thrones«).[6]

Das »John Snow Memorandum« erklärte die Herdenimmunitätsidee zu »einem gefährlichen Trugschluss, der durch wissenschaftliche Beweise nicht gestützt wird«. Zwar wurde anerkannt, dass die COVID-19-Beschränkungen zu einer Demoralisierung in der Bevölkerung führten, aber zugleich festgestellt, dass »es keine Belege für eine dauerhafte schützende Immunität gegen SARS-CoV-2 durch eine natürliche Infektion« gibt, und weiter: »Eine solche Strategie würde die COVID-19-Pandemie nicht beenden, sondern zu wiederkehrenden Epidemien führen, wie es bei zahlreichen Infektionskrankheiten vor der Einführung von Impfungen der Fall war.«[7] Mit Ländern wie Japan, Vietnam oder Neuseeland als Vorbild wurde in dem Memorandum die Ansicht vertreten, dass sich das Leben für alle wieder annähernd normalisieren könne, wenn durch harte Beschränkungen die Übertragung von SARS-CoV-2 eingedämmt würde.

Das Gefecht zwischen beiden Stellungnahmen wurde vor allem über Meinungsartikel ausgetragen. Es fiel auf, dass die Anhänger des »John Snow Memorandums« gerade auf sozialen Medien wie »Twitter« (heute »X«) lautstark unterwegs waren. Mit Wissenschaft hatte das Ganze nur insoweit etwas zu tun, als dass es an das Phänomen erinnerte, das man scherzhaft als »Kardashian-Index« bezeichnete. Dieser Index, benannt nach Kim Kardashian, bemisst den Bekanntheitsgrad eines Wissenschaftlers auf Social Media im Vergleich zur Wissenschaft, indem er die Anzahl der Follower eines Forschers auf Twitter der Anzahl der Zitate seiner wissenschaftlichen Arbeiten gegenüberstellt. Ein hoher K-Index deutet darauf hin, dass jemand auf Social Media bekannter ist als in der Wissenschaftswelt, während ein niedriger K-Index bedeutet, dass ein Wissenschaftler möglicherweise in den sozialen Medien nicht genug Anerkennung erhält. Oder in den Worten von Neil Hall, der den Index vorgeschlagen hat: Wenn dein K-Index über 5 liegt, dann solltest du weniger Zeit auf Twitter verbringen und mehr Artikel schreiben.[8] Der Epidemiologe John Ioannidis aus Stanford ging sogar so weit, dass er Unterzeichner des »John Snow Memorandums« als randständige Minderheit bezeichnete, die über Twitter und andere soziale Medien sowie Meinungsartikel einen wissenschaftlichen »Gruppenzwang« ausübten.[9]

In der Diskussion wurde jedoch oft übersehen, dass sich die Vertreter beider Erklärungen in einem Punkt einig waren: Es mussten besonders die Personen geschützt werden, die am stärksten gefährdet waren. Während die »Great Barrington Declaration« es bei deren Schutz belassen wollte und die schnelle Herdenimmunität anstrebte, waren laut »John Snow Memorandum« vulnerable Gruppen nur über niedrige Inzidenzen in der Bevölkerung zu schützen. Dafür war so lange zu sorgen, bis wir einen Impfstoff hätten.[10] Ich stand beiden Ansätzen skeptisch gegenüber. In meinen Augen war weder die komplette Durchseuchung der richtige Weg, noch klang die Idee, eine unbestimmte Zeit zu warten, bis der Impfstoff erhältlich sein würde, sehr realistisch.

Doch gab es überhaupt einen Königsweg? Wahrscheinlich nicht. Angesichts erneut steigender Infektionszahlen entschloss sich die Bundesregierung Ende Oktober 2020, das Land in einen neuen Lockdown zu schicken, diesmal eine Art »Light«-Version mit weniger einschränkenden Maßnahmen als noch im März desselben Jahres. Am 26. Oktober kursierte das Vorhaben bereits durch die Redaktionen der Zeitungen,[11] am 2. November trat es in Kraft.[12] Zu spät, zu halbherzig, bemängelten die einen im Nachhinein, obwohl sie es zunächst einen guten Versuch fanden.[13] Andere erwogen Alternativkonzepte angesichts der Erfahrung der enormen Folgeschäden des ersten Lockdowns.

So entwickelten wir beispielsweise gemeinsam mit der Kassenärztlichen Bundesvereinigung (KBV) und anderen Akteuren einen Vorschlag, neben dem besonderen Schutz von Risikogruppen gezielt Hygienekonzepte zu evaluieren und wissenschaftlich zu erforschen, anstatt pauschal alle Maßnahmen anzuwenden, den wir am 28. Oktober dann auch öffentlich präsentierten. Auch wenn der »Lockdown light« da schon längst beschlossenen Sache war und mir am Vorabend ein Politiker noch sagte, dass unsere Stellungnahme zu spät kommen würde, war es uns wichtig, dass wir als Gesellschaft über Alternativen nachdenken und solche entwerfen. Wir machten darauf aufmerksam, dass die Kontaktnachverfolgung bald nicht mehr funktionieren würde und nur noch in wichtigen Fällen (zum Beispiel in Altersheimen) durchgeführt werden sollte. Wir sprachen uns auch dafür aus, das Pandemiegeschehen nicht nur an den Infektionszahlen festzumachen, sondern zusätzlich die Anzahl an Erkrankten, die im Krankenhaus behandelt werden mussten, anhand eines Ampelsystems zu bestimmen und mehr auf Gebote als Verbote zu setzen.

Mithilfe der Coronaampel als einem Instrument, um das aktuelle Infektionsgeschehen in Deutschland besser bewerten zu können, sollten sowohl die Neuinfektionsrate wie auch verschiedene weitere Faktoren beispielsweise die Anzahl der durchgeführten Tests, die Infektionszahlen, die Anzahl der positiven Tests im Verhältnis zu den durchgeführten Tests (Positivrate) sowie die stationäre und intensivmedizinische Belegung in den Krankenhäusern berücksichtigt werden. Mit dem Ziel, das Gesundheitssystem vor Überlastung zu schützen. Die Ampel signalisiert anhand definierter Schwellenwerte, ob wir uns in einer Situation im grünen (geringes Infektionsgeschehen), gelben (erhöhtes Infektionsgeschehen) oder roten Bereich (kritische Lage) befinden. Diese Schwellenwerte können je nach Region und den dort verfügbaren Ressourcen angepasst werden.

Es war uns wichtig zu betonen, dass die Coronaampel nicht etwa andeutet, ob Maßnahmen eingeführt werden sollten oder es zu Lockerungen kommen muss, sondern lediglich das Infektionsgeschehen transparent darstellt und als Frühwarnsystem dient. Damit sollte ermöglicht werden, sich stärker auf den Schutz besonders gefährdeter Gruppen, wie älteren Menschen und Menschen mit Vorerkrankungen, zu konzentrieren.

Leider sind diese Vorschläge wie so vieles im medialen Hype der Maßnahmenforderungen zerrissen worden, ohne sich vernünftig und in Ruhe damit auseinanderzusetzen. Ungeachtet der öffentlichen Kritik wurde ein abgewandeltes Ampelsystem später in Berlin und in Österreich eingeführt, wobei allerdings die Verhältnismäßigkeit von zum Beispiel durchgeführten Tests zu positiven Tests nicht miteinbezogen wurde – ein Schwachpunkt. Hätte man bedacht, dass die Frequenz der Tests die Positivrate beeinflusst und dass wir wissen, wie viele der Infizierten stationär oder gar intensivmedizinisch behandelt werden müssen, hätte man regional ein noch besseres Planungstool entwickeln können.

Denn in der Pandemie hat sich noch einmal deutlich gezeigt, dass es bei den meisten Infektionskrankheiten neben den schweren Erkrankungen auch leichte oder asymptomatische oder zumindest nicht behandlungsbedürftige Fälle gibt. Gerade die asymptomatischen Fälle sind, wenn es um die Auslastung der Krankenhäuser geht, für uns unbedeutend ebenso wie Personen, die nur eine milde Erkrankung haben und sich zu Hause im eigenen Bett auskurieren können. Allein diejenigen sind in dieser Phase der Pandemie für uns relevant, die schwer erkranken und im Krankenhaus behandelt werden müssen. Im Gegenteil, eine Infektion ohne Symptome oder Schäden hatte das Potenzial, zur Grundimmunität in Deutschland beizutragen.

Über den Befund einer Erkrankung, wie stark sie klinisch auffällig ist, gibt der Manifestationsindex Auskunft. Während Tollwut oder HIV einen Wert von ungefähr 100 Prozent haben, also alle Infizierten früher oder später deutlich sichtbare Krankheitssymptome aufweisen, liegt der Manifestationsindex bei Influenza zwischen 30 und 60 Prozent, bei Poliomyelitis oder zum Beispiel dem West-Nil-Virus zwischen 0,1 und 1 Prozent. Umso wichtiger ist es bei zukünftigen Pandemien, den Anteil asymptomatischer Infektionen mitzubedenken.

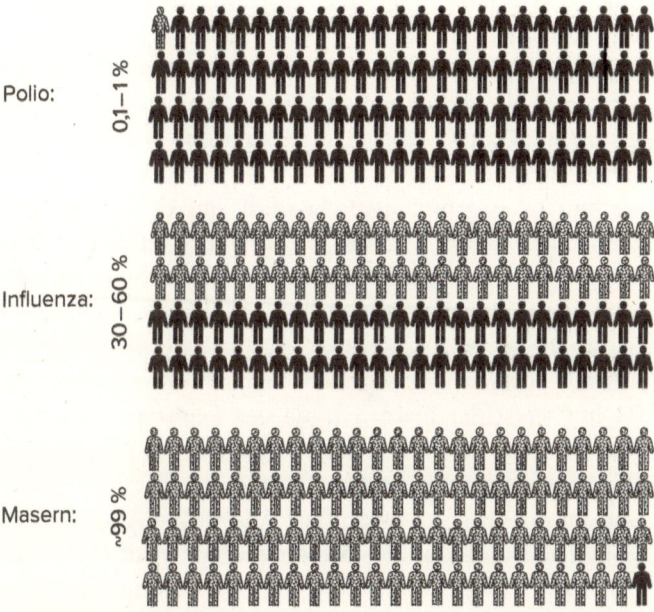

Wert der klinischen Manifestation, d. h. Anteil der Infizierten mit deutlichen Krankheitssymptomen [7]

Nicht nur um abschätzen zu können, welche Belastung der Krankenhäuser auf uns zukommt, sondern auch, um zu beurteilen, ob die Kontaktpersonennachverfolgung überhaupt funktionieren kann und Maßnahmen erforderlich sind.

In einer Pandemie ist es entscheidend, einen Gradmesser für das Infektionsgeschehen zu haben. Doch wie sollte er aussehen? Viele Wege führen nach Rom, aber einige davon sind Autobahnen, während andere eher Feldwegen gleichen. Wir haben in der Coronakrise einen Feldweg gewählt, indem wir unsere gemeldeten Neuinfektionsfälle gezählt haben sowie die Krankenhausbelegung. Auf dieser Basis haben wir eine ungefähre Schätzung des Infektionsgeschehens vorgenommen. Doch diese Methode birgt zwei Probleme: Erstens wird die Anzahl der durchgeführten Tests ignoriert (zur Erinnerung: Wer viel testet, findet auch viele Infektionen), und zweitens bleibt die Höhe der Dunkelziffer außen vor.

Zahlreiche Infektionsforscher, Epidemiologen und andere Wissenschaftler hätten sich in der Pandemie eine Autobahn gewünscht. Dafür sollte man idealerweise Sentinel- oder Panelstichproben durchführen, um die Rate der Infektionen, den Anteil der asymptomatischen Fälle und die Dunkelziffer unabhängig von der Anzahl der Tests mit zu erfassen. Solche Stichproben, die in Großbritannien einmal im Monat durchgeführt wurden, ermöglichen es, das Infektionsgeschehen sehr viel besser einzuschätzen.

Als Frühwarnsystem eignet sich das Abwassermonitoring, das in Deutschland gegen Ende der Pandemie aufgebaut wurde und mit dem das Infektionsgeschehen in der Bevölkerung beobachtet werden kann. Das war ein wichtiger Schritt, auch im Hinblick auf zukünftige Ausbrüche. Allerdings ist das System anfällig und reagiert beispielsweise auf das Wetter. Regnet es viel, werden die Werte im wahrsten Sinne des Wortes verwässert, und man muss mit Schätzwerten arbeiten.[14]

Solche Messmethoden dienen dazu, die Eindämmung des Infektionsgeschehens zu steuern. Das war auch das erklärte

Ziel der Maßnahme des Tragens einer Maske, die bald zum Symbol für vieles in der Pandemie herhalten musste. Ein bloßes Stück Stoff, das für die Coronazeit steht wie kaum etwas anderes. Aber wie wirksam war es überhaupt? Zeit für eine medizinische Spurensuche.

Verdeckte Emotionen: Was können Masken – und was nicht?

Im Frühjahr 2020, als die Idee des Maskentragens für die breite Bevölkerung erstmals aufkam, dachte ich intuitiv, dass es durchaus ein geeignetes Mittel sein könnte, um Infektionsketten effektiv zu unterbrechen und insbesondere ältere und vulnerable Personen zu schützen. In unseren Laboren, in denen wir uns täglich mit diagnostischen Verfahren und der Erforschung von Viren befassen, gehören Masken zur Grundausstattung. Selbst bei der Arbeit mit hoch konzentrierten Viren – sei es beim Schütteln, Zentrifugieren oder der Infektion von Zellen – ist mir kein einziger Fall bekannt, bei dem sich jemand bei diesen Tätigkeiten infiziert hat. Natürlich verwenden wir je nach unserer spezifischen Aktivität und dem jeweiligen Virus verschiedene Arten von Masken, aber dazu komme ich noch.

In den Tagen, als Masken heiß diskutiert wurden, traf ich unseren Hygieniker auf dem Flur unseres Instituts und fragte ihn nach seiner Einschätzung zur Rolle von Masken im Kampf gegen die Pandemie.

Seine Antwort: »Mit so etwas hält man das nicht auf. Durch die Poren einer medizinischen oder OP-Maske passen im Schnitt gut 80 Viren – auf einmal. Das entspricht in etwa einem Fußballtor, durch das 80 Fußbälle gleichzeitig geschossen werden. Wenn man etwas unternehmen will, muss man schon auf eine FFP2- oder FFP3-Maske zurückgreifen.«

So hatte ich das noch nicht betrachtet, und es wirkte irgendwie einleuchtend, auch wenn ich mir dachte, dass zumindest größere Tropfen und Tröpfchen durch die einfachen Masken abgehalten werden könnten. Ähnliche Diskussionen führten auch die Experten des Robert-Koch-Instituts, wie man in den RKI-Protokollen nachlesen kann.[15] Man war sich nicht sicher, wie gut das Tragen von Masken im Alltag helfen könnte, SARS-CoV-2-Infektionen einzudämmen.

Auch vor dem Hintergrund, dass eine Verknappung an Masken sich bereits jetzt für die Krankenhäuser und Pflegeheime abzeichnete, wurde debattiert. Masken waren noch Mangelware, und kleinere Krankenhäuser machten sich Sorgen, dass sie bald wegen fehlenden Gesichtsschutzes keine Blinddarm-OPs oder ähnliche Eingriffe mehr durchführen könnten. Gleichzeitig bestand die Gefahr, dass das ständige Tragen von Masken im Alltag, die möglicherweise nicht täglich gewechselt wurden wie im Krankenhaus, das Risiko einer Infektionserkrankung für Menschen mit geschwächtem Immunsystem oder Lungenerkrankungen wie COPD erhöhte, beispielsweise durch Pilzinfektionen oder andere bakterielle Erreger, die sich in den getragenen Masken mit der Zeit ansammelten.

Dann wurden erste Studienergebnisse veröffentlicht, die zeigten, dass Masken durchaus einen guten Schutz vor Infektionen mit SARS-CoV-2 boten – und die auch mich überzeugten. Dennoch blieb ich skeptisch. Unter bestimmten Bedingungen ist das Tragen einer Maske für eine Person sinnvoll, unter anderen nicht. Und auch wenn eine Maske einen sehr guten individuellen Schutz vor einer Infektion bieten kann, ist das nicht gleichbedeutend damit, dass eine Maskenpflicht in Bus und Bahn effektiv dazu beiträgt, eine Pandemie zu kontrollieren. Aber der Reihe nach.

Der Duft von Ölen und der Flug von Tröpfchen

Es war während des Ausbruchs der Pest im 17. Jahrhundert, als Ärzte erstmals besondere gewachste Schutzkleidung trugen, um sich vor Ansteckung zu bewahren, darunter auch Masken. So erfand Charles de L'Orme im Jahr 1619, als die Pestepidemie in Frankreich wütete, eine spezielle Maske für Pestärzte. Sie glich einem Vogelschnabel und hatte zwei kleine Nasenlöcher. Vorne an der Schnabelspitze befand sich ein Behältnis, das mit Theriak gefüllt war. Das Gemisch, das als Universalheilmittel galt, bestand aus mehr als 55 Kräutern und anderen Inhaltsstoffen wie pulverisiertem Schlangenfleisch, Zimt, Myrrhe und Honig. De L'Orme glaubte, dass die lange Schnabelmaske dazu beitragen würde, die Luft stark genug mit den heilenden Düften der Kräuter anzureichern, bevor sie in die Nase des Arztes gelangte.

In anderen Ländern hielt man sich Riechäpfel oder Kräuterbeutel vor die Nase. Der Grund: Der Geruch der Öle sollte die vermeintlich schlechte Luft oder die »Miasmen« abwehren, die man damals für die Ursache der Krankheit hielt. Doch auch wenn es gut roch und das bei stinkenden und aufgeplatzten Eiterbeulen ja nicht das Schlechteste war, schützten weder die Duftstoffe noch die Form der Maske effektiv vor einer Infektion.

Über die Jahrhunderte wurde die Maske weiterentwickelt, und es war wieder die Pest, die ihr schließlich zum Durchbruch verhalf. Während eines Ausbruchs der Lungenpest in China im Jahr 1910, bei dem schätzungsweise 60 000 Menschen starben, bewegten sich zwei Ärzte unterschiedlicher Schulen an vorderster Front beim Kampf gegen das Bakterium *Yersenia pestis*. Auf der einen Seite der chinesische Arzt Wu Lien-teh, der glaubte, dass die Krankheit durch die Luft übertragen wird, und erste moderne Masken mit mehreren Schichten aus Gaze und Baumwolle anwandte. Auf der anderen Seite der renommierte und hochdekorierte französische

Arzt Gérald Mesny. Während Lien-teh die Maske trug, weigerte Mesny sich, eine Maske aufzusetzen. Ersterer infizierte sich nicht, während Letzterer nur wenige Tage nach der Konsultation erkrankter Patienten an der Pest verstarb. Wenngleich nur anekdotisch, nahm die Bevölkerung das Erlebte als ziemlich guten Beweis für die Wirksamkeit der Maske. Mehrere Tausend Masken wurden verteilt, und man glaubt, hier den Auslöser dafür gefunden zu haben, dass bis heute in asiatischen Ländern das Masketragen sehr viel gebräuchlicher ist als in Europa.

Zur Einführung einer Maskenpflicht kam es in verschiedenen Orten weltweit erstmals während der Spanischen Grippe 1918/19. So erließ man in San Francisco im Oktober 1918 eine Verordnung, in der die Menschen dazu aufgefordert wurden, in der Öffentlichkeit Masken zu tragen, um die Ausbreitung der Krankheit einzudämmen. Bei Nichtbefolgung der Anordnung drohten – ähnlich wie während der Coronakrise in einigen Ländern – empfindliche Geld- oder sogar Haftstrafen. Allerdings handelte es sich um andere Masken, als wir sie heute verwenden.

Die Tradition des Maskentragens zum Schutz vor Krankheiten ist viel älter als unser recht junges Wissen über Aerosole, mit dem wir die Funktionsweise von Masken heute noch genauer erklären können. Bereits beim normalen Sprechen erfolgt ein Sprühregen an winzig kleinen Tröpfchen. So werden pro Sekunde bis zu 20 000 winzige Tröpfchen in einer Größe von 20 bis 500 Mikrometern in die Luft gegeben, ohne dass wir es überhaupt mitbekommen.[16] Beim Singen sind es ungleich mehr. Je nach Stimmkraft, Gesangstechnik und Lautstärke können die Mengen dieser Tröpfchen und Aerosole deutlich variieren. Je stärker und lauter man singt, desto mehr Tröpfchen werden gebildet, und vor allem fliegen diese Aerosole auch weiter. Sogar die Sprache, in der gesungen wird, hat darauf einen Einfluss. In einer Studie wurde die

Flugweite von Kleinstpartikeln japanischer und deutscher Chöre verglichen. Dabei fiel auf, dass die Aerosole der deutschen Sänger im Durchschnitt 111 Zentimeter weit flogen, während die Aerosole der japanischen Sänger nur bis in eine Entfernung von rund 60 Zentimetern vordrangen.[17]

Interessanterweise fliegen die Tröpfchen von Männern signifikant weiter als jene von Frauen. Man würde laienhaft vermuten, dass Männer eine feuchtere Aussprache haben als Frauen. Doch der Grund dafür liegt vielmehr in ihrer unterschiedlichen Physiognomie. Männer verfügen im Durchschnitt über ein größeres Atemvolumen als Frauen, und dasjenige von Erwachsenen ist wiederum größer als das von Kindern. Erwachsene Männer können daher deutlich mehr Aerosole produzieren als Kinder. Dies ist auch eine der Erklärungen dafür, warum Kinder das Coronavirus zunächst ungleich seltener weitergegeben haben als Erwachsene, was in den ersten Jahren der COVID-19-Pandemie beobachtet wurde.

Die Frage nach der Rolle von Kindern bei der Virusübertragung hat in der gesamten Coronazeit immer wieder zu Diskussionen geführt, schließlich war sie für den Umgang mit Kitas und Schulen von enormer Bedeutung. So gab es einige prominente Studien, die im Rachenabstrich von Kindern und Erwachsenen keinen Unterschied in der Anzahl an SARS-CoV-2-Viren feststellten.[18] Konnte man also davon ausgehen, dass beide im selben Maß vom Risiko einer Erkrankung betroffen und auch gleich ansteckend waren?

Nicht ganz, denn einer solchen Schlussfolgerung liegen zwei Fehler zugrunde: Erstens ist der Kinderrachen proportional zum Abstrichröhrchen deutlich kleiner, hat also in seiner Gesamtheit wesentlich weniger Viren aufzuweisen, und zweitens ist es für die Infektiosität weniger wichtig, wie viele Viren in einem Kinderrachen vorhanden sind. Die Frage ist vielmehr, wie viele virenhaltige Aerosole die Kleinen abgeben können – und diese Menge ist im Vergleich zu der bei Erwachsenen sehr viel geringer.

Und noch ein dritter, nicht unwesentlicher Fehler liegt hier verborgen: Studien weisen darauf hin, dass Kinder eine geringere Rezeptorendichte für das Coronavirus im Rachen haben und sich aufgrund dessen weniger häufig infizieren.[19] Eine anatomische Gegebenheit, die sich mit der Pubertät ändert. Aber auch die Virusvariante spielt bei dieser Frage eine Rolle: Während bei der ursprünglichen Variante und der Deltavariante noch Unterschiede erkennbar waren, sieht man bei der Omikronvariante keinen erheblichen Unterschied mehr zwischen Kindern und Erwachsenen. Das liegt vermutlich daran, dass sich bei dieser Virusvariante die Bindungsaffinität für den Rezeptor verbessert hat, sodass die Dichte der Rezeptoren im Rachen eine weniger entscheidende Rolle spielt.[20]

Man kann somit argumentieren, dass das Masketragen in Schulen vielleicht nicht der beste Ansatzpunkt zur Kontrolle der Pandemie war. Zumal eine Maske nur ihre Wirksamkeit entfaltet, wenn man sie auch richtig trägt, und erst im späteren Verlauf der Pandemie Masken zur Verfügung standen, die an die kleinen Kindergesichter angepasst waren. Eine Maske hält die Aerosole zurück, die ihr Träger ausstößt, und sie filtert die virenhaltigen Aerosole aus der Luft, die ihr Träger einatmet. Bei zu großen Masken können die Aerosole an den Seiten der Maske entweichen, und dann sind Masken nicht effektiv.

Aber auch bei Erwachsenen saß die Schutzbedeckung nicht immer korrekt. Vor allem bei den FFP2-Masken. Wird über der Nase mal ein Loch gelassen, damit man besser atmen kann, oder ein Bart verhindert den eng anliegenden Hautabschluss, kann sich das ungünstig auswirken. Mehr noch, liegt die FFP2-Maske nicht mit der Haut abschließend an, gelangt die Luft beim Ausatmen wie bei einem Ausströmventil mit höherem Druck in die Umgebung – und in das Gesicht des Gegenübers. Damit verkehrt sich der Sinn einer Maske schnell ins Gegenteil. Der Strom virenhaltiger Aerosole wird komprimiert, verursacht stärkere Verwirbelungen und bläst stärker dem Gegenüber ins Gesicht.

Wann welche Maske?

Die Effektivität einer Maske hängt aber nicht nur davon ab, ob sie richtig sitzt, sondern auch davon, um welche Maske es sich eigentlich handelt. Für die Prüfung solcher Medizinprodukte ist in Deutschland das in Bonn ansässige Bundesinstitut für Arzneimittel und Medizinprodukte (BfArM) zuständig. Das BfArM unterscheidet drei Arten von Gesichtsmasken: Mund-Nasen-Bedeckungen (auch bekannt als »Alltagsmasken«), medizinische Gesichtsmasken (»OP-Masken«) und partikelfiltrierende Halbmasken (wie FFP2- oder FFP3-Masken).[21] Während es für Alltagsmasken aufgrund fehlender gesetzlicher Normen keine eindeutigen Regeln gibt, hat das BfArM zu den anderen Maskentypen einige Aussagen getroffen. Demzufolge können sowohl medizinische Gesichtsmasken als auch partikelfiltrierende Halbmasken das Austreten von Tröpfchen und Aerosolen verhindern.

Dieser Befund ist deshalb so wichtig, weil er diesen zwei Arten von Masken bescheinigt, nicht nur den Träger der Maske zu schützen, sondern die Wahrscheinlichkeit einer Virusübertragung auch für die Menschen in seiner Umgebung zu reduzieren. Die medizinischen Gesichtsmasken, die im Krankenhaus verwendet werden, und die partikelfiltrierenden Halbmasken bieten einen höheren Schutz, da sie kleinere Partikel zurückhalten können. Diese Masken erfüllen bestimmte Standards und Vorgaben, um ihre Effektivität sicherzustellen.

Wie passt das nun aber mit den Löchern in der Maske zusammen? Schließlich gehen 80 Viren gleichzeitig durch die Poren, das Tor ist also weit offen. Dafür gibt es zwei Gründe: Zum einen befinden sich die Viren in kleinen Wasserschwebetröpfchen, ebenjenen Aerosolen, und treten damit in der Luft schon mal als größere Partikel in Erscheinung als ein einzelnes Virus.

Zum anderen hat das Einfallstor, die Poren der Maske,

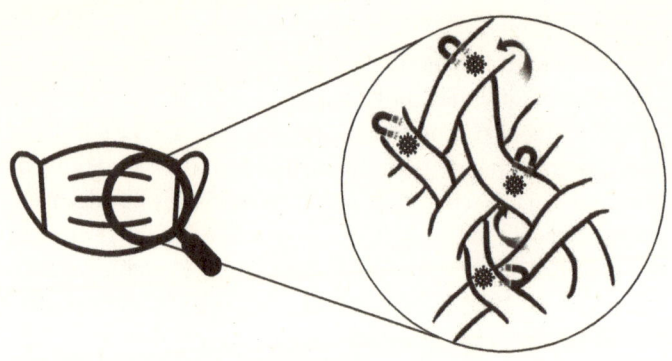

Abwehr von Tröpfchen, Aerosolen und Viren [8]

noch eine weitere Eigenschaft, über die viel zu wenig geredet wurde. Stellen Sie sich vor, der Fußball ist aus Eisen und das Tor ein Magnet. Die Wahrscheinlichkeit, dass der Ball am Tor hängen bleibt, ist hoch und umso größer, wenn der Eisenball durch viele übereinanderliegende Magnettore gehen muss. Einem Tunnel aus Magneten – im Fall der Maske sind dies verschiedene Lagen aus diversen Materialien. Der Filz und das Vlies sind statisch geladen und ziehen die Aerosole an den Stoff heran.

Und der Fußball, besser gesagt: das Aerosol? Auch Wasser hat eine magnetische Ladung, was man einfach selbst testen kann. Entweder man nimmt einen Magneten zu Hilfe, oder man reibt einen Kunststoffstab an einem Stück Wolle und hält ihn dann in Richtung eines stetigen, aber millimeterdünnen Wasserstrahls. Und mit einem Mal – »Accio Wasser!« – verbiegt sich das Wasser. Harry Potter lässt grüßen.

Es gibt unzählige Studien zur Wirkung von Masken: Studien aus dem Labor, die nur die Filterleistung mit Partikeln prüfen; Studien mit infizierten Tieren, die prüfen, welchen Schutz vor einer Infektion sie bieten; Studien, bei denen Maskenträger und Nicht-Maskenträger verglichen werden, sowie Beobachtungen aus dem »echten Leben«, die sich zum Beispiel die Wirkung einer Maskenpflicht unter bestimmten Bedingungen angeschaut haben. Letztere haben keinen medizinischen oder naturwissenschaftlichen Hintergrund, sondern untersuchen die konkrete Auswirkung einer politischen Intervention, also eine Frage, die man nicht im Labor beantworten kann.

Die meisten Studien zum Tragen einer Maske beziehen sich auf medizinische Gesichts- und partikelfiltrierende Halbmasken. Die Evidenz für Alltagsmasken wurde weniger häufig untersucht. Ein Grund dafür besteht sicher darin, dass es im Gegensatz zu medizinischen Masken gerade für Alltagsmasken keinen Standard in Bezug auf die Filterleistung oder ihre Zusammensetzung gibt. So würde man am Ende Äpfel mit Birnen vergleichen, die noch dazu von modischen Trends bestimmt und immer wieder verändert würden. Je nach verwendetem Material kann bei Alltagsmasken unter Umständen weder eine Filterleistung noch überhaupt ein oder allerhöchstens ein geringer Schutzeffekt vorliegen.[22] Aber bieten die anderen, kommerziell hergestellten und normierten Maskenarten denn mehr Schutz?

Auch wenn es keine Schwarz-Weiß-Antwort auf diese Frage gibt, kann man aus den zahlreichen Labor- und Praxisstudien dazu schließen, dass eine FFP2-Maske besser schützt als eine medizinische Maske und diese wiederum einen besseren Schutz bietet als eine Alltagsmaske. Nur ist in umgekehrter Reihenfolge das Atmen leichter, das bei FFP2-Masken schon mal anstrengend werden kann, insbesondere wenn man sich bewegt oder die Maske über viele Stunden tragen soll. Deshalb versuchen viele, sich auch gerade bei dieser Art von Masken das Atmen zu erleichtern. Entweder man lässt an der Seite eine Lücke zwischen Gesicht und Maske, oder die Maske sitzt nicht eng auf der Nase, wodurch der Atem über die Augen entweicht, oder aber unter dem Kinn ist der Abschluss etwas großzügiger gestaltet.

Bei mir im Labor gilt vorschriftsmäßig übrigens eine

FFP2-/FFP3-Maskenpflicht, wenn man mit Viren wie SARS-CoV-2 arbeitet, meine Mitarbeiter achten darauf, die Maske richtig zu tragen, und alle 90 Minuten wird die von der Arbeitsmedizin vorgeschriebene Atempause eingelegt.[23] So lauteten die Vorgaben zur Tragezeit vor der Pandemie, die allerdings während der Pandemie verändert wurden.[24] Dennoch achten wir darauf, die Tragezeiten so kurz wie möglich zu halten. Deshalb sind die Bedingungen in unserem Labor auch nicht vergleichbar mit einer Zugfahrt von sechs Stunden oder einem Arbeitstag, bei dem eine Maske teilweise acht Stunden am Stück getragen werden musste. Dass man in solchen Situationen versucht, sie auch mal zu lockern, um vernünftig Luft zu bekommen, ist mehr als verständlich.

Dass Masken grundsätzlich einen Effekt und eine Wirksamkeit bei der Verhütung von respiratorischen Virusinfektionen haben, kann als weitgehend gesichert gelten. Das zeigen eindrucksvoll tierexperimentelle Studien zum Beispiel mit syrischen Goldhamstern.[25] Ist der eine Hamster infiziert, aber sein Kollege nicht, kann bereits eine OP-Maske die Infektionsrate beim anderen um 25 Prozent verringern. Additiv war der Effekt, wenn beide Hamster eine Maske trugen.

Auch zeigen epidemiologische und deskriptive Beobachtungen, dass Masken durchaus den Effekt haben, Infektionen zu verringern.[26] Dabei wurde der Einfluss von Masken im Hinblick auf verschiedene Fragestellungen untersucht: Wie verändert sich die Inzidenz, Transmission und Sterblichkeit mit oder ohne Masken, beispielsweise bei einer Gruppe von Menschen, bei der ein Teil eine Maske trägt und ein anderer Teil nicht? In den gesichteten Arbeiten wird hier meist von deutlichen Effekten berichtet.[27]

Leider steht hinter diesen Erkenntnissen ein großes Aber: Auch wenn eine Maske im Labor effektiv ist, heißt das noch nicht, dass sie in der Praxis gleichermaßen ihren Zweck erfüllt. So stuft das European Centre for Disease Prevention die

Wirksamkeit einer Mund-Nasen-Bedeckung nur als moderat ein.[28] Auch zwei der wenigen Studien, bei denen die Teilnehmer randomisiert aufgefordert wurden, Masken zu tragen oder nicht, zeigten nur einen kleinen Effekt.[29] Randomisierte Studien haben einen höheren Grad von wissenschaftlicher Evidenz, da Faktoren, die die Studien beeinflussen könnten, weitestgehend ausgeschlossen werden, wie zum Beispiel persönliche Präferenz oder Verhalten. Hingegen zeigen andere Studien wie zum Beispiel jene des amerikanischen Center of Disease Control eine Wirksamkeit von bis zu 83 Prozent, wenn man auf eine FFP2-Maske zurückgreift.[30] Pessimistischer sieht es eine internationale Studie, die die Wirksamkeit einer Maskenpflicht nur auf etwas mehr als 19 Prozent schätzt. Eine dritte schätzt einen Rückgang der Epidemiewachstumsrate um bis zu 2 Prozent pro Tag, und dass ein Maskenmandat in den USA mit einer geringeren COVID-19-Inzidenz verbunden war.[31] Eine weitere Metaanalyse kommt nach Sichtung von 172 Beobachtungsstudien zu COVID-19 (64 Studien), SARS (55 Studien), MERS (25 Studien) sowie Atemwegsviren und Arbeitsschutz (28 Studien) zu dem Schluss, dass das Tragen einer FFP2-Maske für den Träger zu einer möglichen Verringerung einer Infektion (absolutes Risiko) von 17,4 Prozent (ohne Maske) auf 3,1 Prozent (mit Maske) führt. Während alle Studien mehr oder weniger einen Effekt auf das Infektionsgeschehen zeigen, schwankt die Größe des Effekts aber erheblich.[32]

Woher aber kommt diese Unsicherheit bei der Beurteilung? Das Problem ist die Frage nach der Wirksamkeit des Tragens einer Maske in realen Situationen wurde kaum in vergleichenden Experimenten untersucht. Tatsächlich haben wir es in Deutschland in drei Jahren Pandemie nicht geschafft, gute randomisierte kontrollierte Studien zur Wirkung des verpflichtenden Tragens von Masken oder einer Mund-Nasen-Bedeckung durchzuführen, ähnlich jener Studien, die in Bangladesch und Dänemark vorgenommen wurden. Dabei wäre es so einfach gewesen: In einem Dorf wird die Maske getragen, in einem anderen, vergleichbaren Dorf nicht, und nach drei Wochen wird untersucht, wie sich das Infektionsgeschehen in beiden Orten entwickelt hat. Das wäre dann zumindest nah dran an einem »Experiment«, wie wir es aus der Medizin kennen. So oder so ähnlich hätten viele Studien durchgeführt werden können. Wir hätten Maskenempfehlung mit einer Maskenpflicht vergleichen können; wir hätten den Einfluss von Masken in Schulen auf das Infektionsgeschehen studieren können, und wir hätten die Frage, ob Masken im Restaurant getragen werden sollten, wenn man sich auf die Toilette begibt, ein für alle Mal klären können. Eine einfache Versuchsanordnung hätte genügt, aber Forschung dieser Art wurde leider nicht vorgenommen.

Mittlerweile ist eine sehr umfassende Metastudie zu Wirksamkeit und Effekten des Masketragens veröffentlicht worden, die, auch wenn die Studien nicht immer perfekt durchgeführt wurden, zu dem Ergebnis kommt: Ja, Masken wirken, aber nur wenn sie richtig getragen werden. Im Labor und unter Laborbedingungen zeigen sie gute Wirkung, im »echten Leben« weniger gute. In einem ausführlichen Review von über 400 analysierten Studien konnte ein klarer Dosis-Wirkungs-Effekt festgestellt werden, was bedeutet, dass je konsequenter und korrekter Masken getragen werden, desto größer ist der Schutz.[33]

Vom Wert eines Stücks Stoff

Es mag albern klingen, darauf hinzuweisen, aber eine Maske wirkt also nur, wenn man sie auch trägt. Diese simple Feststellung ist deshalb so wichtig, weil sie zeigt, dass die Wirkung der Maske oder Maskenpflicht im Allgemeinen überschätzt, im Speziellen dagegen wiederum nicht richtig gewürdigt wird.

Während der Coronapandemie hatte man schon früh die Beobachtung gemacht, dass etwa 70 Prozent der Infektionen in Deutschland, bei denen die Infektionsquelle bekannt ist, im Privaten stattfinden.[34] Mit Freunden beim Abendessen oder beim Feiern. Mit der Familie beim Frühstück oder mit den Kumpeln beim Feierabendbier. Dort, wo man ausgelassener ist, weil man einander vertraut, und näher zusammenrückt. Doch genau in diesen Situationen setzt normalerweise niemand eine Maske auf. Leider sind dies auch die einzigen Daten, die dazu bei uns je erhoben wurden – und die sind alles andere als vollständig, denn für die Mehrheit der gemeldeten Infektionen ist der Infektionskontext unbekannt. Dennoch wird damit klar: Ob Masken wirken, hängt auch vom Umfeld ab, wo sie getragen werden (müssen). Die beste Maske, die perfekt getragen wird, ist wenig hilfreich, wenn sie dort aufgesetzt wird, wo auch ohne Maske keine oder keine nennenswerte Zahl an Infektionen stattfindet. Umgekehrt hilft die Maske in tatsächlichen Risikosettings nur dann, wenn sie getragen wird, und zwar korrekt.

Auch in geschlossenen, engen Räumen wurden Masken häufig nicht konsequent getragen, sondern kurzzeitig abgenommen, sobald man allein war. Dazu zählen insbesondere Toiletten oder Fahrstühle. Die Aerosole können hier in der Luft stehen und ihre infektiöse Wirkung noch entfalten, wenn der Infizierte bereits lange den Raum verlassen hat. An diesen Beispielen zeigt sich wieder der Unterschied zwischen der technischen Wirkung einer Maske und der Wirksamkeit einer Maskenpflicht.

Wir wissen, dass die Übertragung von SARS-CoV-2 im Innenbereich ungleich stärker ist als im Außenbereich.[35] Vor allem, wenn diese Räume schlecht gelüftet werden. An der frischen Luft steigen die Aerosole mit der Atemluft nach oben und können deshalb nur schwerlich zu unserem Gegenüber gelangen. Dass es dabei zur Übertragung eines Virus kommt, ist eher unwahrscheinlich, aber geschieht zum Beispiel, wenn man sich dann doch mal – gewollt oder ungewollt – zu nahe kommt, ein Nieser direkt in die Richtung des anderen abgesetzt wird oder man unglücklich in die Sprechluft eines anderen hineinläuft. Natürlich kann so etwas passieren, aber es bleibt die Ausnahme. Bei »stehender Luft« in Innenräumen hingegen hängen die Aerosole für eine längere Zeit wie Schwebeteile in der Luft, und so ist eine Übertragung leicht möglich. Man kann dies gut mit Zigarettenrauch vergleichen. Es dauert eine Zeit, bis sich die Rauchschwaden bei geschlossenem Fenster legen. Wenn zum Beispiel irgendwo heimlich auf einer Toilette geraucht wurde, merkt man das noch nach Stunden.

Aus diesem Grund entfaltet eine Maske ihre Wirksamkeit auch vor allem in Innenräumen und nicht im Freien. Wenn sie denn tatsächlich aufgesetzt und nicht zwischenzeitlich abgenommen wird. Hier zeigt sich, dass Masken in einer bestimmten Situation wie in Innenräumen durchaus eine biologische Wirksamkeit haben, diese allerdings nur entsteht, wenn sie auch konstant getragen werden.

Während die Effekte des Masketragens in solchen Situationen nicht immer ausreichend beachtet wurden, zum Beispiel wenn es um Maskenempfehlungen ging, wurden sie in anderen Zusammenhängen überbewertet. Nehmen wir die Maskenpflicht. Ende April 2020 wurde deutschlandweit das Tragen einer Mund-Nasen-Bedeckung im öffentlichen Nahverkehr sowie beim Einkaufen Pflicht; in manchen Bundesländern fielen Bibliotheken, Arztpraxen oder Wochenmärkte ebenfalls unter die Regelung. Im Einzelhandel, in Supermärkten oder nachts in der U-Bahn – überall dort, wo der Effekt wahrscheinlich geringer ist, kamen nun vermehrt Masken zum Einsatz; in Innenräumen mit vielen Menschen, bei Feiern, in Clubs, Bars und Restaurants – wo das Tragen eher eine gute Wirksamkeit hat – natürlich nicht. Vor dem Eingriff in den häuslichen Bereich schreckte die Politik zurück, denn eine solche Maßnahme wäre wohl kaum von den Menschen mitgetragen worden – und wie hätte sie auch überhaupt durchgesetzt und kontrolliert werden können?

Masken funktionieren nur an den Orten, wo auch ein

erhöhtes Infektionsgeschehen existiert. Eine Maske zu tragen, wenn man auf der Straße unterwegs ist, gibt einem vielleicht psychologisch ein Gefühl von Sicherheit, bringt aber genauso viel, wie mit einem Teesieb Wasser abzuschöpfen. Masken wirken dort, wo viele Menschen sich infizieren, und helfen vor allem denen, die sich besonders schützen wollen oder müssen. Diese Personen tragen dann auch Masken, und zwar richtig.

Masken als Belastung?

Im Verlauf der Pandemie wurden immer wieder auch Bedenken laut, dass das Tragen von Gesichtsmasken, insbesondere der partikelfiltrierenden Halbmasken (FFP2), potenziell besorgniserregende gesundheitliche Auswirkungen haben könnte. Dazu zählen die erwähnten möglichen Beeinträchtigungen der physischen und kognitiven Leistungsfähigkeit infolge einer erhöhten Rückatmung von CO_2.

Um diesen Befürchtungen auf den Grund zu gehen, wurden zahlreiche Studien initiiert. Bisher konnte jedoch keine dieser wissenschaftlichen Untersuchungen eindeutige Belege für negative Effekte liefern.[36] Auf der anderen Seite greifen Leistungssportler manchmal sogar bewusst auf eine Rückatmungsmaske zurück, um ihre Leistungsfähigkeit zu steigern.[37] Trainieren Sportler mit einer Atemmaske, wird die Sauerstoffzufuhr gesenkt, das Atmen fällt schwerer, und der Körper muss sich mehr anstrengen, um die gewünschte Leistung zu erbringen. Es soll den Sport in größeren Höhen simulieren, aber vor allem auch das Zwerchfell und die Atemmuskeln trainieren. Ob die Rechnung aufgeht, ist allerdings umstritten – Experten halten regelmäßiges Training für effektiver.

Auch bleibt die Frage offen, ob das langfristige Tragen einer Maske über mehrere Stunden hinweg negative physiologische und psychologische Auswirkungen haben kann. Solche Folgeerscheinungen können auf Grundlage der aktuell verfügbaren wissenschaftlichen Literatur nicht vollständig ausgeschlossen werden, auch und gerade nicht bei Kindern in der frühen Lebensphase.[38]

Sind kleine Kinder in ihrer Entwicklung beeinträchtigt, wenn das Gesicht der Erzieherin in der Kita konstant durch eine Maske verdeckt ist und sie weder deren Mimik oder Gesichtsausdruck noch den Mund erkennen können, der die Laute zur Sprache formt? Potenzielle Fehlentwicklung in der frühkindlichen Phase durch ein dieserart eingeschränktes Lernen wäre durchaus denkbar, auch wenn eine wissenschaftlich fundierte Bestätigung für diese Annahme bislang fehlt.[39]

Einzelberichte über Ängste, fehlende Emotionen und Lernschwierigkeiten gibt es aber einige. Untersuchungen wie das UK Evidence Summary, das sich mit der Frage der Auswirkungen von Masken in Schulen und Kitas auf das Infektionsgeschehen, darunter auch die negativen Einflüsse beschäftigt, legt nahe, dass Symptome wie erhöhte Reizbarkeit, Kopfschmerzen, Konzentrationsschwierigkeiten und Lernprobleme durch das Tragen von Masken hervorgerufen werden könnten.[40] Auch die »Co-Ki«-Studie, eine Datenspendestudie aus Deutschland, suggeriert eine Zunahme von Müdigkeit, Reizbarkeit und dem Verlust von Fröhlichkeit und Konzentrationsfähigkeit.[41] Doch insgesamt bleibt die wissenschaftliche Evidenz der Nebenwirkungen spärlich und ist bislang nicht umfassend genug erforscht, um belastbare, statistisch untermauerte Aussagen treffen zu können, da bei den vorliegenden Studien nicht ausgeschlossen werden kann, dass systematische Fehler entstanden sind. Und auch wenn einige Eltern und wenige Studien von einem möglichen negativen Effekt des Maskentragens bei Kindern berichten, kann diese Frage nicht eindeutig beantwortet werden.

Von Masken verhüllte Gesichter gehörten irgendwann zum Alltag – sei es beim Einkaufen, am Arbeitsplatz oder im Bus.

Und die Menschen wurden erfinderisch: Man hatte eine Maske am Handgelenk oder Ellenbogen, um sie jederzeit aufsetzen zu können, wenn die Situation es erforderte; man schob sie unters Kinn, wenn sie gerade nicht gebraucht wurde, kaufte spezielle Klammern für den Nasenrücken, damit die Brille nicht beschlug, und erwarb sie in verschiedenen Farben – passend zum jeweiligen Outfit. Doch einmal getragen – womöglich über viele Stunden –, war die Maske nicht mehr zu gebrauchen und wanderte in den Abfall. Bestenfalls. Der Rest vermüllte Parks, Straßen, Gehwege. Masken überall. Noch heute stößt man manchmal im Wald oder am Strand auf Relikte aus dieser Zeit.

Doch stellten Masken tatsächlich einen nennenswerten Faktor bei der Umweltverschmutzung dar? Eine umfassende und abschließende Bewertung der negativen Auswirkungen von Maskenproduktion und -nutzung auf die Umwelt ist schwierig, da wir es mit einer vielschichtigen Thematik zu tun haben und kontinuierlich neue Informationen hinzukommen. Dennoch gibt es einige Aspekte, die in Betracht gezogen werden sollten.

Erstens ist der Energieaufwand für die Produktion von Masken beträchtlich, insbesondere wenn man die globale Nachfrage berücksichtigt. Die Herstellung der verschiedenen Materialien, die in Masken verwendet werden, sowie der eigentliche Produktionsprozess benötigen große Mengen an Energie, was zu einem erhöhten Ausstoß von Treibhausgasen führen kann. Sowohl die Herstellung als auch die Verteilung von Gesichtsmasken erfordern petrochemische Rohstoffe und andere Energiequellen, was zur Abgabe von Treibhausgasen führt.[42] Eine Studie berichtete, dass die Herstellung einer chirurgischen Maske 32,7 Gramm CO_2-Äquivalent in die Umwelt freisetzt, bei ihrem gesamten Lebenszyklus, von der Produktion bis zur Entsorgung, sind es bei einer FFP2- oder chirurgischen Maske 50 bis 59 Gramm CO_2-Äquivalent.[43] Oder anders gesagt: Drei Masken haben ein Äquivalent der Umweltverschmutzung von circa einem Kilometer Autofahren mit einem Verbrennermotor.

Zweitens hat die massenhafte Nutzung von Einwegmasken zu einer deutlichen Zunahme der Abfallmengen geführt. Viele dieser Masken landen in Deponien oder, schlimmer noch, in den Ozeanen. Dort können sie schädliche Auswirkungen auf die Meeresfauna und -flora haben, insbesondere wenn sie in kleinere Teile zerfallen und von Tieren aufgenommen werden. Während der frühen Phasen der Pandemie wurde weltweit eine Anzahl von 129 Milliarden Gesichtsmasken pro Monat benutzt.[44] Allein in den USA wurden pro Monat 1,1 Milliarden Masken verbraucht. Das erzeugt täglich bis zu 7200 Tonnen medizinischen Abfalls, sagt eine Studie aus dem Jahr 2021.[45]

Geht es dann an die Entsorgung von Gesichtsmasken, kommt es zur sekundären Mikroplastikverschmutzung, der Freisetzung von giftigen Gasen und organischen Substanzen sowie zu dem Verlust ökologischer Integrität durch begrabenen Abfall und zu Luftverschmutzung durch vermehrte Müllverbrennung.[46] Die zunehmende Verwendung von Masken trägt also direkt zur Plastikverschmutzung bei und stellt eine erhebliche Herausforderung für die Umwelt und das Tierreich in verschiedenen Ökosystemen dar.

Vor allem die Mikroplastikpartikel können in Wasserquellen gelangen und letztendlich die Nahrungskette beeinträchtigen, mit potenziell schädlichen Auswirkungen auf die menschliche Gesundheit.[47] Wie Mikropartikel aus Masken entstehen, ist schnell erklärt: Werden Masken weggeworfen, unterliegen sie einer Zersetzung durch UV-Strahlung, Wärme, Wind und Strömungen sowie biochemischen (enzymatische Aktivität) Prozessen, was zur Bildung kleiner Plastikpartikel wie Mikroplastik führt.[48] Experimente konnten zeigen, dass einzelne Gesichtsmasken nach 24 Stunden simuliertem Atmen 110 bis 540 Mikroplastikpartikel freisetzen und über 1000 Mikroplastikpartikel, wenn sie in Wasser eingetaucht werden, obwohl dies weitgehend von Maskentyp und Behandlung abhängt.[49] Wenn eine chirurgische Gesichtsmaske 180 Stunden lang UV-Licht ausgesetzt wird und anschließend in künstlichem Meerwasser kräftig gerührt wird, können bis zu 173 000 Mikroplastikpartikel freigesetzt werden. Schätzungsweise sind im Jahr 2020 etwa 1,56 Milliarden Gesichtsmasken in die Ozeane gelangt, was zur Freisetzung von über 1370 Billionen Mikroplastikpartikeln in Küstenmeerumgebungen geführt haben könnte.[50] Daher musste ich neben dem Ärger und Frust über die Klimakleber doch auch leicht schmunzeln, wenn ich sah, wie immer mal wieder manche von ihnen bei ihren Straßenblockaden im Freien eine umweltschädliche FFP2-Maske trugen.

Das Tragen von Masken kann ein effektives Mittel im Kampf gegen eine Pandemie darstellen, wie die Kombination aus epidemiologischen Erkenntnissen und tierexperimentellen Bestätigungen nahelegen. Aber nur – wie man nicht oft genug betonen kann –, wenn die Maske nicht nur am richtigen Ort, sondern auch richtig getragen wird. Oder anders gesagt: dort, wo ein hohes Infektionsgeschehen zu erwarten ist, ja, aber dann richtig. Ansonsten: nein. Zudem ist das Maskentragen im Unterschied zu vielen anderen nicht-pharmazeutischen Maßnahmen gegen die Pandemie – wie beispielsweise der Schließung von Theatern, Ladengeschäften, Gastronomie oder Betrieben – eine vergleichsweise wirtschaftliche und kostengünstige Methode.

Die Anordnung einer Maskenpflicht oder das Tragen von Masken hatte jedoch auch noch einen anderen Effekt: Man wurde ständig an die Pandemie erinnert, und die Gefahr der Pandemie im Alltag war allgegenwärtig. Die Maske wurde zu einem für alle immer sichtbaren Symbol der Infektionsprophylaxe; ein psychologischer Effekt, der damit bewusst und unbewusst die Vigilanz erhöhte. Die Situation versetzte uns in einen Zustand permanenter Aufmerksamkeit, einer Wachheit, die zur Belastung werden konnte. Bei manchen wurde sie zum Trigger, zum Symbol der überbordenden Coronapolitik. Die Maskenpflicht wirkte dabei nicht selten als eine Art Verstärker. Im Freien oder in der Fußgängerzone hat sie natürlich medizinisch gesehen keinen Sinn, hatte aber nichtsdestotrotz einen psychologischen Effekt.

Einfach, aber effektiv? Wo Abstands- und Hygieneregeln Sinn ergeben

Nicht nur vereinzelte verdreckte Masken begegnen uns bis heute in Gebüschen oder als festgeklebte Mahnungen auf den Straßen. Sie erinnern uns an die weitreichenden Veränderungen unseres Alltags zu Coronazeiten. Sichtbare Spuren haben auch die Abstands- und Hygienemaßnahmen hinterlassen, jene berühmten AHA-Regeln, zu denen sich irgendwann noch das »L« für Lüften gesellte. So finden sich vielerorts immer noch ihre Relikte aus jenen längst vergangenen Tagen: Plexiglasscheiben am Counter von Apotheken; Schilder an Türen von Arztpraxen oder Geschäften, die zum Einhalten von 1,5 Meter Abstand ermahnen; Spender mit Desinfektionsmitteln im Eingangsbereich von Supermärkten oder Luftfilter im Rechtsanwaltsbüro.

Schon damals hat sich mancher gefragt, ob eine Plastikwand zwischen Verkäufer und Kunde mehr kann, als allein ein Gefühl von Schutz und Sicherheit zu erzeugen. Und auch wenn die Kraft einer solchen suggestiven Wirkung nicht gering zu schätzen ist, wird damit doch Augenwischerei betrieben. So kann sich eine solche trügerische Sicherheit ungewollt sogar als Ort erhöhter Infektionsübertragung entpuppen.

Platz für einen Elch
Ein Witz aus Finnland schaffte es um die Welt.

Treffen sich zwei Finnen an der Bushaltestelle. Sagt der

eine: »Die Regierung will jetzt, dass wir 1,5 Meter Distanz zwischen uns lassen.«

»Verrückt«, sagt der andere, »warum sollen wir denn so eng beieinanderstehen?«

In den USA lautete die Empfehlung, 2 Meter Abstand zueinander zu halten, bei uns waren es 1,5 Meter, und in Kanada sagte man einfach, dass ein Elch dazwischen Platz haben sollte. Dass es sich bei Letzterem um einen Abstand zwischen 2,4 bis 3,1 Meter handelt, zählt wahrscheinlich zum unnützen Trivialwissen. Abstandsregeln waren Teil des Pandemiemanagements, und auch wenn sie manchmal schwer umzusetzen waren oder in bestimmten Situationen absurd erschienen, hatten sie doch einen medizinischen Hintergrund. Denn halten wir einen gewissen Abstand zueinander ein, wird das Risiko einer Infektion erheblich reduziert. Ein paar Meter machen hier – ähnlich wie bei Masken – einen großen Unterschied!

Doch an welchen Orten wird dieser Abstand eingehalten? Es kommt wieder einmal darauf an. In schlecht belüfteten Innenräumen, wo das Virus längere Zeit in der Luft stehen kann, die Luft also kaum ausgetauscht wird, verteilen sich die Aerosole im gesamten Raum. Da ist es über kurz oder lang egal, ob wir eng umschlungen beieinanderliegen oder Abstand halten. Wird dieser Raum aber gut durchlüftet, kann Abstand die Infektionswahrscheinlichkeit reduzieren.

Dabei ist eine Stoßlüftung idealerweise mit einer Luftzufuhr auf beiden Seiten des Raums am effektivsten.[51] Um die Luftqualität, inklusive der möglicherweise darin enthaltenen Viren, zu bestimmen, können CO_2-Messgeräte verwendet werden. Je höher die CO_2-Konzentration, desto »schlechter« und »abgeatmeter« die Luft – und desto höher auch die hypothetisch in der Luft enthaltenen SARS-CoV-2-Erreger in Innenräumen. CO_2 kann hier also als »Stellvertreter« (oder Proxy) für die Konzentration von Aerosolen und potenziell enthaltenen SARS-CoV-2-Erregern in Innenräumen verwendet werden. Und so bietet die Messung von CO_2 in Innenräumen mit einfachen Sensoren eine gute Möglichkeit, das Risiko der Aerosolübertragung von COVID-19 und anderen Atemwegserkrankungen zu überwachen, und wurde gegen Ende der Pandemie auch in großem Stil eingeführt. Wer diese Messgeräte mal beobachtet hat, wird bemerkt haben, wie schnell der Wert nach unten fällt, sobald man die Fenster aufmacht.[52]

Apropos Luft in Innenräumen. Ein häufig nachgefragtes Thema während der Coronapandemie war der potenzielle Schutz von Luftfiltern vor einer COVID-19-Infektion. Die Frage ist so komplex, dass man eine ganze Abhandlung darüber schreiben könnte. Nicht ohne Grund haben wir in unseren normalen Laboren in der Virologie eine Luftwechselrate von achtmal pro Stunde. Das bedeutet, dass die Luft in einer Stunde achtmal gefiltert wird. Auch bei unseren Werkbänken wird die Luft stark gefiltert. Hier setzen wir zusätzlich sehr effiziente HEPA-Filter ein, die mindestens 99,97 Prozent der Partikel in der Luft – einschließlich Viren, Bakterien und anderer Schwebeteilchen – herausfiltern.

Luftfilter tragen dazu bei, die Viruskonzentration in der Luft zu senken. Interessanterweise zeigte sich aber während der Coronapandemie auch, dass Luftfilter, wenn sie zum Beispiel im Kindergarten aufgestellt wurden, die Infektionsrate dort nicht merklich reduzierten.[53] Wie passt das zusammen?

Dafür gibt es wahrscheinlich mehrere Gründe: Erstens sprechen Kinder viel miteinander, sodass die Partikel, die sie dabei ausstoßen, nicht erst zum Luftfilter fliegen, sondern direkt untereinander ausgetauscht werden. Zweitens kann ein Luftfilter auch eine falsche Sicherheit vorspiegeln, und drittens werden sie häufig falsch aufgestellt. Am besten hinter dem Vorhang, wo sowieso eine Luftfiltration nicht wirklich möglich ist. Dabei sollte solch ein Filter mitten im Raum stehen – auch wenn er natürlich nicht gerade ansehnlich ist.

Im Hinblick auf die Rolle von Luftfiltern bei einem Infektionsgeschehen mit einem respiratorischen Virus wie SARS-CoV-2 bleibt also nur die bescheidene Antwort, dass Luftfilter – und vor allem portable Luftfilter – eine zusätzliche Hilfe sein, aber nicht alle Probleme lösen können.

Scheinbarer Schutz

Plötzlich tauchten in ganz Deutschland Aufsteller aus Plastik oder Plexiglas auf, mit denen die Verkäufer von den Kunden getrennt oder ganze Tische separiert wurden. In Geschäften, Nagelstudios, Schulen, Restaurants und sogar in Fitnessstudios wurden Plastikabtrennungen platziert. Manchmal spannte man behelfsmäßig einfach Frischhaltefolie aus der Küche dazwischen. Es ging um Trennung, eine Barriere für Menschen und Viren.

Obwohl man intuitiv meinen mag, dass solche Barrieren vor Viren schützen könnten, haben Aerosolforscher und andere Wissenschaftler schon früh darauf hingewiesen, dass sie oft nicht helfen und eher ein falsches Sicherheitsgefühl vermitteln.[54] Manchmal können Barrieren sogar kontraproduktiv sein. Normalerweise verteilen sich ausgeatmete Partikel in Räumen und werden – je nach Belüftungssystem – etwa alle 30 Minuten durch frische Luft ersetzt. Plastikbarrieren verändern jedoch die Luftströmung und können die normale Belüftung empfindlich stören. Es werden »tote Zonen« geschaffen, in denen sich virale Aerosolpartikel möglicherweise ansammeln und konzentrieren.

In einer Studie der Johns-Hopkins-Universität wurde beispielsweise festgestellt, dass Trennwände in Klassenzimmern das Risiko einer Coronavirusinfektion sogar erhöhen können.[55] Untersuchungen in Schulen in Massachusetts und Georgia zeigten, dass Barrieren im Vergleich zu Verbesserungen der Belüftung und Masken wenig Einfluss auf die Verbreitung des Virus hatten.[56] Britische Forscher haben modelliert, was passiert, wenn eine Person auf einer Seite einer

Barriere – wie ein Kunde in einem Geschäft – Partikel beim Sprechen oder Husten ausatmet. Die Barriere ist effektiver beim Husten, da größere Partikel auf die Sperre treffen. Beim Sprechen hingegen können die Aerosolpartikel um die Barriere herumschweben. Obwohl der Angestellte einem direkten Treffer vielleicht entgeht, bleiben die Partikel im Raum und stellen ein potenzielles Risiko dar.[57]

Dass wir bis heute solche Barrieren in einigen Geschäften finden – interessanterweise gehäuft in Apotheken –, zeigt einen gewissen Grad an Aktionismus, aber wenig Verständnis für die eigentlichen Übertragungswege. Bei zukünftigen Pandemien, die von respiratorischen Erregern ausgehen, ist es ratsam, mit impulsiven Maßnahmen vorsichtig umzugehen. Barrieren können durchaus wirksam sein, sofern sie dicht abschließen und keine Aerosole ungehindert darüber, darunter oder seitlich vorbeigelangen können. Bei der Wahl von Barrieren ist es wichtig, die Luftzirkulation im Raum zu berücksichtigen, was man ganz einfach mit dem Einsatz von verdampfenden E-Zigaretten oder Rauch selbst überprüfen kann. Im Zweifel geben Aerosolforscher hier auch gerne Auskunft.

Was bringen Desinfektionsmittel?

Wer hatte es nicht immer dabei, sei es im Rucksack, der Handtasche oder dem Seitenfach der Autotür: das Fläschchen Handdesinfektionsmittel. Denn schließlich wurde neben den Abstandsregeln und (Alltags-)Masken während der Pandemie stark auch auf allgemeine Hygieneregeln gesetzt. Zum Niesen und Husten in die Armbeuge, dem Verzicht auf das Händeschütteln sowie dem Appell, zu Hause zu bleiben, wenn man krank ist, kamen Flächen- und Händedesinfektion im großen Stil.

Dass das richtige und korrekt angewandte Desinfektionsmittel gegen Viren, Bakterien, Pilze und Parasiten wirken kann, ist unbestritten. Auch besteht kein Zweifel daran, dass man das Desinfektionsmittel an den jeweiligen Erreger anpassen sollte, da einige davon – wie zum Beispiel das Rota- oder Norovirus – durchaus hartnäckiger sind. Weniger eindeutig geklärt ist allerdings die Frage, ob oder wie gut eine Verordnung zur Hände- und Flächendesinfektion bei der Eindämmung eines Erregers hilft, der vornehmlich respiratorisch und über Aerosole übertragen wird.

Natürlich wirkt eine Flächen- oder Händedesinfektion in Situationen, in denen zum Beispiel ein Infizierter in die Hand gehustet hat, damit direkt danach einen Türknopf anfasst, den wiederum ein anderer berührt und so die Viren auf seine Hand bekommt, mit der er an seine Schleimhäute geht. Das klingt nach einem ziemlich konstruierten Fall, und die Frage ist, wie häufig er eintritt. Gleichwohl wurde weltweit recht stark auf Desinfektionsmethoden gesetzt. Wie ist das zu erklären?

Dazu ein paar Fakten: Es stimmt, dass das SARS-CoV-2-Virus auf Oberflächen für eine Weile persistieren kann. Wie lange das Virus überlebt, hängt von vielen Faktoren ab wie dem Material, auf dem die Viren sich befinden, der Luft- und Umgebungstemperatur, UV-Strahlung, Luftfeuchte und Luftaustausch. Studien gehen von einer geschätzten generellen Überlebenswahrscheinlichkeit von 7 bis 9 Tagen aus,[58] die aber zum Beispiel auf der Haut nur 9 Stunden beträgt.[59] Auf der anderen Seite können Coronaviren innerhalb von einer Minute wirksam mit verschiedenen Methoden wie 62 bis 71 Prozent Ethanol, 0,5 Prozent Wasserstoffperoxid oder 0,1 Prozent Natriumhypochlorit inaktiviert werden.

Wie gut ein Virus persistieren kann, hängt von seiner Eigenschaft ab. Einfach gesagt: Hat es eine Hülle, ist es weniger stabil, hat es keine, kann es Wochen überdauern. Das mag überraschen, da eine Hülle ja wie ein besserer Schutz klingt. Im Fall der Virenhülle handelt es sich aber meistens um eine Zellmembran. Diese besteht aus einer Lipiddoppelschicht, also quasi einer Fettschicht. Warum diese Viren weniger stabil sind, weiß man, wenn man im Kindergarten oder mit den Eltern folgendes Experiment durchgeführt hat:

Man nehme einen Teller mit Wasser und streue darauf Pfeffer, der sich auf der Oberfläche verteilt. Nun tauche man seine Finger in etwas Seife und berühre das Wasser. Anstatt ruhig an Ort und Stelle zu bleiben wie zuvor, werden die Teilchen plötzlich zur Seite gedrängt. Dies liegt daran, dass die Oberflächenspannung zerstört ist. Das Gleiche passiert mit dem Virus – es platzt.

Um die Wirksamkeit von Desinfektionen dahingehend zu bewerten, ob sie die Verbreitung von akuten Atemwegsviren wie SARS-CoV-2 unterbrechen oder verringern, hat eine Metastudie 19 existierende Studien zu Coronaviren, aber auch anderen respiratorischen Viren wie Influenza oder RSV daraufhin untersucht, ob eine Desinfektion der Hände einen Einfluss auf die Verbreitung dieser Viren hat.[60] Die Studien wurden an Schulen, in Kinderbetreuungseinrichtungen und Haushalten durchgeführt. Interessanterweise zeigten Handhygienemaßnahmen eine relative Reduzierung von 11 bis 14 Prozent bei der Anzahl der Personen mit akuten Atemwegsinfektionen in der Gruppe, die eine Handdesinfektion durchführte, im Vergleich zu denjenigen, die keine Handdesinfektion vornahmen. Das deutet auf einen kleinen, aber messbaren Nutzen hin.

Wir gehen uns also doch häufiger mit den Händen an die Schleimhäute, als uns klar ist. In der Tat fassen wir uns rund 50-mal pro Stunde ins Gesicht, wobei die Quote für die T-Zone (Augen, Nase, Mund) sogar noch höher ausfällt.[61] Die Berührungen sind oft unbewusste Bewegungen, die gehäuft unter Stress entstehen. Man nimmt an, dass Gesichtsberührungen als eine Ausdrucksform der Befreiung der Hände im Zuge der Entwicklung des aufrechten Gangs entstanden sind. Somit ist die Berührung des eigenen Gesichts eine tief verwurzelte menschliche Angewohnheit.[62] Da wir unsere Instinkte nur schwer ändern können, kann man sagen, dass die Desinfektion der Hände durchaus einen, wenn auch geringen Einfluss auf die Ausbreitung von Infektionen hat, die über die Atemwege übertragen werden.

Risiko Großveranstaltung? Wenn viele Menschen zusammenkommen

Jedes Jahr pilgern Millionen Muslime im Haddsch nach Mekka, Saudi-Arabien. Beim Tawāf umkreisen die Pilger siebenmal im Uhrzeigersinn die Kaaba, das würfelförmige Gebäude im Zentrum der Großen Moschee von Mekka. Dieser Akt symbolisiert die Einheit der Muslime und ihre Hingabe an Gott. Dabei wird der Schwarze Stein, genannt »al-Hajar al-Aswad«, der an einer Ecke der Kaaba eingemauert ist und den Anfangspunkt der Umkreisung darstellt, häufig von den Pilgern berührt oder gar geküsst. Diese Tradition geht auf die Legende zurück, der Prophet Mohammed habe gesagt, dass der Stein die Sünden der Gläubigen abschöpft.

Als es im Jahr 2000 zu einem der größten bekannten Meningokokken-Ausbrüche der Welt kam, wurden mehrere Länder, darunter Saudi-Arabien, dazu aufgefordert, Maßnahmen zu ergreifen, um die Ausbreitung dieser Erreger während des Haddsch zu kontrollieren. Seitdem wurden strenge Impfvorschriften für Pilger eingeführt, um das Risiko von Infektionsausbrüchen zu verringern. So müssen alle ausländischen Staatsbürger bei der Beantragung eines Haddsch-Visums eine Gesundheitsbescheinigung gegen Meningokokken vorlegen, die mindestens zehn Tage vor ihrer Einreise in Saudi-Arabien ausgestellt wurde und nicht älter als drei Jahre sein darf. Trotz dieser Vorsichtsmaßnahmen bleibt ein gewisses Risiko für den Ausbruch von Meningokokken während des Haddsch, insbesondere aufgrund der großen Menschenansammlungen und engen Kontakte zwischen den Gläubigen während der gesamten Pilgerreise.

Chance vertan – Konzepte in der Schublade

Ebenso wie beim Haddsch ziehen Großveranstaltungen, seien es Sportereignisse, Konzerte, Messen oder Festivals, oft Tausende von Menschen an, die aus verschiedenen Regionen und sogar Ländern kommen. In solchen Massenzusammenkünften ist das Risiko einer Übertragung von Infektionskrankheiten besonders hoch. Das hat nicht zuletzt der Mpox-Virus-Ausbruch von 2022 gezeigt. Rund die Hälfte der Übertragungen zu Anfang der Mpox-Pandemie war zurückzuführen auf ein Festival in Gran Canaria.[63] Solche Infektionsausbrüche sind nicht zu vermeiden, allerdings kann man während einer Pandemie die Infektionszahlen durch die Absage von Großveranstaltungen deutlich reduzieren. Denn es ist ganz einfach: Weniger Menschen an einem Ort bedeutet weniger Möglichkeiten, einen Erreger weiterzugeben.

Großveranstaltungen sind eine ideale Umgebung für die Weitergabe eines Virus an mehrere Menschen und werden nicht selten sogar zu einem Superspreadingevent, bei dem eine infizierte Person viele andere ansteckt. Die hohe Relevanz von »Superspreadern« und solchen Ereignissen als Antriebsfeder des pandemischen Geschehens ist seit Jahrzehnten bekannt.[64] Zu Beginn der COVID-19-Pandemie gab es mehrere prominente Veranstaltungen dieser Art: die Après-Ski-Party im Kitzloch in Ischgl, die Kappensitzung in Heinsberg, das Fußballspiel in Bergamo oder die Treffen der christlichen Sekte Shincheonji in Südkorea. Alle diese Ereignisse haben gemein, dass bei ihnen viele Menschen an einem Ort eng gedrängt zusammenkamen und sich dabei mit SARS-CoV-2 infizierten. Zur Folge haben solche Treffen, dass mit einem Schlag viele Menschen gleichzeitig infiziert sind und deshalb auch die Wahrscheinlichkeit größer ist, dass sie medizinisch versorgt und auch vermehrt Menschen auf der Intensivstation behandelt werden müssen. Das Gesundheitssystem kann übermäßig strapaziert werden.

Insgesamt gesehen kann die Reduktion von Großveranstaltungen also eine wichtige Maßnahme zur Eindämmung von Infektionskrankheiten wie COVID-19 sein, da sie verhindert, dass zu viele Menschen gleichzeitig erkranken. Selbst Schweden schränkte die Versammlungsfreiheit während der Pandemie ein: Alle öffentlichen Veranstaltungen und Events mit mehr als 500 Teilnehmern wurden verboten.[65] Theater, Kino, Konzerte, religiöse Treffen, Demonstrationen, Sportveranstaltungen, Vergnügungsparks, Messen und Märkte waren davon beeinflusst. Später wurde das Verbot sogar auf öffentliche Veranstaltungen mit mehr als 50 Personen herabgesetzt, um die Ausbreitung der Infektion weiter zu reduzieren.

Es schien zweifelsfrei festzustehen: Großveranstaltungen müssen in einer Pandemie abgesagt werden, allein schon wegen des Risikos, dass sie sich zum Superspreadingevent entwickeln. Künstler, Schausteller, Beleuchtungs- und Bühnentechniker, Verwalter von Messeflächen und all ihre Beschäftigten sollten also von einem Tag auf den anderen nicht mehr arbeiten. Für wie lange? Das konnte niemand sagen. Bis die Pandemie eben vorbei ist. Eine Milliardenindustrie, die plötzlich brachlag. Alle, für die die Bühne ihr Leben war, sollten von nun an zu Hause bleiben und warten. Nichts ging mehr. Aber war das wirklich der einzig mögliche Weg?

Während der Pandemie erreichten mich eine Vielzahl von Zuschriften von Künstlern, die mit eigenen Ideen versuchten, ihrer geliebten Arbeit nachzugehen und gleichzeitig maximalen Schutz für ihr Publikum zu ermöglichen. Ihre kreativen Vorschläge erstreckten sich von UV-C-Bestrahlung der filtrierten Luft über Testkonzepte bis hin zu Events mit Maske und/oder Luftfiltern. Für ein Outdoorevent entwarf ich gemeinsam mit einem Veranstalter ein Studiendesign, wie wir jeden der 50 000 Besucher testen könnten, um zu beweisen, dass man sich unter diesen Umständen nicht infizieren würde.

Leider war die Durchführung einer solchen Studie zu teuer und dann auch überholt, da bald solche Events nur noch unter Einhaltung der 3G- oder sogar 2G-Regel stattfinden durften. Einlass wurde allein demjenigen gewährt, der geimpft, genesen oder negativ getestet war (3G), bis hin zu der Verschärfung von 2G+: geimpft oder genesen und zusätzlich auch noch getestet.

Auch Tanzlokale waren betroffen. Mit dem DJ Paul van Dyk wollten wir einen Berliner Club in der Pandemie wiedereröffnen und entwickelten gemeinsam mit dem Betreiber ein Konzept, bei dem Besucher mit einem Schnelltestergebnis zur Veranstaltung kommen sollten. Alle Besucher würden vor Ort dann erneut getestet, Luftfilteranlagen sorgten für eine Minimierung der Aerosole in der Luft, und die Personenanzahl würde zudem noch stark reduziert. Mehr Vorsichtsmaßnahmen gingen fast nicht mehr. Trotzdem ließ das Berliner Ordnungsamt die Veranstaltung nicht zu. Obwohl zeitgleich in anderen Ländern wie zum Beispiel Kroatien Clubs geöffnet waren – ohne entsprechende Vorsichtsmaßnahmen.

Doch es gab auch andere kreative Konzepte, mit denen Künstler versuchten, ihre Besucher bei Auftritten vor einer möglichen Infektion bestmöglich zu schützen. Kein Veranstalter, kein Künstler wollte, dass sich bei ihrer Show Menschen mit dem Coronavirus infizierten, und alle suchten nach Möglichkeiten, etwas ohne erhöhtes Risiko stattfinden zu lassen. Die Illusionskünstler Ehrlich Brothers waren die Ersten, die eine Arena-Show im Jahr 2020, mitten in der Coronapandemie, veranstalteten. Dafür hatten sie mit den Behörden vor Ort ein Konzept entworfen, um das Event für alle Teilnehmer sicher zu gestalten.

Die Show fand im September des Jahres im Düsseldorfer ISS-Dome vor etwa 3000 Personen statt und war unter Einhaltung eines speziell entwickelten Hygienekonzepts von den zuständigen Behörden dann auch genehmigt worden. Bereits der Einlass gestaltete sich aufwendiger als sonst; Personen wurden durch verschiedene Eingänge geschleust, sodass sie nicht in Kontakt miteinander kamen. Das Tragen eines Mund-Nasen-Schutzes war für alle verpflichtend, und es wurde die Empfehlung ausgegeben, den Mindestabstand einzuhalten, wo es möglich war.

Berichten zufolge hielten sich die Zuschauer diszipliniert an die Regeln und genossen den Abend dennoch. Laut Gesundheitsamt kam es in den Tagen danach zu keinem Anstieg der Inzidenz in Düsseldorf, und keine einzige Infektion wurde durch die Behörden in Düsseldorf auf das Event zurückgeführt. Eine Show in Köln, die wenig später unter den gleichen Sicherheitsvorkehrungen hätte stattfinden sollen, wurde dennoch abgesagt – zu groß war die Sorge vor einem Anstieg der Infektionszahlen.

Im späteren Verlauf der Pandemie wurden die Vorgaben durch die Behörden immer komplizierter; mit verpflichtenden Tests, 3G-, 2G-Regeln und einem Zuschauerbereich im Schachbrettmuster, bei dem die Stühle mit möglichst weitem Mindestabstand voneinander aufgestellt wurden. Gerade die Kreativbranche litt unter diesen Vorgaben. Einnahmen konnten mit solchen Konzepten nicht mehr erwirtschaftet werden. Es ging bald nur noch darum, seinen Beruf irgendwie ausüben zu können, ein wenig Freude auf die Gesichter der Zuschauer zu zaubern und nicht einfach nur zu Hause zu sitzen.

Dabei waren viele der Ideen, die Künstler und Veranstalter im Laufe der Pandemie unermüdlich entwickelten, gut. Im Nachgang der Pandemie und mit dem Wissen von heute sollten wir uns die Frage stellen, warum mit den Künstlern und Veranstaltern damals nicht gemeinsam an tragfähigen Konzepten gearbeitet wurde. Warum wurde jeder Versuch, etwas auszuprobieren, im Keim erstickt? Schließlich ging es nicht allein um Infektionszahlen, sondern auch um die wirtschaftliche Situation der Betreiber und soziale Belange wie das Wohlbefinden der Menschen.[66] Die Idee, Veranstaltungen mit einem guten Hygienekonzept durchzuführen, ist ein Ansatz, der darauf abzielt, ein Gleichgewicht zwischen der Minimierung des Risikos einer Virusverbreitung und der Wiederherstellung eines gewissen Grades an Normalität und sozialer Interaktion zu finden.

Noch dazu gab es schon früh Untersuchungen, die sich mit dem Infektionsrisiko bei Großveranstaltungen unter unterschiedlichen Bedingungen beschäftigten. Um zu erforschen, wie auch während einer Pandemie Konzerte stattfinden können, führten Wissenschaftler der Universitätsmedizin Halle im August 2020 ein Experiment namens »Restart-19« durch. Dabei simulierte man in der Arena Leipzig mit 1400 Freiwilligen Konzerte des Musikers Tim Bendzko, bei denen unterschiedliche Szenarien hinsichtlich Besucherzahlen und Abständen getestet und mittels Tracern die Bewegungen und Begegnungen der Teilnehmer aufgezeichnet wurden. Zusätzlich wurden Computersimulationen zu Lüftungskonzepten und deren Einfluss auf die Aerosolverteilung durchgeführt.[67]

Dabei wurden nicht die Infektionen selbst untersucht, sondern nur die Aerosolverteilung. Eine effektive Belüftung, die Einhaltung von Hygienekonzepten mit Abstandsregeln und Maskenpflicht sowie die Begrenzung der Besucherzahlen basierend auf der aktuellen 7-Tage-Inzidenz, so deren Computermodell, könnte ein Risiko weitgehend ausschließen. Die Erkenntnisse deuten darauf hin, dass mit strengen Schutzmaßnahmen das Risiko kontrollierbar ist und Konzerte und Großveranstaltungen in geschlossenen Räumen auch während der Pandemie unter bestimmten Bedingungen durchführbar sind.

Eine ähnliche Studie wurde in Amsterdam durchgeführt. In den Ziggo Dome, die größte Musikarena der Stadt, wurden 1300 Personen für vier Stunden zum Tanzen eingeladen. Bei diesem Event legten niederländische DJs auf, während die

Bewegungen und Kontakte der Teilnehmer mit Tags nach-verfolgt wurden. Die Teilnehmer wurden in fünf Gruppen aufgeteilt, die unterschiedlichen Regeln folgten, um verschiedene Szenarien zu simulieren. Einige Gruppen mussten beim Tanzen Masken tragen oder Abstand halten, während einer Gruppe sogar ein fluoreszierendes Getränk gegeben wurde, um zu sehen, wie viel Speichel beim Singen und Schreien freigesetzt wird.[68] Alle Besucher mussten 48 Stunden vor dem Event einen negativen Coronatest vorlegen.

Die Tickets waren schnell ausverkauft, und die Teilnehmer wurden gebeten, fünf Tage nach der Veranstaltung einen weiteren Test durchzuführen. Die gesammelten Daten sollten helfen, Entscheidungen über mögliche Lockerungen für das Nachtleben zu treffen. Eine Erkenntnis konnten die Wissenschaftler sehr schnell beobachten: Die Masken saßen bei fast allen bereits nach 30 Minuten unter dem Kinn. Sobald Alkohol im Spiel war, wollte man die Emotionen nicht mehr hinter einem Stück Stoff verstecken. Während Masken in einem geselligen Zusammenhang nicht gut funktionieren, können andere Maßnahmen wie regelmäßiges Testen durchaus einen Einfluss auf das Infektionsgeschehen haben.

Die weitreichenden Maßnahmen zu Veranstaltungen und geselligen Orten, von Auflagen zum Betrieb bis hin zum Verbot, fügten der gesamten Branche erheblichen Schaden zu. Die Schließung von Clubs führte neben den Unsicherheiten für die Betreiber und Beschäftigten während der Pandemie zu einer dauerhaften Veränderung der Clubszene, die bis heute zu sehen ist. Clubs, so ist von vielen Betreibern zu hören, werden immer noch weniger frequentiert als vor der Pandemie, trotz eines zwischenzeitlichen Nachholeffekts, den auch andere Veranstaltungsorte erlebten.

Ein gesamter Wirtschaftszweig war zu Pandemiebeginn quasi mit einem Berufsverbot belegt worden; viele Veranstalter empfanden die Situation als aussichtslos, schließlich konnte niemand die Frage beantworten: Wann geht es für uns weiter? Und wenn überhaupt, dann wie? Wer Verantwortung für Beschäftigte trug, versuchte, ihnen Hoffnung zu vermitteln und nach Lösungen zu suchen. Und konnte doch oft nicht alle halten, denn nicht jeder glaubte daran, dass die Veranstaltungsbranche in absehbarer Zeit noch eine Zukunft hatte. Viele wechselten in andere Bereiche und blieben auch nach der Pandemie dort.

An dieser Stelle hätte vonseiten der Behörden mehr Mut, Anerkennung und Unterstützung der enormen Anstrengungen der Betreiber, ihren Laden am Laufen zu halten, das Konzert und die Aufführung doch noch irgendwie zu retten, notgetan. Ein Miteinander, aber auch Achtung für diesen Berufszweig. Statt vorschnell alles abzulehnen und Türen zu verschließen, sollte man in der Zukunft aufeinander zugehen, gemeinsam daran arbeiten, innovative und praktikable Lösungen zu finden, die am Ende nicht nur den Machern, sondern uns allen zugutekommen. Eine der Lehren aus der Pandemie.

Denn es ging ja bei Weitem nicht nur um Arbeitsplätze und gefährdete Existenzen, sondern auch darum, in einer schwierigen Situation den Menschen auch mal eine Atempause zu verschaffen. Die Künstler erhielten zum Teil massenweise Fanpost mit der dringenden Bitte, nicht aufzugeben, sondern etwas für ihre Seele zu tun. Schöne Momente, die Mut und Hoffnung machen in einer Zeit, die von schrecklichen Nachrichten, Krankheit und auch Sterbefällen dominiert wurde. Niemand wollte die Pandemie verharmlosen, aber konnte man nicht jedem Einzelnen die Möglichkeit geben, selbst zu entscheiden, wie er mit dem Risiko einer Ansteckung umgehen will – unter den bestmöglichen Bedingungen mit Hygienekonzepten und Testmöglichkeiten, um die größtmögliche Sicherheit zu bieten? Wer meint, dass das Risiko bei solchen Veranstaltungen zu hoch wäre, hätte beschließen können, zu Hause zu bleiben. Dahingehend lautete dann auch die Empfehlung im Jahr 2022, als das Oktober-fest nach einer längeren Pause wieder stattfand. Diejenigen, für die das Risiko eines schweren Krankheitsverlaufs bestand, sollten besser zu Hause bleiben. Ebenso wie Personen, die Sorge hatten, sich mit COVID-19 zu infizieren.

Schulschließungen: Sind Kinder Pandemietreiber?

Schulen auf? Schulen zu? Schulen auf? Über keine andere Maßnahme in der Coronapandemie wurde so viel und so emotional diskutiert wie über Schulschließungen, und kaum eine Maßnahme hatte so starke Auswirkungen auf verschiedenste Bereiche – die bis heute nachhallen. In dieser emotional aufgeheizten Debatte fällt es schwer, sich objektiv mit der Frage zu beschäftigen, welchen Einfluss Schulschließungen auf ein Infektionsgeschehen haben können. Unternehmen wir einen Versuch und blicken auch auf verschiedene Studien dazu.

Zunächst einmal gilt das generelle Prinzip: Weniger Mensch-zu-Mensch-Kontakte bedeuten weniger Infektionen. Nun sind Schulen Orte, an denen es jeden Tag zu zahlreichen Begegnungen zwischen Kindern, Jugendlichen und ihren Lehrern kommt. Sie verbringen viel Zeit miteinander im Klassenraum, der häufig nicht besonders groß und je nach Bauart und Gebäude manchmal noch dazu schwer zu lüften ist. Das birgt natürlich ein potenzielles Risiko für die Über-tragung von Erregern, besonders wenn es um respiratorische Viren wie SARS-CoV-2 geht. Die Gefahr, dass es in Schulen vermehrt zu Coronainfektionen kommen könnte, war also durchaus gegeben, doch eine Häufung an Infektionen konnte bis heute nicht nachgewiesen werden. Im Gegenteil: Schulen waren relativ sichere Orte.

Die gute Nachricht vorweg: Betrachtet man das gesund-heitliche Risiko, das eine Coronainfektion für Kinder birgt, kann man schnell Entwarnung geben. Wie eine Vielzahl an Studien gezeigt hat, ist das SARS-CoV-2-Virus für Kinder in den allermeisten Fällen nicht besonders gefährlich. So wurde schon zu Beginn der Pandemie der Einfluss des Coronavirus auf Kinder untersucht und in 18 Studien und bei insgesamt 1095 Kindern wurden fast immer nur Fälle mit milder Symptomatik beschrieben. In der genannten Untersuchung gab es nur einen einzigen Fall eines Kindes mit einem schwereren Verlauf.[69] Im Einzelfall kann es tatsächlich aber auch zu einer schweren Erkrankung oder sogar Tod kommen. Insgesamt wurden von 2020 bis 2024 58 Todesfälle bei Kindern im Alter von 0 bis 4 Jahren und 45 Todesfälle im Alter von 5 bis 14 Jahren in Deutschland registriert.[70] Dies ist ein Anteil von insgesamt 0,0005 Prozent aller Todesfälle in Deutschland bis zu diesem Zeitpunkt. Noch dazu ist bei fast allen Todesfällen bei Kindern eine schwere Vorerkrankung wie zum Beispiel Herzfehler oder Immundefekt bekannt. Jeder Tod eines Kindes ist tragisch. Jedoch sind für diese Kinder auch andere Infektionskrankheiten gefährlich, und das Coronavirus stellt kein besonders erhöhtes oder außergewöhnliches Risiko im Vergleich zu anderen Infektionen dar.

Wenn mit Schulschließungen also weniger das Ziel verfolgt werden musste, Kinder vor einer Coronaerkrankung zu schützen, da diese bei ihnen nur in den seltensten Fällen einen schweren Verlauf nimmt – worum ging es dann?

Schon in der Anfangsphase wurde der Vorwurf laut, Kinder seien Pandemietreiber. Sie befeuerten die Infektionszahlen, da sie das SARS-CoV-2-Virus von der Schule nach Hause in ihre Familien trügen, wo es Menschen treffen könnte, die ein besonders hohes Risiko haben, schwer zu erkranken oder sogar zu sterben. Die vulnerablen Gruppen in unserer Gesellschaft sollten geschützt und die Anzahl schwerer Erkrankungen begrenzt werden, auch um eine Überlastung unseres Gesundheitssystems zu verhindern.

Doch ein solcher Zusammenhang ist bis heute nicht erwiesen. Natürlich gilt der einfache Rückschluss, dass wenn man Kontakte reduziert, insgesamt die Infektionen weniger werden, aber ob Schulschließungen im besonderen Maße einen positiven Einfluss haben und vor allem vulnerable Gruppen schützen, mag bezweifelt werden. Meinungen, Vermutungen oder Computersimulationen sind keine Evidenz, gerade bei einem Thema, das so weitreichende Folgen hat. Und keine andere nicht-pharmazeutische Maßnahme während der Coronapandemie wurde im Nachhinein so eindeutig negativ bewertet wie die massive Intervention in den Bildungsbereich. Es war ein Fehler, Kitas und Schulen so lange geschlossen zu halten – zu diesem Urteil kam nicht zuletzt auch der Bundesgesundheitsminister Anfang 2023, obwohl er zuvor vor offenen Schulen gewarnt hatte.[71] Er rechtfertigte die Tatsache, dass man in diesem Bereich »sehr hart eingestiegen« sei, mit dem damaligen Stand der Forschung und dem Rat der Wissenschaft.[72]

Allerdings war das Meinungsbild unter Experten in dieser angespannten Frühphase der Pandemie beim Thema Schulschließungen diffus, bisweilen widersprüchlich und wenig konsistent. So wechselten Empfehlungen für oder wider in rascher Folge,[73] und schon damals wurden Warnungen vor negativen Auswirkungen solcher Maßnahmen laut wie jene des Münchner ifo Instituts, das ein »verlorenes Jahr« 2020 für Kinder und Jugendliche heraufziehen sah. Der Deutsche Lehrerverband sprach von einem »Maßnahmen-Overkill«.[74] Und auch Kinderärzte warnten sehr früh vor den Auswirkungen von Schulschließungen.

Hotspot Schule?

Kein anderes Land in Westeuropa hat die Schulen während der Coronapandemie länger geschlossen als Deutschland. Mit Beginn der Pandemie und nach dem ersten größeren Infektionsausbruch in Heinsberg im März 2020 wurden die

Schulen bundesweit zum ersten Mal geschlossen. Im Frühjahr 2020 und Anfang 2021 kam es landesweit zu weiteren Schulschließungen und zwischendurch auch immer wieder zu regionalen Schließungen in den einzelnen Bundesländern oder Kreisen, abhängig von der Infektionslage vor Ort (Inzidenz) und den landesweiten Vorgaben.

Während der Coronapandemie blieben Grundschulen durchschnittlich 64 Tage komplett geschlossen, während Sekundarschulen 84 Tage betroffen waren.[75] Im internationalen Vergleich befindet sich Deutschland mit insgesamt 38 Wochen Schulschließungen im mittleren Bereich, allerdings steht es in der Gegenüberstellung mit den Nachbarstaaten und Westeuropa weit oben. Hier beträgt der Durchschnitt der vollständigen und teilweisen Schulschließungen 125 Tage, wobei Polen mit den längsten Schulschließungen von insgesamt 273 Tagen die Liste anführt, gefolgt von Deutschland mit 183 Tagen. Diese 183 Tage entsprechen fast einem ganzen Schuljahr, das normalerweise 185 Unterrichtstage umfasst (ohne Ferien und Feiertage).[76] So hatten Frankreich (56 Tage), Spanien (45 Tage) und Schweden (31 Tage) die wenigsten Schulschließungszeiten. Die Schulschließungen in Frankreich und der Schweiz fanden nur in der ersten Welle statt, später entschloss man sich, die Schulen offen zu lassen. Auch bei Kindertagesstätten liegt Deutschland vorn; bei uns waren sie mit 61 Tagen häufiger komplett geschlossen als im Schnitt aller weltweit untersuchten OECD- und Partnerländer, der bei 55 Tagen lag.[77]

Der Grund für die erste Welle an Schulschließungen, die sofort einsetzte, nachdem die Pandemie auch Deutschland erreicht hatte, war eine Überschussreaktion auf die schrecklichen Bilder aus dem italienischen Bergamo; wir alle kennen die Aufnahmen von Militärkonvois mit Särgen, die aus der Stadt gefahren werden. Aus Sorge, von einem unbekannten Virus überrannt zu werden mit der Folge überlasteter Gesundheitssysteme, zog man die Reißleine und schloss als Erstmaßnahme Schulen und Kitas.

Dass das Bild nur entstanden war, weil man aus Angst vor der Übertragung des Virus von den Leichen auf die Bestatter angeordnet hatte, alle Leichen einzuäschern, anstatt sie zu beerdigen, spielte keine Rolle. In einer Region, in der Erdbestattung durchaus gängig ist, hatten deshalb die Krematorien kurzzeitig ihre Belastungsgrenze erreicht.[78] Auch die Grippewelle 2017/2018 führte zu einer Überlastung der Krankenhäuser und einer Übersterblichkeit, bekam aber deutlich weniger Aufmerksamkeit.[79]

Es waren auch gar nicht »die Bilder aus Bergamo«, die uns erreichten, sondern nur ein einzelnes Bild. Das Handyfoto, das ein 28-jähriger Flugbegleiter am 18. April 2020 zufällig von seinem Balkon aus aufgenommen hatte, zeigt einen Konvoi von neun Militärlastwagen, der nachts durch ein Wohngebiet fährt. Trotz der Zufälligkeit gelang ihm eine eindrucksvolle Komposition: Das Bild schneidet das vorderste und das letzte Fahrzeug an, sodass es scheint, als gäbe es eine endlose Reihe von Lastwagen, obwohl es tatsächlich nur 13 waren. Die Straßen sind menschenleer, was zusammen mit den Militärfahrzeugen eine bedrohliche Atmosphäre erzeugt. Es ist Nacht, die Dunkelheit und die Tatsache, dass viele Fenster in den umliegenden Häusern erleuchtet sind, lassen vermuten, dass viele Menschen wach sind, aber niemand auf der Straße ist.

In dieser Frühphase versuchten viele europäische Politiker, die Schwere der COVID-19-Pandemie zu betonen, ohne Panik zu verbreiten. Dennoch bezogen sich mehrere deutsche Politiker auf »die Bilder aus Bergamo«. Die Sorge im Frühjahr 2020 war verständlich und zunächst die Schulen zu schließen Teil eines vorsichtigen Vorgehens. »Better safe than sorry«, heißt ein bekanntes englisches Sprichwort, und so war auch die erste Schulschließungswelle nachvollziehbar. Man wollte gerade jetzt unbedingt eine Überlastung des Gesundheitswesens vermeiden. Zwar gab es erste Daten über SARS-CoV-2 aus China zu den Infektionen bei Kindern, die bereits darauf hindeuteten, dass sie sich weniger häufig infizieren und, wenn sie sich infizieren, es sich um eine milde Erkrankung handelt,[80] aber insgesamt wusste man zu wenig über das Virus, über Ausbreitungswege, die Schweregrade möglicher Erkrankungen, Sterblichkeitsraten und Langzeitfolgen einer Infektion. Warum aber blieben in Deutschland die Schulen im weiteren Verlauf geschlossen, während sie in anderen Ländern wie beispielsweise Dänemark bald wieder den Betrieb aufnahmen?

Die Evidenz, die für Schulschließungen sprach, war zu Beginn der Coronapandemie dünn. Eine isländische Studie, die zu dem Zeitpunkt bereits vorlag, zeigte, dass Kinder sich nur etwa halb so oft mit Corona infizieren wie Erwachsene; in der Studie gab es kein einziges Kind, das seine Eltern infiziert hatte.[81] Diese Daten bestätigten im großen Stil, was wir auch in Heinsberg herausgefunden haben. Bei der Kappensitzung waren zeitgleich und im gleichen Raum Kinder und Erwachsene. Alle hatten das gleiche Risiko, sich zu infizieren, aber Kinder infizierten sich signifikant seltener.[82] Auch aus anderen Ländern wurden erste Erkenntnisse zum Infektionsgeschehen bei Kindern publiziert, und auch dort kam man zu dem Ergebnis: Kinder infizierten sich deutlich seltener mit SARS-CoV-2 als Erwachsene.[83]

In Deutschland hatte man sich bei der Entscheidung, die Schulen geschlossen zu halten, bis dahin auf eine Studie zu Maßnahmen während der Spanischen Grippe gestützt.[84] Das stand auf wackeligen Beinen. Denn in der Untersuchung wurde das subtropische New Orleans mit dem kontinentalen Chicago verglichen. Darüber hinaus gab es hinsichtlich der Demografie, Bebauung und Krankenversorgung in diesen Städten und vor allem zur Zeit der Spanischen Grippe große Unterschiede. Eine Vergleichbarkeit ist daher nur bedingt gegeben, und es kommt zu den Schwierigkeiten, die Studien bergen können, auf die ich schon hingewiesen habe: Wir sprechen hierbei von möglichen Verzerrungen oder einem Bias. Und auch der typische Fehler des sogenannten »Founder Bias«, dass man in den Daten das findet, wovon man selbst bewusst oder unterbewusst überzeugt ist, kann hier entstehen.

Sogar der RKI-Krisenstab bewertete in den Protokollen aus der Anfangsphase der Pandemie Kinder nicht als Infektionstreiber. So heißt es dort: »Fazit: Fälle in Schulen treiben das Infektionsgeschehen nicht maßgeblich voran.«[85] Trotz dieser Einschätzung, der Daten aus Deutschland, Island und weiteren Ländern entschied die Politik anders. Nicht zuletzt durch eine vorveröffentlichte Studie aus Berlin setzte sich die Idee durch, dass Schulschließungen ein gutes Mittel seien, um die Infektionszahlen zu begrenzen.[86] Die Ergebnisse legten nahe, dass Kinder dem gleichen Infektionsrisiko ausgesetzt waren wie Erwachsene, sich also ebenso oft infizierten und auch im selben Maß ansteckend waren. In der ersten, noch nicht begutachteten, Version dieser virologischen Studie wurde sogar ausdrücklich auf Schulschließungen Bezug genommen und vor einer regulären Wiedereröffnung der Schulen und Kindergärten gewarnt. Unklar blieb, ob Kinder vielleicht auch durch ihr spezifisches Kontaktverhalten zu einer Quelle von Infektionen werden könnten, da sie sich im Gegensatz zu Erwachsenen schwerer damit tun, Distanz zu anderen zu halten.

Diese vorveröffentlichte Studie wurde von einigen Experten aufgrund ihrer nicht gründlich durchgeführten statistischen Analysemethodik kritisiert, aber als die mediale Gegenwelle in Verteidigung der Publikation immer heftiger ausfiel, zogen viele ihre Äußerungen zurück.[87] Aus Sorge, im medialen Feuer zu verbrennen, obwohl die Forscher nur ihren Job gemacht und wissenschaftliche Arbeiten kritisch beurteilt hatten. Zu groß schien der Wunsch von Teilen der Bevölkerung und einigen Wissenschaftsjournalisten, dass Schulen geschlossen bleiben müssten. Die Studie kam übrigens Monate später nach gutachterlicher Prüfung im Journal *Science* heraus und hatte nur noch wenig mit der Vorabveröffentlichung zu tun. Denn jetzt waren auch in dieser Studie Kinder nicht mehr infektiöser als Erwachsene. Und auch die politische Empfehlung von Schulschließungen findet sich darin nicht mehr wieder.[88]

Schulen zu – Infektionen runter?

Wie häufig Kinder und Jugendliche sich infizieren, ist die eine Frage, aber die andere Frage ist, ob Maßnahmen wie Schulschließungen einen Einfluss auf das Infektionsgeschehen haben können und ob dadurch speziell vulnerable Gruppen geschützt werden können, wie man hoffte.

Die schlechte Nachricht lautet: Wir können es immer noch nicht mit Sicherheit sagen. Weltweit wurden zu diesem Thema keine guten systematischen und randomisierten Studien durchgeführt. Als ich im Herbst 2020 in einer »Maischberger«-Sendung vorschlug, in einem Ort die Schulen zu schließen und in einem anderen Ort die Schulen offen zu lassen und dies wissenschaftlich zu begleiten, wurde das als Experimentieren am Menschen abgetan. Auch Modelle, die Hilfe suchend zurate gezogen wurden, konnten keine Abhilfe schaffen. Zu komplex sind Übertragungswege und Ansteckungsmodalitäten – nicht zuletzt die Schwierigkeit, Altersgruppen und Schulen bei der Analyse auseinanderzuhalten. Dass sich die Maßnahme, die Schulen mehrfach und über viele Wochen geschlossen zu halten, selbst als eine Art Experiment herausstellen sollte, ahnte damals wohl noch niemand.

Mittlerweile haben zahlreiche Studien versucht, sich direkt dem Thema Auswirkungen von Schulschließungen auf die Pandemie zu widmen, anhand von Computersimulationen oder der Betrachtung des Infektionsgeschehens im Nachhinein, wie wir auch schon im Evaluationsbericht des Sachverständigenausschusses dargestellt haben. Teilweise gibt es in den Studien, wie bei einem medizinischen Experiment, auch eine Interventions- und eine Kontrollgruppe. So setzte sich die COVID-19 Data Analysis Group (CODAG) der Ludwig-Maximilians-Universität in München intensiv mit der Lage an Schulen während der Pandemie auseinander. In ihrem Bericht Nummer 14 legt sie den Fokus auf die Infektionsverläufe in 2021, unmittelbar nach den Osterferien in Bayern.[89] Während dieser Zeit praktizierte ein Teil der Schulen Präsenz- oder hybriden Unterricht, versehen mit einer obligatorischen Testpflicht, während andere auf Distanzunterricht umschalten mussten, bedingt durch hohe Infektionsraten in ihren Landkreisen.

Interessanterweise zeigte sich in der Studie ein Anstieg der nachgewiesenen Infektionen bei den Schülerinnen und Schülern, die am Präsenzunterricht teilnahmen, direkt nach den Ferien. Das lag allerdings nicht daran, dass sich die Schülerinnen und Schüler wieder in der Schule trafen, sondern – so die Analyse im CODAG-Bericht – an der Übertragung des Virus während der Osterferien.

Es ist wichtig zu betonen, dass die Testpflicht in den Schulen dazu beigetragen hat, auch asymptomatische Infektionen aufzudecken – ein bedeutender Faktor, gerade weil dieser bei Kindern und Jugendlichen im Distanzunterricht nicht zum Tragen kommt. Dort, wo man mehr testet, findet man natürlich auch mehr Virus! Da in den Ferien nur sehr wenig getestet wurde, war die Anzahl festgestellter Coronainfektionen entsprechend niedrig. Und das betrifft natürlich nicht nur die Kinder. Hätte man nach den Ferien ähnlich häufig bei Erwachsenen Tests vorgenommen, hätte man einen ähnlichen Effekt gesehen.[90]

Auch eine Studie aus Berlin, die die Infektionszahlen an Schulen nach den Herbstferien 2021 untersuchte, kommt zu einem vergleichbaren Ergebnis, dass die Zahl nachgewiesener Infektionen nach den Ferien bei Schülerinnen und Schülern in Präsenzunterricht angestiegen war. Allerdings ist der Effekt

Inzidenz in beiden Beispielen gleich

Unerkannte
Infektionen

Infiziert   Nicht infiziert   Infiziert   Nicht infiziert

Testfrequenz

Positivrate: 30%   40%

Abhängigkeit zwischen Melderate, Inzidenz und Testfrequenz [9]

wesentlich geringer als in der CODAG-Studie, was wohl auf
die kürzere Dauer der Herbstferien und den Beginn einer
neuen Infektionswelle zurückzuführen ist, die sich zu diesem
Zeitpunkt aufbaute. Zudem wurden die Untersuchungen acht
Tage nach dem Ende der Ferien begonnen, sodass man von
Schülerinnen und Schülern, die sich während der Ferien angesteckt haben, oder aber danach infizierten Personen ausgehen muss.[91]

Eine weitere Analyse beschäftigte sich mit der Frage, wo im
Arbeits- und Schulalltag das höchste Infektionsgeschehen zu
finden ist. So wurden die Infektionszahlen in Schulen, dem
Arbeitsumfeld, Krankenhäusern und Senioreneinrichtun-
gen miteinander verglichen.[92] Dabei stellte sich heraus, dass
Schulen und Krankenhäuser in der Gegenüberstellung mit
anderen Orten die niedrigsten Infektionsraten aufwiesen und
dass lediglich etwa ein Prozent der Infektionen auf die Schulen selbst zurückzuführen war. Noch dazu zeigte sich bei diesem Wert nach der Wiederaufnahme des Schulbetriebs im
Anschluss an die Osterferien eine sinkende Tendenz.[93] Obwohl der Unterricht also (teilweise) wieder begonnen hatte
und Schülerinnen und Schüler zusammenkamen, gab es immer weniger Coronainfektionen in der Schule. Je länger die
Schülerinnen und Schüler wieder im Schulalltag waren und

196

je länger die Osterferien zurücklagen, desto stärker gingen die Gesamtzahl der Infektionen, aber auch Hospitalisierungen zurück.

Solche Zahlen zeigen, dass das Infektionsgeschehen auch vom sozialen Umfeld abhängt. Doch wichtiger noch: Schulen waren während der Pandemie – darauf lassen die Ergebnisse der Studien schließen – im Vergleich zu anderen Umgebungen, an denen es ebenfalls zu vielen Begegnungen kommt, relativ sichere (!) Orte. Ähnliche Ergebnisse lieferten Studien aus Australien, Norwegen, der Schweiz und Italien.[94]

Von einer eindeutigen Aussage in dieser Frage sind wir allerdings noch weit entfernt, denn es gibt auch Studien, die auf einen positiven Effekt der Schulschließungen auf die Ausbreitung von Corona unter Schülerinnen und Schülern hindeuten. So legt eine Untersuchung nahe, dass Schulschließungen deutlich zur Reduktion von Infektionen in der Gesellschaft geführt haben. Allerdings ist es in diesem Zusammenhang schwierig, zu zeigen, ob der Rückgang des Infektionsgeschehens an den Schulschließungen lag oder an anderen Maßnahmen, denn die verschiedenen Einflussgrößen können im Nachhinein kaum auseinandergerechnet werden.[95] Es gibt mittlerweile eine ganze Reihe von Studien, die die Wirksamkeit von Schulschließungen in Form eines natürlichen Experiments untersuchen, sodass also der Vergleich des Infektionsverlaufs bei geschlossenen und offenen Schulen in Deutschland untersucht wird. Keine dieser Studien stellte einen großen Einfluss fest.[96]

Auch der Blick in andere europäische Länder hilft kaum dabei, die Frage »Schulen auf? Schulen zu?« zu beantworten – gerade im Hinblick auf die zeitgleich stattfindenden anderen Maßnahmen.[97] Wie viele Studien braucht man, um solch eine Frage zu beantworten? 7474 Publikationen scheinen nicht genug. In einem systematischen Review von genau so vielen Publikationen kam man zu dem Schluss, dass die Wirksamkeit von Schulschließungen auf das Infektionsgeschehen weiterhin unklar bleibt,[98] und auch die Royal Society spricht in ihrem Abschlussbericht nach Sichtung von 104 Peer-Review-Studien von einer mangelnden Beweislage und schreibt: »Die vorliegenden Studien deuten im Allgemeinen darauf hin, dass Schulschließungen und andere schulbasierte Maßnahmen mit einer verringerten COVID-19-Inzidenz in den Schulen und der Gemeinschaft in Verbindung gebracht werden können.«[99] Das ist nicht verwunderlich, denn wenn man sich nicht in Schulen trifft, kann es auch zu keiner Übertragung in der Schule kommen.

Versucht man die Fragestellung auf ganz andere Weise zu beantworten, kommt man leider ebenfalls zu keinen wirklich neuen Erkenntnissen: Was passiert bei Schulöffnungen, wenn das Infektionsgeschehen niedrig ist? Kommt es dann zu mehr Infektionen? In den wenigen Studien, die es dazu gibt, lautet die Antwort: Nein, die regionale Wiedereröffnung von Schulen hat die Infektionszahlen zu Beginn der Pandemie nicht nach oben getrieben – aber auch diese Feststellung ist kein Beweis für den (Un-)Nutzen von Schulschließungen in der Pandemie.[100]

Bei allen Studien, Modellen und Analysen, die im Nachhinein durchgeführt wurden, bleibt am Ende ein mulmiges Gefühl: Wir haben es in den drei Jahren Pandemie versäumt, eine der wichtigsten Fragen zu beantworten, nämlich ob Schulschließungen maßgeblich das Infektionsgeschehen beeinflusst haben. Es bleibt die Sorge, dass man hier vorschnell und unbegründet reagiert hat. Mit weitreichenden Folgen für die Kinder.

In einer zukünftigen Pandemie, ausgelöst durch ein neues, unbekanntes Virus, könnte das Infektionsgeschehen in Schulen ganz anders aussehen. Möglicherweise sind Kinder diesmal stärker betroffen, haben schwerere Symptome oder tragen das Virus in einem unerwartet hohen Maß weiter – anders als bei SARS-CoV-2. Die Lage an Schulen und bei Kindern muss jeweils neu bewertet werden, und doch ist es entscheidend, in relativ ruhigen Zeiten wichtige Fragen mithilfe der Wissenschaft zu beantworten: Unter welchen Umständen machen Schulschließungen Sinn? Wie groß ist das Übertragungsrisiko in Schulen – abhängig vom jeweiligen Virustyp – und mit welchen Maßnahmen kann man Infektionen in Schulen bei laufendem Betrieb reduzieren?

Doch genauso wichtig ist es, nicht voreilig zu handeln und Schulen zu schließen, ohne den tatsächlichen Einfluss einer solchen Maßnahme auf die Infektionsrate zu kennen. Denn ein Zusammenhang zeigt sich deutlich: Schulschließungen können schwerwiegende negative Auswirkungen auf die Entwicklung und das Wohlbefinden unserer Kinder haben.

Kurze Effekte und lange Folgen

Kinderärzte warnten sehr früh vor den Folgen von Schulschließungen für das Kindeswohl.[101] Und schon im Mai 2020 forderten vier namhafte medizinische Fachgesellschaften Öffnung und Betrieb von Kitas und Schulen, und zwar uneingeschränkt, weil sie bereits gravierende Konsequenzen von Schulschließung, Homeschooling und hybridem Lernen bei den Kindern bemerkten.[102] Dennoch erstreckte sich die Schließung über mehrere Wochen und Monate – und Schülerinnen und Schüler hatten die Folgen für ihre psychische und physische Gesundheit zu tragen. Die ersten Anzeichen dafür traten schon während der Pandemie zutage, und heute sind die Alarmsignale nicht mehr zu übersehen. Dabei wird es wohl auch nicht bleiben. Schon jetzt lässt sich erahnen, dass wir über die kurzzeitigen Folgen hinaus mit langfristigen Auswirkungen auf die Lernkompetenz, das Wissen und die Leistungsfähigkeit der Heranwachsenden rechnen müssen, die sich vermutlich erst in den kommenden Jahren zeigen werden.

Auch wenn es im Straßenbild noch kaum auffällt, belegen Zahlen: Viele Kinder und Jugendliche haben in der Pandemie deutlich an Gewicht zugenommen. Mittlerweile liegt eine ganze Reihe von internationalen Studien vor, die zeigen, dass die Schulschließungen mit einer Zunahme an Bildschirmzeit, einem Anstieg des Körpergewichts und einer Abnahme sportlicher Aktivitäten einhergingen.[103] Auch in Deutschland wurde eine deutliche Gewichtszunahme bei Kindern während der Pandemie verzeichnet.[104] Schon vor der Pandemie wiesen Studien auf einen Zusammenhang zwischen Schulschließungen während der Sommermonate, einer erhöhten Bildschirmzeit sowie einem Anstieg von Gewichtsproblemen bei Kindern hin,[105] und selbst in der Zeit der Pandemie lenkte eine Studie aus den USA frühzeitig die Aufmerksamkeit auf das Risiko eines Anstiegs des Body Mass Index (BMI) und des Anteils an adipösen Kindern aufgrund der Schulschließungen.[106] Doch wie so viele andere Anzeichen wurden auch diese offensichtlichen Warnungen nicht ausreichend wahrgenommen oder schlichtweg ignoriert.

Schulen sind eben nicht nur Orte der Wissens- und Kompetenzvermittlung, sondern spielen auch eine zentrale Rolle in der Förderung der Gesundheit und des Wohlbefindens von Kindern und Jugendlichen.[107] Als soziale und pädagogische Einrichtungen helfen sie Kindern dabei, sowohl geistig als auch körperlich zu wachsen. In der Schule wird getobt, gespielt, und hier findet regelmäßig Sportunterricht statt, der für alle Pflicht ist und Schülerinnen und Schüler körperlich vielseitig fordert. Sei es, dass sie schwimmen lernen, in Ballspielen ihre motorischen und sozialen Fähigkeiten weiterentwickeln; sei es, dass sie Stress abbauen und die Möglichkeiten und Grenzen ihres Körpers kennenlernen. Der Dialog und Austausch mit Gleichaltrigen und auch eine strukturierte Tagesplanung tragen erheblich zum generellen Wohlbefinden bei. Allein der Schulweg bringt wiederkehrende Bewegung in den Alltag von Kindern und Jugendlichen. Fehlt die regelmäßige körperliche Betätigung, sind Kreislaufprobleme, abnehmende Kondition und Unwohlsein die direkten Konsequenzen; gefolgt von Auswirkungen wie der wachsenden Anzahl von Adipositaserkrankungen, die erst nach einiger Zeit sichtbar werden.

Doch nicht nur der Verlust an körperlicher Gesundheit muss uns aufschrecken lassen, auch die Verzögerungen bei der Kompetenzentwicklung sind eklatant und alarmierend, denn vielfach war ein Aufschub gleichbedeutend damit, dass eine Kompetenz gar nicht mehr erworben wurde. Die DLRG nannte Anfang 2022 die Zahl von 50 000 Kindern allein im Bundesland Hessen, die pandemiebedingt nicht schwimmen gelernt haben; sie warnte vor einer »Generation Nichtschwimmer«, der, wenn überhaupt nur langsam entgegengewirkt werden könne.[108] In Berlin sprach die Senatsverwaltung für Bildung von einem Anstieg auf 35 Prozent Nichtschwimmern unter angehenden Viertklässlern – im Vergleich zu 17 Prozent vor der Pandemie.[109]

Es ist also von großer Bedeutung, nicht ausschließlich die direkten, sondern auch die langfristigen Auswirkungen von Schulschließungen auf die Gesundheit und Psyche von Kindern und Jugendlichen zu untersuchen.[110] Wo bestehen Entwicklungsverzögerungen, unter welchen Langzeitschäden leiden viele Heranwachsende immer noch, die auf die Beschränkungen in den Tagen der Pandemie zurückzuführen sind? Und eine weitere Frage stellt sich: Welche präventiven Strategien müssen entwickelt werden, um den potenziell negativen Entwicklungen entgegenzuwirken?

Hybrid-, Distanz-, Wechselunterricht. Präsenzunterricht mit verpflichtender Testung, Aussetzung der Präsenzpflicht, aber Empfehlung, zum Unterricht zu kommen. Testung zu Hause, Testung auf dem Schulhof, Testung im Klassenzimmer vor Unterrichtsbeginn. Viel wurde ausprobiert während der Coronapandemie, um das Lernen ohne großes Infektionsrisiko zu gewährleisten, doch leider führten nicht alle diese Anstrengungen zum Erfolg. Im Gegenteil. Vielfach konnten die immensen Lernverluste durch die Schulschließung nicht aufgefangen werden, sondern nahmen immer größere Dimensionen an. Noch dazu führten Fernunterricht und digitales Lernen zu einer massiven Verschärfung der Bildungsungerechtigkeit unter den Schülerinnen und Schülern. Denn Kinder aus sogenannten bildungsfernen Haushalten wurden abgehängt oder fielen gleich ganz durchs Netz, weil die schulischen Angebote für sie kaum umsetzbar waren.

Nehmen wir den Distanzunterricht mittels Zoom, Microsoft Teams oder anderen Plattformen, auf den viele Schulen sich während der langen Schließungszeiten verlegten. Ein solches Lernen funktioniert in einem gut situierten Haushalt in der Regel ohne größere Probleme, aber nur wenige haben sich gefragt, wie eine finanziell schlechtergestellte Familie damit überhaupt zurechtkommen soll. Gerade in sozial benachteiligten Stadtteilen und ländlichen Gebieten hinkt die digitale Ausstattung der Schulen und Elternhäuser oft der Versorgung in wirtschaftlich stärkeren Regionen weit hinterher. Besonders in den Anfangszeiten der Pandemie waren Schulen in weniger privilegierten Stadtvierteln zudem stärker von hohen Infektionsraten, teilweisen Schließungen und den damit deutlich höheren Fehlzeiten der Schülerinnen und Schüler betroffen.[111]

Auch Eltern waren im Homeoffice. So teilten sich in einigen Familien alle Familienmitglieder einen Computer in einem Raum, und manche Kinder mussten den Tag sogar auf der Straße verbringen, damit die Eltern arbeiten konnten. Homeschooling fand unter diesen erschwerten Bedingungen kaum statt. Für die Unterstützung der Jüngeren blieben weder Zeit noch Raum, dabei ist gerade bei jüngeren Kindern die Anwesenheit eines Elternteils im häuslichen Umfeld notwendig.[112]

Im Frühjahr 2021 war ich in den Kölner Stadtteilen Chorweiler und Mülheim unterwegs und besuchte auch einen geschlossenen Jugendclub. Die Berichte einiger Kinder und Jugendlicher sowie der Erzieher, die ich draußen traf, waren schockierend. Sie erzählten, dass sie viele Stunden, manchmal den ganzen Tag, auf der Straße verbringen mussten und erst nach 21 Uhr nach Hause durften, da sie zu fünft in einer Dreizimmerwohnung lebten, auf die nun alle Familienmitglieder gezwungenermaßen zurückgeworfen worden waren. Der Club, sonst der einzige Ort, an dem sie eine warme Mahlzeit bekamen, war geschlossen. Irgendwann hatten die Betreuer die Idee, mit einem Einkaufswagen und warmem Kakao die Kinder auf der Straße zu besuchen, damit sie irgendetwas Warmes erhielten.

Die Zahlen zur Lernentwicklung durch die Pandemie sprechen eine klare Sprache: Der Lernzuwachs bei den Schülerinnen und Schülern war trotz Distanzunterricht gering. Digitales Lernen bietet zwar neue Lehrmethoden, aber das bedeutet nicht, dass Schülerinnen und Schüler den Lernstoff gleich gut aufnehmen, wie Studien zeigen.[113] So erbrachte eine landesweite Gegenüberstellung im Bereich Lesekompetenz unter Viertklässlern einen signifikanten Rückgang im Jahr 2021 im Vergleich zu 2016.[114] Und auch dieses Ergebnis verwundert kaum: Die soziale Schere hat sich weiter geöffnet. Kinder mit Migrationshintergrund und ungünstigeren häuslichen Lernbedingungen haben proportional schlechter abgeschnitten als solche aus wohlsituierten Haushalten.[115]

Doch auch innerhalb einer sozialen Gruppe gab es Unterschiede. Befragungen von Schülerinnen und Schülern während der Pandemie über ihre Lerngewohnheiten zeigen, dass vor allem die leistungsschwächeren unter ihnen Gefahr liefen, weiter abgehängt zu werden, auch wenn sich die allgemeine Lernzeit im Vergleich zum ersten Lockdown erhöhte.

Viele Schülerinnen und Schüler betrachteten den digitalen Unterricht kritisch, hoben aber auch Vorteile hervor, wie das individuelle Lerntempo, in dem – anders als im Präsenzunterricht – zu Hause vorgegangen werden konnte. Die Lehrkräfte wurden in ihrer Kompetenz des digitalen Unterrichtens größtenteils positiv bewertet, auch wenn einem Teil von ihnen noch Nachholbedarf im Bereich digitaler Lehrmethoden bescheinigt wurde. Der Großteil der Schüler fühlte sich von den Lehrkräften gut unterstützt, deren Bereitschaft, an Fördermaßnahmen teilzunehmen, war jedoch gering.[116]

In der Praxis hieß das: Hatte eine Schule gut ausgebildete, digital affine Lehrer, waren Angebot und Betreuung im Homeschooling besser, fehlte es an solchem Lehrpersonal, litt die Qualität und Umsetzung des digitalen Unterrichts. Denn Schulen und Lehrer wurden weitestgehend allein gelassen bei der Bewältigung dieser immensen Aufgabe.

Die deutlichen Rückstände bei der digitalen Ausstattung der Schulen – seien es Computer oder Smartboards in ausreichender Anzahl oder auch einfach ein funktionierendes WLAN – und der Fortbildung der Lehrer im Umgang mit digitalen Endgeräten und Tools wurden durch die Pandemie eklatant offensichtlich. Dass der Digitalpakt Schule, der schon Jahre zuvor (2018) genau diese Mängel beheben sollte, nicht oder nur teilweise umgesetzt worden war, rächte sich in der Krise.[117]

Die Pandemie hat ein Brennglas auf die Situation in Schulen gelegt und die Defizite in der Digitalisierung und technischen Ausstattung deutlich gemacht. In einer Umfrage sagten Lehrer, dass sie meistens auf private Geräte zurückgreifen mussten. Nur ein Viertel der Lehrkräfte war mit der technischen Ausstattung zufrieden. Auch auf der anderen Seite, bei den Familien, sah es nicht besser aus: 10 Prozent der Familien verfügten nicht über Laptops oder Computer und auch die digitale Erreichbarkeit der Schülerinnen und Schüler stellte sich als problematisch heraus. Nur gut ein Viertel der Lehrkräfte gab an, alle Schüler und Schülerinnen erreichen zu können. Eltern beklagten zudem ihre Unkenntnis im Umgang mit E-Learning-Angeboten, und Lehrer bemängelten das fehlende Engagement einiger Eltern bei der Lernunterstützung ihrer Kinder.[118] Bildlich gesprochen: Die Schulgemeinschaft fand sich in einem digitalen Dschungel wieder, ausgestattet mit spärlichen Werkzeugen, erdrückt durch Zwänge des Datenschutzes und nach Richtlinien und Handhabungen, wie man für die Kinder da sein konnte, wenn man sich nur virtuell auf einer Kachel sah.

Da kam es schon einmal vor, dass die Grundschullehrerin dem nicht erreichbaren Schüler eigenhändig Lernmaterial nach Hause brachte oder dass der Mittelstufenlehrer jeden seiner Schutzbefohlenen einmal in der Woche anrief, um zu fragen, wie er denn zurechtkomme. Manche Schulen hielten täglich digitale Unterrichtsstunden ab, bei anderen wurden lediglich Wochenpläne über die schulinterne Cloud verschickt – die bei nicht wenigen Schülerinnen und Schülern Panikattacken auslösten, wie dieser Aufgabenberg nur zu bewältigen sei.

Schlussendlich hat die Pandemie die Digitalisierung der Schulen aber auch beschleunigt, und manche Lernformate haben bis heute überdauert und das Lernen vereinfacht. Doch auch hier gilt: Die Fortschritte variieren stark nach Schule – und nach häuslichem Umfeld. Der vielbeschworene Schub allerdings blieb weitestgehend aus.

Was aber haben die Schulschließungen mit der Psyche der Kinder gemacht? Allein zu Hause lernen, ohne die Anleitung von Lehrern und den Austausch mit den Klassenkameraden, die Freunde schlimmstenfalls wochenlang nicht sehen und ganz aufs häusliche Umfeld zurückgeworfen sein?

Vielen Jüngeren in unserer Gesellschaft ging es während der Coronakrise und noch darüber hinaus schlecht; viele haben gelitten. Zahlreiche Untersuchungen belegen, dass die

Schulschließungen erhebliche Folgen für das Wohlbefinden von Kindern und Jugendlichen hatten. Sie verdeutlichen, dass sich der Prozentsatz der Kinder mit psychischen Beeinträchtigungen während der Zeiten, in denen die Schulen geschlossen waren, deutlich erhöht hat. Dabei werden die Schulschließungen und die daraus resultierende häusliche Isolation eindeutig als Auslöser für Angstgefühle und Einsamkeit bei Jugendlichen identifiziert, mit negativen Auswirkungen auf ihr soziales Verhalten, ihren Schlaf und ihr psychisches Wohlbefinden, wie eine Studie aus Italien und Deutschland zeigt.[119]

Im Jahr 2021 war ein deutlicher Anstieg der Zahl an Kindern, die stationär aufgrund psychischer Erkrankungen behandelt werden mussten, zu verzeichnen im Vergleich zum Vorjahr. Dabei waren die 15- bis 17-Jährigen in allen Bereichen besonders betroffen – emotionale Störungen, Suchtmittelmissbrauch, Depressionen und Essstörungen nahmen eklatant zu. Bei den 10- bis 14-Jährigen kamen Angststörungen hinzu; bei Grundschulkindern vermehrt Störungen sozialer Funktionen sowie Entwicklungs-, Sprach- und Sprechstörungen. So erschreckend diese Erkenntnis bereits anmutet, wissen wir wahrscheinlich nur von einem Bruchteil dieser Nachwirkungen der Pandemie.[120]

Die Pandemie war mit Stress verbunden. Kinder und Jugendliche waren gestresst, aber auch Erwachsene waren gestresst. Waren die Eltern gestresst oder depressiv, wirkte sich das wiederum auf die Kinder aus. In der Tat zeigt sich, dass Depressionen bei Eltern auch als Trigger für die Entstehung psychologischer Probleme bei Kindern verantwortlich sein können. Kinder laufen Gefahr, den emotionalen Stress ihrer Eltern zu übernehmen, insbesondere die ganz Kleinen, die solche Zustände zuvor nicht kannten.

Die psychische Belastung der Eltern nahm während der Coronazeit immer weiter zu, und ihre Verfassung wirkte sich wiederum negativ auf den psychischen Zustand ihrer Kinder aus. In manchen Familien entstand geradezu ein Teufelskreis: Litten die Eltern, litten auch die Kinder, wodurch die Eltern sich schuldig fühlten und noch stärker litten, was sich wiederum auf die Kinder auswirkte.[121]

Nicht auszumalen sind die Probleme, die sich in der Coronapandemie bei Familien mit Kindern mit speziellen Bedürfnissen wie zum Beispiel mentalen und physischen Beeinträchtigungen abgespielt haben. Es ist zu vermuten, dass gerade diese besonders vulnerable Gruppe in erheblichem Maß unter den Schulschließungen gelitten hat. Und nicht nur das. Es ist davon auszugehen, dass diese Gruppe von Menschen mit Verordnungen wie der Maskenpflicht oder hybridem Unterricht noch viel mehr zu kämpfen hatte als andere.

Die Belastung für Eltern und Kinder hat sich während des zweiten Lockdowns im Vergleich zum ersten noch verstärkt, wie eine Umfrage des ifo Instituts herausfand, und erstreckte sich bis ins Private der Kinder und Jugendlichen: 85 Prozent der befragten Eltern gaben in einer Studie an, dass ihre Kinder sich seit Beginn der Pandemie seltener mit Freunden trafen und dass die Mehrzahl der Kinder darunter deutlich litt.[122] Mehr als die Hälfte aller Eltern (55 Prozent) war der Meinung, dass die Schulschließungen die sozialen Fähigkeiten ihrer Kinder beeinträchtigt hätten.[123]

Für Kinder und Jugendliche war die Coronapandemie eine Zeit verlorener Jahre. Wichtige Bausteine des Lehrplans wie Betriebspraktika, Ausflüge oder Klassenreisen wurden ersatzlos gestrichen, aber auch wertvolle Erinnerungsmomente wie der Abiball, das Schulfest oder das Treffen mit der Clique in der Cafeteria fanden einfach nicht statt. Über Wochen und Monate blieben die Türen der Schulen geschlossen und Heranwachsenden damit der Zugang zu ihrem Lern- und Sozialzentrum verwehrt.

Als wir nach zwei Jahren Pandemie wieder junge Studenten in der Virologie in Präsenz prüfen durften, bemerkte ich selbst die Auswirkungen des Lockdowns bei ihnen. Sie hatten bis dahin nur virtuellen Unterricht gehabt. Sie kannten ihre Kommilitonen gar nicht, da sie nie zusammen in einer Vorlesung gesessen hatten. Sie kannten auch das Klinikum nicht und mussten sich nun nach drei Semestern erstmals in den Räumlichkeiten zurechtfinden. Weitreichender war allerdings, dass sie den Stoff, den wir virtuell über die Bildschirme zu vermitteln versucht hatten, sehr viel schlechter aufgenommen hatten als durch direkte Vermittlung in der Zeit vor der Pandemie.

Heute wissen wir, dass die negativen Folgen der Maßnahmen im Bildungsbereich erdrückend sind. Der exakte Einfluss der Schulschließungen auf die Eindämmung der Ausbreitung des SARS-CoV-2-Virus bleibt auf der anderen Seite trotz zahlreicher deskriptiver Studien weiterhin fraglich, nicht zuletzt wegen der Vielzahl an unterschiedlichen Maßnahmen, die in den Schulen zur Anwendung kamen und deren Einzeleffekte daher schwer zu evaluieren sind. So bitter es klingt, so deutlich und klar muss es dennoch gesagt werden: Kinder und Jugendliche waren und sind die Leidtragenden der Pandemie.

Vulnerable Gruppen: Die das höchste Risiko tragen

Wenn ich mit älteren Verwandten oder Freunden spreche, höre ich oft, dass alle um sie herum gestorben seien. Je älter man wird, desto einsamer wird man, so scheint es. Die Kinder haben keine Zeit mehr, da sie sich um ihre eigene Familie kümmern müssen, viele Freunde oder sogar der Partner sind nicht mehr da, und dann zieht man vielleicht doch ins Altersheim, weil man allein nicht mehr so gut klarkommt. All diese Menschen zählten zu den Vulnerablen in der Pandemie.

Vulnerabel heißt »verletzlich«, wobei die Gründe dafür vielfältig sein können. Vielleicht ist die soziale Situation schwierig, man ist körperlich eingeschränkt oder seelisch besonders stark belastet. Medizinisch gesehen bestand die vulnerable Gruppe während der Coronapandemie vor allem aus älteren Menschen, Menschen mit Vorerkrankungen und Menschen mit Beeinträchtigungen, denn bei ihnen bestand ein erhöhtes Risiko für einen schweren Verlauf einer COVID-Erkrankung oder sogar die Gefahr, dass die Infektion tödlich endete. Anders als viele andere Viren ist das SARS-CoV-2-Virus gerade für diesen Personenkreis gefährlich.

Doch die vulnerablen Gruppen sind nicht immer ältere Menschen; bei einem potenziellen neuen Virus könnten Kinder oder Jugendliche am stärksten betroffen sein oder Menschen mit bestimmten genetischen Merkmalen. So sieht der allgemeine Pandemieplan, der als Richtschnur für das Handeln in einer dynamischen Infektionslage verfasst wurde und von dem schon die Rede war, auch den besonderen Schutz der jeweiligen Risikogruppen vor.

Zur Erinnerung: Im Pandemieplan werden drei Phasen beschrieben. Die erste Phase, »Eindämmung« (Containment), konzentriert sich darauf, die Verbreitung der Krankheit, so gut es geht, zu stoppen. In der zweiten Phase, »Schutz« (Protection), geht es vor allem darum, schwere Krankheitsverläufe und Todesfälle zu verhindern, besonders bei Menschen, die leichter erkranken können. Die dritte Phase, »Abschwächung« (Mitigation), zielt darauf ab, die weiteren negativen Auswirkungen der Pandemie zu verringern, um zu vermeiden, dass zu viele Menschen auf einmal krank werden und die Krankenhäuser überfordert sind.

Doch wie gingen wir vor? Es zählt aus heutiger Sicht zu den größten Fehlern im Pandemiemanagement, dass dieser Plan während der Coronakrise schon bald aufgegeben wurde. Wir kamen aus irgendeinem Grund aus Phase eins nicht mehr heraus und versäumten es, in Phase zwei überzugehen und den Schutz der vulnerablen Gruppen ins Zentrum unserer Maßnahmen zu rücken. Stattdessen versuchten wir bis in das Jahr 2022 hinein, jede Infektion zu verhindern, in allen Bevölkerungsgruppen, unter den Jungen gleichermaßen wie unter den Alten – ein Vorgehen, das von vornherein zum Scheitern verurteilt war in der sich rasant entwickelnden Infektionslage. Anstelle von »Containment« rutschten wir mehr und mehr in eine Art Selbsttäuschung. Es wurde versucht, das Virus vor allem dadurch einzudämmen, dass man an möglichst vielen Orten an die Pandemie erinnert wurde.

Der Schutz von Älteren und Pflegebedürftigen

Das Wichtigste in der Coronapandemie wäre gewesen, vor allem ältere Menschen besser zu schützen, wie wir es in unserer Stellungnahme im Herbst 2020 beschrieben haben.[124] Sehr schnell wurde aber dagegengehalten, dass ältere und aus anderen Gründen vulnerable Menschen bei einer hohen Inzidenz nicht geschützt werden könnten. Dabei zeigten Daten aus Bayern schon sehr früh, dass ein Rückgang von COVID-Ausbrüchen in Einrichtungen für ältere Menschen wie Pflegeheimen erreicht werden konnte, und das selbst unter offensichtlichen Mängeln beim Schutz gefährdeter Personen. Zudem war ab Dezember 2020 die Impfung verfügbar und damit ein wichtiger Schritt im Kampf gegen die Pandemie erreicht.

Mehrere Studien weltweit aus dem Jahr 2020 kommen ebenfalls zu einem anderen Ergebnis. Obwohl Antigentests zu dem Zeitpunkt in der Breite noch nicht verfügbar waren, konnten PCR-Tests oder selbst PCR-Pooltestungen den Nachweis des SARS-CoV-2-Virus sehr gut erbringen. Studien aus den USA zeigten, dass regelmäßige Tests in Altersheimen 54 bis 92 Prozent der Infektionen reduzierten,[125] und in England wurde nachgewiesen, dass, selbst wenn es zu einem Ausbruch in einem Altersheim kam, dieser durch Testungen schnell eingedämmt werden konnte.[126] Österreich führte sogar PCR-Pooltests für die gesamte Bevölkerung ein und erarbeitete dadurch ein Testpensum wie kaum ein anderes Land.

Auch die Bedeutung von Masken in Alters- und Pflegeheimen wurde hervorgehoben.[127] Cochrane analysierte insgesamt 11 Studien und konnte zeigen, dass durch eine Reihe von Maßnahmen wie Masketragen, reguläres Testen, Symptomkontrolle und Fiebermessen die Anzahl der COVID-19-Infektionen und -Ausbrüche in Einrichtungen mit vulnerablen Gruppen gesenkt werden kann.[128] Ein wichtiger Befund, auch wenn der Evidenzgrad aufgrund des Mangels an guten Studien noch gering ist. Warum also hat man sich bei der Pandemiebekämpfung nicht stärker auf den Schutz der Alten- und Pflegeheime konzentriert?

Ein Grund für die Abriegelung solcher Einrichtungen anstelle kontrollierter Zugangsmöglichkeiten war im Frühjahr 2020 sicher beim Mangel an Schutzkleidung, Masken und auch Coronatests zu suchen. Man sah sich in einer Notsituation und verbannte die Älteren und Pflegebedürftigen nahezu in Isolationshaft, wie Betroffene es schilderten; selbst der Kontakt untereinander wurde unterbunden. Ein Heim von der Außenwelt abzuschotten ist gerechtfertigt, wenn es dort einen Coronaausbruch gibt, doch nach einigen Tagen muss es wieder geöffnet werden – wenn die Notlage vorbei ist.[129] Unter Auflagen mit einem vermehrten Testen von Bewohnern, Mitarbeitern und Besuchern, um unter diesen Schutzmaßnahmen den Zugang zu gewährleisten.

Und damit sind wir bei einem weiteren möglichen praktischen Grund für das rigorose Vorgehen in solchen Einrichtungen: Wie schon bei den Krankenhäusern rächt sich hier der Personalmangel im Pflegebereich, denn wer sollte sonst die Testungen vornehmen? Manches Heim schulte aufwendig das eigene Personal im Umgang mit Schnelltests und baute Teststationen auf, damit ein Mindestmaß an Kontakt unter den Bewohnern und mit den Angehörigen draußen aufrechterhalten werden konnte. Doch nicht alle hatten die erforderlichen Personalkapazitäten.

Im November 2020 forderten Bund und Länder Alten-

und Pflegeheime auf, keine Besuchsverbote mehr zu erlassen und auch keine Ausgangssperren für die Bewohner mehr zu verhängen.[130] Doch dem kamen nicht alle Einrichtungen nach. Für die betroffenen älteren Menschen und ihre Verwandten und Freunde eine schwierige Situation.

Es haben sich traurige Szenen abgespielt: Großeltern, die von oben durchs Fenster ihren Enkeln auf der Straße zuwinken; Pflegebedürftige, die vergebens auf den Besuch ihrer Angehörigen warten; ältere Menschen, die sterben, ohne sich von ihren Lieben verabschieden zu können. Das Versäumnis, nicht immer angemessene Schutzmaßnahmen in den Einrichtungen für Ältere und Pflegebedürftige ergriffen zu haben, hatte bisweilen tragische Konsequenzen und ging auf Kosten der psychischen Gesundheit der Bewohner.[131] Wenn Begegnungen und Austausch auf ein Minimum reduziert werden, die Umarmung durch die Enkel ausbleibt, das Lächeln der Kinder fehlt, ist das nicht nur grausam, sondern kann auch tödlich sein. In der Tat haben Studien genau das gezeigt. Längere Isolationszeiten in Pflegeheimen erhöhen das Risiko für kognitive Beeinträchtigungen, Demenz, Depressionen, Angstzustände, Gebrechlichkeit und Behinderungen. Damit stehen die Risiken einer COVID-19-Infektion den Risiken einer anhaltenden Isolation gegenüber.[132]

Wolfgang Schäuble hat es einmal so formuliert: »Wenn ich höre, alles andere habe vor dem Schutz von Leben zurückzutreten, dann muss ich sagen: Das ist in dieser Absolutheit nicht richtig. Grundrechte beschränken sich gegenseitig. Wenn es überhaupt einen absoluten Wert in unserem Grundgesetz gibt, dann ist das die Würde des Menschen. Die ist unantastbar. Aber sie schließt nicht aus, dass wir sterben müssen.«[133] Damit hatte er recht. Nicht immer steht der Schutz vor einer Infektion an oberster Stelle, sondern die Würde des Menschen.

Armut, Krieg und Krankheiten

Eine unbequeme Wahrheit ist auch, dass soziale Verhältnisse genauso zur Verwundbarkeit beitragen können wie Alter oder Behinderungen. Armut zählt beispielsweise seit Langem zu einem der Risikofaktoren für Erkrankungen, körperlichen wie psychischen, und auch während der Coronapandemie waren sozial schwächere Gruppen vielfach stärker betroffen – direkt und indirekt. In der ersten großen Infektionswelle waren es zunächst jedoch vor allem Bessergestellte, die sich zuhauf infizierten und das Virus aus dem Urlaub mit nach Hause brachten.

Sie hatten gefeiert in der Après-Ski-Bar *Kitzloch* in Ischgl in der Nähe der Talstation, die sich bald zum Problem entwickelte. Einer der Barkeeper war offenbar mit dem Coronavirus infiziert und spielte eine Schlüsselrolle bei der Ansteckung zahlreicher Touristen. Deshalb wurde der österreichische Skiort zum zentralen Knotenpunkt für die Ausbreitung von COVID-19 in Europa und darüber hinaus. *Der Spiegel* berichtete, dass über 11000 Infektionen direkt auf Ischgl zurückzuführen seien. Die Staatsanwaltschaft Innsbruck leitete sogar Ermittlungen ein, um festzustellen, ob es im Urlaubsort zu rechtswidrigen Handlungen gekommen sei, die zur raschen Verbreitung des Virus beitrugen.[134]

Und so fand die erste Welle von Coronainfektionen vornehmlich in gutsituierten Haushalten statt – bei ebenjenen Rückkehrern aus dem Skiurlaub, ihren Familien und Freunden. In der zweiten Coronawelle war das vollkommen anders.[135] Jetzt verbreitete sich das Virus stärker in ärmeren Bevölkerungsschichten. Es zeigten sich Ausbrüche in prekären Arbeitsbereichen wie der Fleischindustrie. So wie im Frühsommer 2020, als es in mehreren Schlachtbetrieben in Nordrhein-Westfalen zu massiven Häufungen von Coronainfektionen kam.

Die Bedingungen für die Verbreitung des Virus waren perfekt: Das Zerlegen der frisch geschlachteten Tiere erforderte kühle Temperaturen, die Luft war durch das Abspritzen des Fleisches feucht. Ideal für Aerosole, die sich dadurch stabilisierten und lange Zeit in der Luft hielten. Die Arbeit am Fließband brachte zwar die erforderliche Nähe für den Virusübersprung mit sich, doch da die Aerosole durch Umluft-Kühlgeräte über lange Zeit in Bewegung gehalten wurden, verteilten sie sich noch mehrere Meter weit und sorgten auch dort für Infektionen. Abends ging es dann für die Arbeiter in enge, dicht belegte Unterkünfte mit schlechten hygienischen Bedingungen, die der Sub- oder Subsubunternehmer stellte. Rheda-Wiedenbrück entwickelte sich zum größten Corona-Hotspot in Deutschland mit etwa 1500 Infektionen, betroffen waren vor allem Werkvertragsarbeiter von Tönnies aus Osteuropa. Strikte regionale Beschränkungen wurden erstmals eingeführt. Es zählt sicher zu den positiven Auswirkungen der Coronapandemie, dass die menschenunwürdigen Wohn- und Arbeitsverhältnisse von prekär Beschäftigten, häufig Arbeitsmigranten aus Osteuropa, auf diese Weise öffentlich wahrgenommen wurden.

Doch nicht nur Erkrankungen kamen in solchen Umgebungen gehäuft vor. In sozial benachteiligten Gebieten hierzulande war die Sterblichkeitsrate während der zweiten Coronawelle um 50 bis 70 Prozent höher als in bessergestellten Regionen. Das Robert-Koch-Institut wies darauf hin, dass sowohl die sozialen Auswirkungen von Corona als auch das Risiko, sich zu infizieren, einen schweren Verlauf zu erleiden oder zu sterben, ungleich verteilt sind.[136] In Deutschland wurde dieser »Klassencharakter« des Virus lange nicht thematisiert, Daten zur sozioökonomischen Verteilung der Infektionen nur selten erhoben. Dabei ist schon länger bekannt, dass nicht nur das Coronavirus, sondern im Grunde alle Infektionskrankheiten sozial benachteiligte Menschen am stärksten betreffen, diejenigen, die am wenigsten zum Leben haben.

Die Verbindung zwischen Armut und übertragbaren Krankheiten wird deutlich, wenn man die Verbreitung von Krankheiten wie HIV/Aids, Malaria und Tuberkulose mit den Gebieten vergleicht, in denen Menschen von weniger als zwei US-Dollar pro Tag leben.[137]

Ärmere Menschen kommen nicht an sauberes Trinkwasser, können ihr Essen häufig nur unter unhygienischen Bedingungen zubereiten und ernähren sich oftmals schlecht; sie leben in beengten Wohnverhältnissen, wissen zum Teil nichts über Erkrankungen und sind generell anfälliger für Infektionen. Dieser Zusammenhang wurde bereits im 19. Jahrhundert von dem Berliner Arzt Rudolf Virchow dokumentiert, der einen Typhusausbruch untersuchte. Er zeigte, dass Armut und mangelnde Bildung wesentliche Ursachen für Epidemien sind. Virchow argumentierte, dass Medizin sich mit den sozialen Bedingungen der Bevölkerung befassen muss, um Krankheiten wirksam bekämpfen zu können.

Aber auch Kriege und Gewalt begünstigen Infektionskrankheiten, und sie ereignen sich gehäuft in schwachen Regionen. Wie zum Beispiel durch das Bakterium *Vibrio cholerae*, das Cholera auslöst und gerade dort grassierte: In Haiti, dem ärmsten Land der Welt, brach nach einem der heftigsten je gemessenen Erdbeben im Jahr 2008 infolge der humanitären Katastrophe Ende Oktober 2010 zudem eine Choleraepidemie aus. Es wird angenommen, dass nepalesische UN-Soldaten die Krankheit aus Versehen eingeschleppt haben. Bis 2014 verzeichnete man über 8500 Todesfälle durch diese vermeidbare Krankheit. Damit aber nicht genug. Das von Krisen und Armut geschüttelte Land hatte allein im Jahr 2023 über 4000 Cholerafälle. Die Krankheit betrifft unverhältnismäßig viele Kinder unter 10 Jahren, die fast 40 Prozent der Verdachtsfälle ausmachen. Inflation und Lieferkettenunterbrechungen durch organisierte Kriminalitätsgruppen, geringe landwirtschaftliche Produktion, wiederholte Grenzschließungen zwischen der Dominikanischen Republik und Haiti sowie Natur-katastrophen, einschließlich Dürren und Stürmen, treiben die Ernährungsknappheit, Durst und Armut in Haiti weiter voran. Dabei reicht allein sauberes Wasser, unter Umständen die Gabe eines Antibiotikums, das weniger als einen US-Dollar pro Person kostet, um die Choleraepidemie einzudämmen.

Schwere Krankheitslasten treffen vor allem jene Gemeinschaften hart, die unter struktureller Gewalt leiden, insbesondere in ressourcenarmen Gegenden. Bei einer globalen Gesundheitsgerechtigkeit geht es daher nicht nur altruistisch darum, ärmere Länder besserzustellen, sondern auch darum, Ausbrüche, Epidemien und Pandemien vor Ort wirksamer zu bekämpfen und einzudämmen, bevor sie zu uns herüber-schwappen.

4 Schritte aus der Pandemie

Weihnachten 2020 war trist. Vor den Freunden wurde gewarnt. Vor den Verwandten wurde gewarnt. Jeder war ein potenzieller Täter. Jeder konnte das Virus in die Familie bringen. Die Gruppen sollten sich klein halten. Es wirkte daher wie ein verspätetes Weihnachtsgeschenk, dass diese einsame Zeit endlich beendet werden sollte: Am 26. Dezember 2020 stand in Deutschland erstmals ein Impfstoff gegen eine COVID-19-Erkrankung zur Verfügung, knapp ein Jahr nach Pandemieausbruch. Und auch wenn es noch Monate dauern sollte, bis jeder, der wollte, seine erste Dosis bekam, war doch allein die Nachricht, dass man sich nun vor SARS-CoV-2 schützen konnte, für viele Grund zur Erleichterung und Freude. Nicht lange, und ein Run auf die Impftermine setzte ein.

Die Geschwindigkeit, in der ein Impfstoff gegen das neuartige Coronavirus entwickelt und in großer Menge produziert wurde, war an sich schon eine Leistung und ein Glücksfall für die Verantwortlichen in Politik und Gesundheitswesen, denn ein Impfstoff machte die Bewältigung der Pandemie, ausgelöst durch das hochansteckende Virus SARS-CoV-2, sehr viel einfacher. Tatsächlich gibt es gegen die größten infektiologischen Killer – Tuberkulose, HIV – bis heute keinen Impfstoff, und kein anderer Impfstoff war je zuvor in der Geschwindigkeit von nur ein paar Monaten entwickelt worden.

Ich hatte schon früh meine Bedenken geäußert, dass wir bei der Pandemiebekämpfung nicht unbedingt auf einen

Impfstoff setzen sollten, denn wer wusste schon, wann wir ihn zur Verfügung haben würden, und auch im Krisenstab des RKI gab es deutliche Zweifel, wie die Protokolle verraten. So hieß es am 15. April 2020, dass man normalerweise mit einer Entwicklungszeit von 12 bis 18 Monaten kalkulieren müsse, es aber unter Umständen schneller gehen könne. Doch man hielt es für möglich, erst in der postpandemischen Phase genügend Impfstoffe für alle zu haben.[1] Man hoffte, dass man auf der Impfstofffforschung zu SARS und MERS aufbauen könnte, die aufgrund fehlender finanzieller Mittel einige Jahre zuvor gestoppt worden war. Bis zu diesem Zeitpunkt gab es zudem keinen zusätzlichen Impfstoff gegen irgendein Coronavirus, den man als Blaupause hätte nehmen können. Auch mRNA-Impfstoffe wurden damals bereits diskutiert, aber man konnte ihre Erfolgschancen kaum abschätzen, da es noch keine Erfahrungen damit gab.[2] Überraschenderweise wurden ebenjene Außenseiter am Ende die Gewinner im Rennen um die Impfstoffe.

Und viele wollten sie haben. Doch die große Nachfrage hatte auch negative Auswirkungen. Es waren am Anfang schlichtweg nicht genügend Impfdosen vorhanden. So legte die Ständige Impfkommission (STIKO) gemeinsam mit dem Ethikrat im November 2020 einen Plan zur Impfpriorisierung vor.[3] Die STIKO spielt eine zentrale Rolle bei der Entwicklung von Impfempfehlungen in Deutschland. Ihr Rat basiert auf in der EU zugelassenen Impfstoffen. Dabei betrachtet sie nicht nur den individuellen Nutzen einer Impfung, sondern auch deren Auswirkungen auf die Gesamtpopulation.

Die STIKO ist ein 1972 in ihrer jetzigen Form gegründetes Gremium und mit 18 ehrenamtlichen Experten aus verschiedenen medizinischen und gesundheitswissenschaftlichen Disziplinen besetzt. Ein ehrenamtlicher Job neben der eigentlichen Arbeit also, unterstützt nur von einer Geschäftsstelle. Die Kommission trifft sich normalerweise dreimal jährlich, um neue oder angepasste Impfempfehlungen zu diskutieren.

Aber das war während der Pandemie plötzlich anders. Da musste die STIKO innerhalb von Tagen reagieren und ihre Empfehlungen regelmäßig anpassen, basierend auf der sich verändernden Epidemiologie und neuen wissenschaftlichen Erkenntnissen. Ein Ehrenamt wurde zum Hauptjob. Während der gesamten Pandemie traf sich die STIKO regelmäßig in Onlineberatungen, um auf die sich rasch ändernden Umstände einzugehen, wie das Auftreten neuer Virusvarianten, neue Forschungsergebnisse und die Zulassung weiterer Impfstoffe. Es wurden Studien gewälzt, Forschungsergebnisse geprüft und Berichte gesichtet. Insgesamt wurden 20 Aktualisierungen der COVID-19-Impfempfehlung bis Mai 2022 erarbeitet und veröffentlicht.[4]

Die Kritik an der STIKO war in Teilen deutlich: Es hieß, sie sei zu langsam. Der Vergleich mit anderen Ländern wie Israel oder Großbritannien wurde gezogen und der STIKO eine Verzögerung der Impfkampagne in Deutschland angelastet. Dass hier ehrenamtlich gearbeitet wurde, spielte keine Rolle.

Auf der anderen Seite unternahm aber auch niemand signifikante Schritte, um die STIKO personell besser auszustatten oder ihre Arbeitsweise an die Pandemiesituation anzupassen. Stattdessen wurde die Kommunikation der STIKO selbst kritisiert und der Frust darüber an einzelnen Mitgliedern abgelassen.[5]

Die Impfpriorisierungspläne der STIKO, der Leopoldina und des Ethikrats konnten noch in Ruhe entwickelt werden: Hier wurden sechs Stufen definiert, basierend auf verschiedenen Faktoren wie Alter, Vorerkrankungen und beruflicher Exposition. Menschen, die das höchste Risiko für schwere Krankheitsverläufe haben oder die in Schlüsselpositionen arbeiten, etwa im Gesundheitswesen oder in Pflegeheimen, sind zuerst an der Reihe. Die breite Masse der Bevölkerung ist in der Kategorie mit der niedrigsten Priorität eingeordnet, was bedeutet, dass sie erst später geimpft werden konnte. Die Impfreihenfolge war so aufgebaut, dass besonders gefährdete

Gruppen schnellstmöglich geschützt werden und die Verbreitung des Virus in kritischen Bereichen des öffentlichen Lebens möglichst klein gehalten wird. Dabei war von Anfang an vorgesehen, die Impfreihenfolge anzupassen, sollte sich herausstellen, dass bestimmte Impfstoffe bei bestimmten Altersgruppen wirksamer sind als bei anderen.

Auch wenn Deutschland inzwischen Millionen an Impfdosen auf dem Müll entsorgt hat, da nicht nur viel zu viele bestellt wurden, sondern auch das Interesse an einer Impfung mittlerweile stark abgenommen hat, darf man nicht vergessen, dass die Impfung mal Mangelware war und eine Impfpriorisierung bestimmter Gruppen deshalb notwendig. Denn es gab zu der Zeit nicht nur Impfverweigerer, sondern auch Impfvordrängler, die sich nicht an die Impfreihenfolge hielten.

In diesem bürokratischen Gewirr kam schnell Chaos und vor allem ein Impfneid auf. Ein Begriff, der für mich neben »Schwurbler« zu einem der nicht gewählten Unwörter des Jahres zählt. Da ich als Virologe und durch die Studien in Heinsberg direkt an Infektionen Forschender zu Kategorie 1 zählte, sollte ich nach Plan und Einladung früh geimpft werden. Auch wenn ich mich nicht um die erste Impfung riss, wurde ich schnell von einigen als Impfvordrängler tituliert. Hätte ich mich übrigens nicht zu diesem Zeitpunkt impfen lassen, wäre ich ein Impfverweigerer gewesen und die Empörung wäre noch größer ausgefallen. Man konnte es in dieser Zeit einfach nicht allen recht machen.

Kritik am Impfplan der STIKO kam aber auch von offizieller Seite, unter anderem von der Deutschen Stiftung Patientenschutz, die die oberste Prioritätengruppe zu groß fand und mehr Rücksicht auf Pflegebedürftige und Schwerstkranke einforderte. Auch der Prozess der Impfeinladung und die organisatorische Umsetzung machten die Impfungen in den ersten Monaten bürokratisch-chaotisch und wenig pragmatisch. Da durfte die Tochter nicht gleich mitgeimpft werden, wenn sie ihre 80-jährige Mutter zum Impftermin begleitete, oder der Brief für die Einladung zum Impftermin kam gar nicht erst an. Besserung entstand erst, als die Hausärzte selbst mit der Impfung beginnen konnten und nicht mehr allein die Impfzentren zuständig waren. Das war aber nicht vor Anfang April 2021 der Fall.[6]

Nichtsdestotrotz war eine Impfpriorisierung für diejenigen, die das höchste Risiko tragen, richtig; bei der Umsetzung hätte man sich allerdings mehr Pragmatismus und Ruhe gewünscht. Die Vorgehensweise der Priorisierung mit Impfangeboten für unterschiedliche Risikogruppen war wichtig, doch – auch das ist eine Lehre aus der Coronapandemie – es sollte gut überlegt werden, wie man bei einer möglichen zukünftigen Pandemie sowohl den Impfstoff schneller verteilen als auch bei der Vergabe etwas mehr Pragmatismus zulassen kann.

Als der neue Impfstoff von BioNTech und Pfizer schließlich in guter Menge verfügbar war, gefolgt von weiteren Vakzinen, kamen neue Probleme hinzu. Fehler in der Kommunikation darüber, was die Impfstoffe zu leisten vermochten und was nicht, führten zu einer breiten Verunsicherung in der Bevölkerung. Das Auftreten von Impfnebenwirkungen, ohne transparent diese Risiken im Vorfeld zu kommunizieren, säten Zweifel an den Impfstoffen. In einer Talkshow sagte der Bundesgesundheitsminister sogar, dass die Impfstoffe nebenwirkungsfrei seien und vor der Infektion schützten.[7] Beides war nicht richtig. Aber auch dass die Impfung vor einem schweren Verlauf schützt, man sich aber das Virus trotzdem einfangen kann, wurde nicht klar kommuniziert.

Dabei beschäftigten viele Menschen Fragen und Sorgen rund um das neuartige Impfstoffverfahren, und sie waren skeptisch, ob eine Impfung zur Eindämmung der Pandemie zwingend notwendig war. Der Riss zwischen Impfbefürwortern und Impfgegnern zog sich bald mitten durch Freundeskreise und ganze Familien. Das Impfen wurde hochpolitisch. Sich impfen zu lassen, galt bald als solidarisch, sozial oder sogar »links«. Sich nicht impfen zu lassen als das Gegenteil.

Impfung oder Durchseuchung?

Die Idee der Impfung ist älter, als die meisten glauben. Erste Anwendung fand sie beim Kampf gegen die Pocken, eine hochansteckende Krankheit, die durch Tröpfchen übertragen wird, Pusteln hervorruft und für viele Erkrankte tödlich endete. Die alten Chinesen benutzten eine Form der Impfung bereits rund 500 Jahre vor Christus, indem sie getrockneten und gemahlenen Eiter aus Pockenpusteln den Menschen in die Nase bliesen und diese dann eine Immunität ausbildeten. Sie steckten sich nicht mehr so häufig an, und die Infektionsrate sank deutlich.

Doch auch wenn die meisten Edward Jenner mit der Erfindung der modernen Vakzination verbinden, war es Lady Wortley Montagu, die in Konstantinopel Zeugin von dieser Form der Pockenimpfung wurde, damals als Variolation bekannt. Kindern wurden Reste der Pusteln erkrankter Menschen mit einer kleinen Lanze unter die Haut geritzt, eine Immunantwort bildete sich aus, und damit waren sie geschützt vor dem schweren Verlauf der tödlichen Pockeninfektion. Fasziniert von dieser Methode, informierte sie 1717 in einem Brief ihre Freundin Lady Mary in England von ihrer Beobachtung. Diese war von der Wirksamkeit der Variolation derart überzeugt, dass sie im selben Jahr ihren Sohn impfen ließ und, als 1721 in England eine Pockenepidemie ausbrach, sich auch für die Impfung ihrer Tochter entschied. Doch obwohl sich Lady Mary energisch für die breite Anwendung der Pockenimpfung einsetzte, blieb die Methode in Großbritannien umstritten.

Die Variolation war allerdings nicht immer zuverlässig

und wurde im Jahr 1796 durch Edward Jenners Entwicklung der Vakzination abgelöst. Jenner hatte bemerkt, dass Milchmägde, die an Kuhpocken erkrankt waren, gegen echte Pocken, *Variola major*, immun zu sein schienen. In einem ethisch fragwürdigen Experiment infizierte er den achtjährigen James Phipps mit Kuhpocken und später mit echten Pocken – der Junge überlebte. Jenner wiederholte das riskante Experiment sogar an seinem eigenen Sohn, was ihm den Titel des Begründers der Pockenschutzimpfung einbrachte. In den 1950er-Jahren begann der Siegeszug der globalen Pockenschutzimpfung, die die Krankheit schließlich ausrottete. Der letzte bekannte Fall wurde 1977 in Somalia gemeldet.

Eine Impfung funktioniert ähnlich wie ein Training für das Immunsystem. Dabei lernt der Körper, schädliche Krankheitserreger zu identifizieren und zu bekämpfen. Man könnte diesen Vorgang mit einem Fußballspiel vergleichen, bei dem Spieler durch Training lernen, die richtigen Bewegungen und Techniken anzuwenden, ohne gleich das entscheidende Spiel zu bestreiten. Bei der Impfung wird dem Körper ein abgeschwächter oder abgetöteter Erreger oder ein Teil davon vorgestellt. Das Immunsystem reagiert darauf, indem es Antikörper bildet, die genau auf diesen Erreger abgestimmt sind – fast so, als würde es im Labor perfekt auf den Gegner vorbereitet. Dieses Training ist nicht immer besser als eine natürliche Immunität. Tatsächlich ist es so, dass eine natürliche Infektion oft eine stärkere Immunität hervorruft als Impfungen. Während man nach einer natürlichen Infektion häufig schon nach einmaligem Kontakt mit dem Erreger immun wird, benötigt man für die Immunität durch Impfungen meist mehrere Dosen.

Aus der Perspektive des Immunsystems ist es unerheblich, auf welchem Weg es etwas über ein Virus oder Bakterium lernt. Das Immunsystem erkennt das Fremde, greift es an, schaltet es aus und speichert die Information ab, wie es den

Eindringling getötet hat. Der Körper kann dann beim nächsten Kontakt mit demselben Eindringling schneller reagieren. Bei manchen Infektionen ist die natürliche Immunität besser wie zum Beispiel bei Röteln; bei anderen wie Tetanus oder der Haemophilus-Influenza-b-Infektion (Hib) ist die Immunität nach einer Impfung besser ausgebildet.

Auch wenn manche nun einwenden würden, dass es in der Regel dann doch besser wäre, eine Infektion durchzumachen, lautet die Antwort darauf ganz klar: Nein! Denn den entscheidenden Unterschied zwischen einer Impfung und einer natürlichen Infektion darf man dabei nicht vergessen: die Konsequenzen, die man für die erlangte Immunität in Kauf nehmen muss.

Während in den allerallermeisten Fällen eine Impfung ohne Probleme erfolgt und überwiegend gar nicht gespürt wird, kann eine Immunität nach einer natürlichen Infektion mit schwerwiegenden Folgen einhergehen wie etwa einer Lungenentzündung nach der Windpockeninfektion, einer geistigen Behinderung durch Haemophilus influenzae Typ b, einem Geburtsfehler durch Röteln, einer lebenslangen Gefangenschaft in einer Beatmungsmaschine, auch »Eiserne Lunge« genannt, durch Polio, Leberkrebs durch das Hepatitis-B-Virus oder sogar Tod durch Masern und andere Erreger. Das Risiko, solche Schäden davonzutragen, ist zum Teil sehr hoch. Das Risiko, bei einer Impfung eine der sehr seltenen Nebenwirkungen zu erleiden, ist extrem gering. Impfungen bieten eine ähnlich lang anhaltende Immunität wie natürliche Infektionen, aber ohne diese gravierenden Folgen. Impfungen verursachen in den allermeisten Fällen keine Lungenentzündung, keine geistigen Behinderungen, keine Geburtsfehler, keinen Krebs und führen nicht zum Tod. Das gilt auch für die Coronaimpfung. Der Schutz vor einem schweren Krankheitsverlauf durch die Impfung ist sehr gut. Aber der Reihe nach.

Wie gut schützt eine Coronaimpfung?

Bei der Bewertung der Wirksamkeit einer Impfung müssen zwei Arten des Schutzes unterschieden werden: erstens der Schutz vor einer (Re-)Infektion und zweitens der Schutz vor einem schweren Krankheitsverlauf. Für die Impfung gegen SARS-CoV-2 bedeutet dies kurz gesagt: In der Analyse des Schutzes vor einer Infektion muss man nach derzeitiger Studienlage davon ausgehen, dass dieser nach der Impfung circa drei Monate anhält. Der Schutz vor einem schweren Krankheitsverlauf ist nach der Impfung, wie unterschiedliche Studien belegen, je nach Variante dauerhaft vorhanden.[8] Betrachtet wird dabei das sogenannte relative Risiko, oder, genauer gesagt, die relative Risikoreduktion. Sinngemäß bedeutet das: Wenn sich zwei Menschen mit SARS-CoV-2 infizieren und einer von beiden geimpft ist und der andere nicht, hat der Geimpfte ein 90 Prozent geringeres Risiko eines schweren Verlaufs. Sind also beide sehr vulnerabel und haben eine Wahrscheinlichkeit eines schweren Krankheitsverlaufs von 10 Prozent, reduziert sich bei dem Geimpften das Risiko für eben den schweren Verlauf auf 1 Prozent.

Doch die Untersuchungen haben auch deutlich erbracht, dass sich Geimpfte ebenso wie Ungeimpfte und Genesene gleichermaßen nach einer gewissen Zeit erneut mit dem Coronavirus infizieren können. Und dieser Effekt wurde in der Omikronwelle im Frühjahr 2023 noch mal deutlicher: Auch Geimpfte können sich mehrmals und auch kurz hintereinander mit Corona anstecken. Ebenso wie Ungeimpfte oder Genesene. Insgesamt muss man bei der aktuellen Datenlage einschränkend vorausschicken, dass fast alle Studien aus einer Zeit vor der Omikronvariante stammen und dass der Zusammenhang von Impfung und Schutz vor der Infektion im späteren Pandemieverlauf nicht mehr so gut getestet werden konnte, da einfach (fast) alle Menschen eine Immunität durch die Impfung oder durch Kontakt mit dem Virus aufgebaut hatten.

Bevor nun das Aber kommt, bei dem ich ausführlich auf die »sehr seltenen Fälle« der Impfnebenwirkungen eingehe, muss ich deutlich sagen, dass alle Studien, wirklich alle (!), zeigen, dass die Impfung einen guten Schutz vor dem schweren Verlauf einer Coronaerkrankung und auch vor dem Tod durch dieselbe bietet.[9] Auch wenn die Datenlage für die Omikronvariante nicht ganz so ergiebig ist, konnten auch hier Studien den schützenden Effekt der Impfung belegen.[10]

Einer Schätzung der WHO zufolge ist aufgrund der Verabreichung von Impfstoffen allein in Europa die Sterblichkeit durch das Coronavirus um mindestens 57 Prozent gesenkt worden, und mehr als 1,4 Millionen Leben wurden gerettet.[11] Besonders profitiert haben davon ältere Menschen ab 60 Jahren, die am stärksten gefährdet sind, schwer zu erkranken oder an dem SARS-CoV-2-Virus zu sterben. Allein die erste Auffrischimpfung hat 700 000 Leben gerettet. Auch wenn die Impfstoffe in Nuancen unterschiedlich gut waren, konnten alle, die zugelassen waren, ihre Rolle erfüllen und vor einem schweren Verlauf schützen.

Doch schauen wir uns die Wirkung der Impfung gegen SARS-CoV-2 noch einmal genauer an. Wie gut die Impfung vor einer Infektion schützt, lässt sich sehr schwer beantworten, denn es kommt nicht nur darauf an, welcher Impfstoff gegen welche Virusvariante gegeben wurde, welche Variante gerade vorherrscht und ob gegen diese Variante auch gerade geimpft wurde, sondern auch, wie lange die Impfung her ist. Schwierig!

Zunächst dachten wir, dass der Schutz vor einer Infektion nach einer Impfung rund sechs Monate hält. Das war aber noch während der Zeit der »Wuhanvariante« und der Alphavariante. Seitdem auch die Omikronvirusvariante zirkuliert und wir sprichwörtlich eine Suppe von immer neuen Varianten und die Entstehung neuer Rekombinationen mit schon vergessenen Varianten haben, kann man die Hoffnung nach einem Schutz vor einer Infektion durch den Impfstoff eigentlich fast abhaken.

Aber nur fast! Die Impfung reduziert immer noch die Wahrscheinlichkeit einer Infektion in den ersten Monaten nach ihrer Verabreichung. So weit unsere Erfahrungswerte mit den derzeitigen Varianten, denn systematische Studien werden schon länger nicht mehr durchgeführt.

Natürlich ist dieser Schutz nicht optimal, und jeder kennt jemanden, der gerade seine fünfte Impfung hatte und sich trotzdem zum zweiten Mal mit Corona infiziert hat. Insgesamt sehen wir aber in der Bevölkerung weniger Infektionen, wenn die Impfung gerade erst vorgenommen wurde. Das ist etwas, das man nutzen kann. Gerade ältere Menschen oder Menschen mit einem besonderen Risiko für einen schweren Verlauf können sich so bei hohen Infektionszahlen in den Wintermonaten auf diese Weise besonders schützen. Deshalb empfiehlt die STIKO auch eine Auffrischimpfung für Bürgerinnen und Bürger ab 60 Jahren oder mit Vorerkrankungen im Herbst oder Winter. Das Gleiche gilt übrigens auch für die Grippeimpfung. Auch dieser Impfstoff ist nicht jedes Jahr optimal, bietet aber vor allem in den ersten Monaten nach der Impfung einen Schutz vor der Infektion.

Ist man genesen, hält der Schutz vor einer Infektion sogar noch etwas länger. Viele Studien haben gezeigt, dass die Immunität nach einer durchgemachten Infektion sechs Monate oder sogar länger anhält.[12] Zudem ist die Immunantwort, induziert durch eine Infektion, sehr viel breiter und nicht nur gegen das Oberflächenprotein, das Spikeprotein, gerichtet, sondern auch gegen die ganzen anderen Proteine, die ein Virus mit sich führt. Die Breite der Immunantwort verbessert somit auch den Schutz gegen neue Varianten, die in der Zukunft auftreten können, da sich das Virus besonders an der Oberfläche verändert, nicht aber im gleichen Maß bei den anderen Bestandteilen.

Deswegen zeigen Daten auch, dass eine sogenannte hybride Immunität am besten schützt.[13] Eine hybride Immunität wird bei SARS-COV-2 so definiert, dass man mindestens zweimal geimpft und einmal genesen ist. Ob es zwei Impfungen sein müssen und ob erst die Impfung und dann die Infektion stattgefunden hat oder umgekehrt, ist im Grunde egal. Man wollte mit dieser Aussage nur darauf aufmerksam machen, dass der optimale Schutz nach einer Impfung durch zwei Impfungen und nicht nur eine entsteht. Durch die hybride Immunität hat man im Idealfall das Beste aus beiden Welten: einen ersten Schutz durch die Impfung und einen weiteren durch eine Infektion. Dabei funktioniert die Infektion als Booster, wodurch die ursprünglich gebildeten Immunantworten nicht nur in die Höhe, sondern auch noch in die Breite gehen.

Jetzt werden manche einwenden, dass man diesen Effekt auch nach zwei Infektionen erreichen würde. Und ja, das stimmt wahrscheinlich auch. Jedoch trägt man bei diesem Weg zur Immunität das Risiko eines schweren Verlaufs, da man eine Infektion durchmacht, ohne zuvor den zusätzlichen Schutz durch eine Impfung erhalten zu haben. Darauf baut der Vorschlag auf, durch doppelte Impfung eine gute Grundimmunität aufzubauen, die, wenn man dann noch eine Infektion durchmacht, zur optimalen Immunität führt. Nun ja, optimal bis zur nächsten Infektion. Denn im Laufe der Zeit haben die meisten von uns mehr als eine Infektion durchgemacht. Der Schutz vor dem schweren Krankheitsverlauf bei COVID-19 dagegen ist langlebiger.

Doch gilt dies für alle Impfstoffe? Die mRNA-Impfstoffe ebenso wie die Vektor- und Proteinimpfstoffe? Studien haben gezeigt, dass eine Kombination unterschiedlicher Impfmodalitäten – also zum Beispiel erst eine Impfung mit einem mRNA-Impfstoff und dann eine Impfung mit einem Vektor- oder Proteinimpfstoff – die Immunantworten leicht verbessern.[14] Dem liegt die Theorie zugrunde, dass man durch die

Kombination verschiedener Impfstoffe dem Immunsystem auf zwei Wegen zeigt, wie das Virus aussehen kann, und es dadurch quasi eine Transferleistung erbringen muss, was bei einer Infektion von Vorteil sein kann. Aber ob dieser Effekt im »echten Leben« wirklich den Ausschlag gibt, wurde nicht untersucht.

Kommen wir zum zweiten Punkt der Wirkung einer Impfung. Ob gesponsert von der Pharmaindustrie oder von Wissenschaftlern unabhängig durchgeführt, alle Studien zur Coronaimpfung kamen zu dem Ergebnis, dass alle Impfstoffe sehr gut vor einem schweren Verlauf, Krankenhausaufenthalt und Tod schützen.[15] Dieser Effekt hat sich am deutlichsten bei älteren Menschen und anderweitig vulnerablen Gruppen gezeigt. Gleichzeitig wurde belegt, dass die Impfstoffe generell sicher sind und nur in etwa 10 Prozent der Fälle zu kurzzeitigen Nebenwirkungen, im Sinne von unangenehmen Impfreaktionen wie Müdigkeit, Fieber, Schmerzen an der Einstichstelle und Abgeschlagenheit führen.[16] Doch es hat sich auch gezeigt, dass einige sehr wenige Menschen nach der Impfung unter schwerwiegenden und langfristigen Nebenwirkungen zu leiden haben.

Eine besondere schwerwiegende Nebenwirkung trat bei der AstraZeneca-Impfung auf. So stellte sich heraus, dass vor allem Frauen in seltenen Fällen nach der Impfung eine Hirnvenenthrombose erlitten, ein Blutgerinnsel, das die Blutzufuhr in Teilen des Gehirns unterbricht. Auch wenn diese Nebenwirkung in vier Fällen auch bei dem mRNA-Impfstoff dokumentiert wurde, war dies ein typisches Problem des AstraZeneca-Impfstoffs, eines vektorbasierten Impfstoffs also.[17] Aus diesem Grund wurde er dann auch vom Markt genommen.

Man kann viel über die politische und mediale Reaktionsweise auf und den Umgang mit AstraZeneca in den ersten Wochen schreiben. Fakt ist, dass im Mai 2021 63 Fälle von

Sinusvenenthrombosen in Deutschland bekannt wurden.[18] Dieser Wert war im Vergleich zu der Anzahl der verabreichten Impfungen von mehreren Tausenden zwar immer noch niedrig, aber trotzdem hoch genug, um den Impfstoff noch einmal zu überprüfen. Doch die Kommunikation darüber gestaltete sich zu diesem Zeitpunkt schwierig. Zunächst wurde die Verimpfung gestoppt, aber dann für über 60-Jährige weitergeführt, denn Impfstoffe gegen COVID-19 waren zu dieser Zeit immer noch ein knappes Gut. Es wirkte dann so, als ob man bei älteren Personen das Risiko einer Hirnvenenthrombose billigend in Kauf nahm, obwohl hier durchaus eine Risikoabwägung stattfand. Das Risiko für einen möglichen schweren Verlauf lag höher als das Risiko einer Hirnvenenthrombose.

Welche Empfehlung damals die beste gewesen wäre, vermag ich nicht zu beurteilen. Das Hin und Her beim Rat für oder gegen eine Impfung mit AstraZeneca jedenfalls war kommunikativ nicht gut gelungen und trug zur Verunsicherung der Bevölkerung bei.

Herdenimmunität – ein solidarisches Prinzip

Was wurde gestritten über Herdenimmunität. Es wurde gleichgesetzt mit einer unverantwortbaren Durchseuchung, dem Durchlaufenlassen des Virus, einem »Survival of the Fittest«, ja mit einem unethischen Verhalten. Was aber bedeutet es eigentlich?

Der Begriff »Herdenimmunität« hat seine Wurzeln in der Veterinärmedizin. Anfang des 20. Jahrhunderts, um 1910, kam es in den USA zur Epidemie mit dem Bakterium *Brucella abortus* unter Rindern, die zu zahlreichen Fehlgeburten führte. Damals glaubte man, die Krankheit mit dem Töten der betroffenen Kühe bekämpfen zu können, damit die Nachkommen gerettet waren. Doch 1916 widerlegte der Tierarzt George Potter diese Annahme und entwickelte das Konzept der Herdenimmunität. Er erkannte, dass eine Herde insgesamt immun wird und auch der Schutz der Ungeborenen

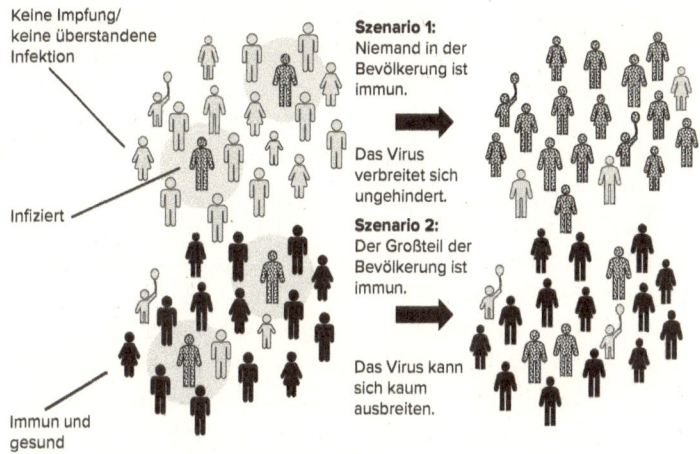

Szenario 1:
Niemand in der
Bevölkerung ist
immun.

Das Virus
verbreitet sich
ungehindert.

Infiziert

Szenario 2:
Der Großteil der
Bevölkerung ist
immun.

Das Virus kann
sich kaum
ausbreiten.

Immun und
gesund

Virusausbreitung und Herdenimmunität [10]

gewährleistet ist, wenn eine ausreichende Anzahl der Tiere
eine Infektion überstanden hat.

Diese Form der Immunitätsgewinnung spiegelt ein solida-
risches Prinzip wider. In einer Gruppe schützen Geimpfte
und Genesene diejenigen, die sich aus bestimmten Gründen
nicht impfen lassen können oder für die eine Infektion lebens-
bedrohlich wäre. Die Gemeinschaft schützt ihre anfälligsten
Mitglieder.[19]

Idealerweise wird die Herdenimmunität über eine Impfung erreicht, denn dann umgeht man im Allgemeinen
schwere Erkrankungen, die durch die Infektion ausgelöst
werden können. Die notwendige Anzahl immuner Menschen, um zur Herdenimmunität zu gelangen, hängt davon
ab, wie ansteckend die Krankheit ist. Bei sehr ansteckenden
Krankheiten wie Masern müssen beispielsweise über 90 Prozent der Menschen immun sein, um Ausbrüche zu verhindern.[20]

Was heißt das für die Impfung? In der Praxis ist oft eine
höhere Impfrate erforderlich als theoretisch berechnet, weil

viele Faktoren wie Impfstoffwirksamkeit und das Nachlassen der Immunität im Laufe der Zeit berücksichtigt werden müssen. Manchmal sind auch Auffrischungsimpfungen nötig, um die Immunität in der Bevölkerung aufrechtzuerhalten. Manche Impfungen oder Infektionen führen nicht zu einer sogenannten sterilen Immunität, das bedeutet, sie verhindern nicht die eigene Infektion und die Übertragung des Erregers auf andere, sondern schützen hauptsächlich die geimpfte Person vor schweren Krankheitsverläufen. Dies ist besonders relevant bei Krankheiten wie Diphtherie, Keuchhusten, aber auch bei COVID-19.

Zusätzlich gibt es Impfungen gegen Erreger, die außerhalb des menschlichen Körpers überleben können wie das Bakterium *Clostridium tetani*, das den Wundstarrkrampf verursacht, und das FSME-Virus, das durch Zecken übertragen wird. In diesen Fällen ist der Erreger in der Umwelt präsent und die Impfung dient vor allem dem individuellen Schutz, ohne die Möglichkeit, die Krankheit vollständig aus der Bevölkerung zu eliminieren. Es ist also eine Impfquote von rund 70 bis 90 Prozent für verschiedene Erreger notwendig. Wie sieht es bei Corona aus?

Die Frage, ob eine Herdenimmunität gegen SARS-CoV-2 erreicht werden kann, ist komplex. In der Anfangsphase nahmen Schätzungen an, dass 80 bis 90 Prozent der Bevölkerung geimpft oder genesen sein müssten, um eine Herdenimmunität zu erzielen.[21] Damals ging man aber noch davon aus, dass die Impfung dauerhaft vor der Infektion schützen könnte. Ein Trugschluss, wie wir heute wissen. Die Studien waren auf die Untersuchung dieser Frage gar nicht ausgelegt, und durch die ständig wechselnden Varianten zeigte sich schnell, dass der Schutz vor einer Infektion nur kurzfristig ist. Der vorhandene Impfstoff ist zwar nicht perfekt und verhindert keine Infektion, bietet aber langfristig einen guten Schutz vor schweren Krankheitsverläufen.

Über den richtigen Weg aus der Pandemie heraus entbrannte eine heftige emotional geführte Debatte, in der vieles durcheinanderging. Allein der Begriff der Herdenimmunität wurde oft missverstanden oder mit anderen Konzepten wie dem Herdeneffekt oder einer Durchseuchung verwechselt. Einfach gesagt: Der Herdeneffekt beschreibt den indirekten Schutz, der entsteht, wenn Infektionsketten abbrechen, weil eine gewisse Immunität in der Bevölkerung vorliegt. Die Herdenimmunität ist der Zustand, der bei einer hohen Immunität erreicht wird, sodass ein Erreger effektiv nicht mehr zirkulieren kann. Durchseuchung hingegen bezeichnet eine unkontrollierte Ausbreitung der Krankheit und die damit verbundene natürliche Immunisierung vieler Menschen oft auf Kosten schwerer Krankheitsverläufe und hoher Sterblichkeitsraten.

Der effektivste Weg, einen Herdeneffekt zu erreichen, ist jedoch durch Impfung. In Deutschland war niemand für eine ungezielte Durchseuchung der Bevölkerung, bei der Todesfälle in Kauf genommen werden. Auch in Schweden übrigens nicht. Anders Tegnell betonte in mehreren Interviews, dass Herdenimmunität anzustreben weder ethisch vertretbar noch praktisch durchführbar sei, besonders ohne eine verfügbare Impfung. Schweden fokussierte sich darauf, die Verbreitung des Virus durch Aufklärung und Eigenverantwortung zu kontrollieren und insbesondere vulnerable Gruppen, wie die Bewohner von Altenheimen, besser zu schützen. Also eine zusätzliche Kokonierung der vulnerablen Gruppen.[22] Die gegenteilige Darstellung, die bisweilen in den Medien zu finden war, ist nicht richtig und wurde der eigentlichen Ernsthaftigkeit der Situation nicht gerecht. Wer solche Behauptungen aufstellte, verstand entweder den Begriff der Herdenimmunität nicht richtig oder ignorierte die Differenziertheit der Diskussion.

Übertrieben formuliert: Auch wenn wir keinen Impfstoff gegen HIV haben, setzen wir hier weder auf eine Durchseuchung noch auf ein Sex-Verbot, sondern auf Aufklärung. Mir ist natürlich bewusst, dass diese Analogie hinkt, aber sie verdeutlicht, dass es in solchen Fragen eine ganze Reihe von Nuancen an Grautönen gibt, die man in einer aufgeklärten Debatte auch wahrnehmen sollte.

Es ist wichtig, Infektionen und schwere Krankheitsverläufe zu verhindern, aber auch die Nebenwirkungen der Maßnahmen im Auge zu behalten. Trotz allem hätten wir zu bestimmten Zeiten wahrscheinlich mehr Infektionen zulassen können, um eine Immunität in der Bevölkerung aufzubauen. Im Sommer 2020 warb ich genau dafür und bekam heftige Schelte, dass dies unverantwortlich wäre. Dabei kommt es in den Sommermonaten fast nie zu schweren respiratorischen Infektionen und zu intensivmedizinischen Verläufen dadurch ausgelöster Erkrankungen, auch wenn das Virus dann nicht vollkommen weg ist.[23] Die Infektionen werden quasi über den Sommer »ausgebreitet«, sodass im Winter mehr Menschen eine Immunität aufgebaut haben und sich weniger Neuinfektionen ereignen. Gleichwohl kann es zu Infektionen im Sommer kommen, die aber in den seltensten Fällen schwere Verläufe nehmen. Auch das ist, neben der Tatsache, dass die großen Wellen im Herbst und Winter stattfinden, ein Aspekt der Saisonalität von SARS-CoV-2 und anderen respiratorischen Viren. »#mutigwiestreeck« war die Antwort in den sozialen Medien auf meinen Vorstoß. Viele der mittlerweile gelöschten Tweets machten sich lustig über meinen Vorschlag und verglichen mich zum Beispiel mit dem Maat auf der *Titanic*, der sagt: »Ach, an dem Eisberg kommen wir vorbei! #mutigwiestreeck«.

Viele damals wollten die jahreszeitlichen Unterschiede bestimmter viraler Erkrankungen einfach nicht wahrhaben. Die Saisonalität von Coronaviren, wie SARS-CoV-2 und anderen respiratorischen Viren, war zwar allgemein bekannt, aber dieser Aspekt wurde am Anfang der Pandemie abgetan, auch von einigen Experten, obwohl wir die Infektionsdynamik schon früh immer besser verstanden haben.[24] Im Sommer schienen die Infektionen milder zu verlaufen, während im Herbst und Winter mit einem Anstieg der Fälle zu rechnen war. Die Stärke dieses Anstiegs hing von verschiedenen Faktoren ab wie den zirkulierenden Varianten, dem Impffortschritt und unserem Umgang mit dem Virus.

Auch heute zeigen Daten retrospektiv, dass sich Infektionen über den Sommer ausbreiten können und eine natürliche Immunisierung in der Bevölkerung bewirken, was die Anzahl schwerer Erkrankungsfälle im darauffolgenden Winter verringert.[25] Die stetige Verbreitung in den Sommermonaten führt dazu, dass mehr Menschen dem Virus ausgesetzt sind und eine natürliche Immunität entwickeln, ohne dass sie es wissen. Die daraus resultierende Immunität in der Bevölkerung könnte dann helfen, die Spitze der Infektionswelle im Winter abzuschwächen. Denn wir haben intensivmedizinische Verläufe bei respiratorischen Viruserkrankungen vor allem im Herbst und Winter. Die Beobachtung impliziert auch, dass die Gesamtzahl der Infektionen bis nach dem Winter, also, mathematisch ausgedrückt, das Integral, die Fläche unter der Infektionskurve, gleich bleibt, was bedeutet, dass sich die Anzahl der Infektionen über einen längeren Zeitraum verteilt, anstatt in einer intensiven Welle zu kulminieren.[26] Diese Erkenntnisse hätten wir uns durchaus zunutze machen können.

Post-Vac und Long-COVID – Nebenwirkungen und Folgen

Kaum jemand liest die Auflistung möglicher Nebenwirkungen im Beipackzettel von Medikamenten, denn – je nach deren Länge – kann einem schon die Lust vergehen, die Medizin überhaupt einzunehmen. Dazu, wie solche Angaben zu verstehen sind, kommen wir noch. Auch Impfungen tragen das Risiko von Nebenwirkungen, und auch dieser Umstand hat manche davor zurückschrecken lassen. Doch welche unerwünschten Effekte können tatsächlich in Zusammenhang mit einer Coronaimpfung gebracht werden? Um diese Frage zu beleuchten, hilft der Blick auf die Funktionsweise der Impfstoffe – denn besonders jene mit mRNA-Technik tauchen immer wieder auf, wenn Komplikationen oder Belastungen in Verbindung zu Impfungen gebracht werden.

Nach derzeitigem Kenntnisstand geht man davon aus, dass mRNA-Impfstoffe etwas wirksamer sind als vektorbasierte oder Proteinimpfstoffe (manchmal auch als Totimpfstoff bezeichnet).[27] Der Grund dafür liegt in der Funktionsweise der mRNA-Impfstoffe: Die mRNA bildet nicht nur das Spikeprotein aus, wogegen wir Antikörperantworten bilden, sondern bewirkt auch selbst eine Immunreaktion, die wir als angeborene Immunantwort bezeichnen. So wird die injizierte mRNA vom Immunsystem als etwas Fremdes bemerkt und als ein Zeichen einer möglichen Virusvermehrung wahrgenommen. Es schlägt Alarm und triggert dadurch eine unspezifische Immunantwort, die als erste Verteidigungslinie des Körpers fungiert. Wir nehmen diese Reaktion als Rötung, Schmerz in der Einstichstelle wahr oder auch als fieberauslösend. Das Immunsystem kann also sofort reagieren und uns verteidigen, bevor die Antikörperbildung den Erreger in Schach hält.

Genau das passiert bei einer Impfung. Die mRNA triggert den Alarm, und es kommt zur Entzündungsreaktion; dann wird die mRNA in Spikeprotein umgewandelt, das der Körper erkennt und wogegen er Immunantworten bildet. Allen Impfmodalitäten – sei es mit einem Protein-, mRNA- oder Vektorimpfstoff – ist gemein, dass am Ende das Spikeprotein im Körper für eine kurze Zeit vorhanden ist und Immunantworten dagegen aufgebaut werden. Das Immunsystem greift das gebildete Spikeprotein an und baut es so mit der Zeit ab. Wie lange aber dauert dieser Prozess, bis das Spikeprotein verschwunden ist, und kann es sein, dass durch die mRNA-Impfung dauerhaft Spikeprotein produziert wird und dies zu Nebenwirkungen oder gar Todesfällen führt?

236

Die Besonderheit des mRNA-Impfstoffes im Vergleich zum Proteinimpfstoff besteht darin, dass die Muskelzelle dabei nicht das Protein selbst, sondern nur eine »Bauanleitung« des Spikeproteins erhält. Die Muskelzelle baut nach dieser Vorgabe das Spikeprotein nach. Die Immunantwort wird gebildet, und das Spikeprotein verschwindet. Auch die Bauanleitung, die mRNA, ist dann nicht mehr vorhanden, denn unser Körper ist voll von RNAsen, jenen Enzymen, die überflüssige RNA abbauen.

Zur Erinnerung: Unser genetisches Material ist aufgebaut aus DNA. Wird ein neues Protein gebraucht – ein Enzym, ein Antikörper oder Bestandteile neuer Zellen –, wird der entsprechende Abschnitt von der DNA als RNA abgelesen. Die DNA ist quasi das große Kochbuch, während die RNA nur für den Moment die Notiz für den Einkauf ist. Basierend auf dieser Skizze wird allerdings nicht eingekauft, sondern das Spikeprotein gebaut. Der Prozess ist automatisiert!

Alles, was als RNA vorliegt, wird am Ende umgewandelt in ein Protein. Der Prozess wird dadurch gestoppt, dass unspezifische RNAsen diese RNA zerstören, der Notizzettel wird zerrissen. Damit wir nicht überfrachtet werden mit zu vielen Proteinen, wimmelt es daher im Körper von RNAsen. Übrigens auch in der Umwelt. Haben Sie jemals davon gehört, dass die Kriminaltechniker oder das Team von CSI Spuren von RNA nehmen? Nein. Diese sind so flüchtig, dass man doch lieber auf die stabile DNA zurückgreift. In der Tat war eines der Hauptprobleme der mRNA-Forschung lange Zeit, die RNA überhaupt in die Zielzelle zu bekommen, damit diese noch das Protein bilden kann, bevor sie den RNAsen zum Opfer fällt. Erst nach jahrelanger Forschung ist dieser Vorgang gelungen.

Nun stellt sich aber die Frage, ob die RNA des Spikeproteins manchmal länger als angenommen persistieren kann. Tatsächlich konnte in einigen Fällen gezeigt werden, dass mRNA länger im Körper verbleibt als angenommen und sogar bei diesen wenigen Fällen auch im Herzmuskel nachgewiesen werden kann.[28] Es kursieren immer wieder Berichte von Herzmuskelentzündungen, bis hin zu Todesfällen, sodass der Nachweis von mRNA im Herzen natürlich erst einmal die Alarmglocken schrillen lässt.

Es gehört zur Wahrheit dazu, dass jede Impfung neben der gewünschten Wirkung auch unerwünschte Wirkungen hat. Es kann in sehr seltenen Fällen auch zu schweren Impfnebenwirkungen kommen. Während es zum Beispiel nach einer Maserninfektion in 1 zu 1000 bis 1 zu 10 000 Fällen zu einer Enzephalitis mit Todesfolge kommen kann, geschieht dies nach einer Impfung nur in 1 zu 10 000 000 Fällen: 1 zu 10 Millionen.[29] Der Unterschied ist also gewaltig. Bei Masern fällt die Entscheidung zwischen Impfung oder Infektion immer zugunsten der Impfung aus.

Die schwerwiegenden Komplikationen werden zentral verzeichnet und die Patienten oder ihre Angehörigen entschädigt. Vieles könnte in der Erfassung von Nebenwirkungen nach der Zulassung eines Impfstoffs besser laufen. Das Paul-Ehrlich-Institut (PEI) ist dabei auf die Meldungen von behandelnden Ärzten angewiesen. Zwar sind diese nach dem Infektionsschutzgesetz dazu verpflichtet, aber die Interpretation einer Impfreaktion liegt im Ermessen des meldenden Arztes. Zunächst müssen Ärzte jeden Verdacht auf gesundheitliche Schäden durch die Impfung namentlich dem Gesundheitsamt melden. Die Gesundheitsämter leiten diese Verdachtsfälle dann in anonymisierter Form (ohne erkennbare persönliche Daten) an die zuständigen Landesbehörden und das PEI weiter. Sie werden in einer großen Datenbank gesammelt, und man prüft, ob irgendeine Reaktion oder Komplikation gehäuft auftritt.

Sollte tatsächlich ein Impfschaden vorliegen, können Betroffene beim zuständigen Versorgungsamt ihres Bundeslandes einen Antrag auf Anerkennung des Impfschadens stellen, um soziale Entschädigungsleistungen zu erhalten. Das Versorgungsamt prüft den Antrag und entscheidet über die Anerkennung. Im Falle einer Ablehnung kann der Rechtsweg zu den Sozialgerichten beschritten werden.[30]

Während sich diese Möglichkeit in ruhigen Zeiten anbietet, erweist sie sich während einer Pandemie als zu langsam. Wenn jeder Tag zählt, innerhalb von Monaten ein neuer Impfstoff entwickelt wird und Vertrauen in dieses Produkt ein sehr wichtiges Gut ist, sollte man Zulassung und Vergabe wissenschaftlich begleiten mithilfe klinischer Studien (sogenannte Phase 4) unter der Leitung des PEI, um früh eine robuste und sichere Datenlage zu erhalten. Das Paul-Ehrlich-Institut führt normalerweise keine zulassungsbegleitenden Studien durch, aber ein solches Vorgehen würde das PEI in seiner Unabhängigkeit stärken, und die Kosten der Studien könnten zudem von den Herstellerfirmen getragen werden.

Auch bei COVID-19-Impfungen kann es in sehr seltenen Fällen zu Impfkomplikationen wie beispielsweise einer Herzmuskelentzündung kommen. Studien haben gezeigt, dass die Inzidenzrate von Myokarditis und Perikarditis nach der Verabreichung von COVID-19-Impfstoffen bei etwa 6 Fällen pro 1 Million Dosen liegt. Diese Rate beläuft sich auf weniger als die Hälfte der Inzidenzen, die nach einer SARS-CoV-2-Infektion beobachtet wurden. In einigen Studien liegt das Risiko einer Herzmuskelentzündung sogar um das 11-Fache höher nach einer Infektion im Vergleich zur Impfung. Ob sich diese Werte mit den unterschiedlichen Varianten ändern, ist bisher nicht untersucht worden.[31]

Zudem wurde festgestellt, dass jugendliche Männer ein höheres Risiko haben, nach einer mRNA-Impfung Myokarditis zu entwickeln, als Frauen und ältere Menschen.[32] Das ist übrigens auch der Fall nach anderen Impfungen wie zum Beispiel der gegen Grippe.[33] Daher ist bei Jüngeren nach einer Impfung immer genau zu beobachten, ob es zu Nebenwirkungen kommt, und entsprechend zu reagieren. Denn eine Myokarditis kann tödlich sein – und so sollte gerade bei diesen Menschen bei der Impfabwägung die Frage der Risikoabschätzung gestellt werden.

An dieser Stelle möchte ich einschieben, dass mir durchaus bewusst ist, dass es Websites gibt, die Listen von Sportlern führen, die »plötzlich und unerwartet« an Herzmuskelentzündungen gestorben sind. Ich kenne auch die Videos von Moderatoren, die von einem Moment auf den anderen zusammenklappen, und ich habe mich mit Analysten und Protagonisten zusammengesetzt, die vor der COVID-19-Impfung warnen. Ich gehe an solche Fragen immer offen heran und verschließe mich nicht dem Gespräch. Aber ich habe bisher keine, wirklich keine stichhaltigen und glaubhaften Daten gesehen, die eine Häufung von schweren Nebenwirkungen dieser Art bestätigen.

Auch bei den mRNA-Impfstoffen treten in sehr seltenen Fällen schwere Nebenwirkungen auf. Nun könnte man denken, dass Wörter wie »selten« oder »häufig« – die sich auch auf jedem Beipackzettel wiederfinden – subjektive Begriffe sind, aber tatsächlich gibt es dafür eine medizinische Definition! Bei der Anwendung eines Medikaments oder einer Behandlung kann es zu Nebenwirkungen kommen, deren Häufigkeit bisweilen stark variiert. Wenn wir sagen, dass eine Nebenwirkung »sehr häufig« auftritt, bedeutet dies, dass mehr als 1 von 10 Behandelten, also über 10 Prozent, diese Erfahrung machen. Bei einer »häufigen« Nebenwirkung liegt die Rate zwischen 1 und 10 von 100 Behandelten, was bedeutet, dass zwischen 1 und 10 Prozent der Personen betroffen sind. »Gelegentlich« treten Nebenwirkungen bei 1 bis 10 von 1000 Behandelten auf, sodass 0,1 bis 1 Prozent der Personen Nebenwirkungen erfahren. Als »selten« gelten Nebenwirkungen, wenn sie bei 1 bis 10 von 10 000 Behandelten vorkommen, was einer Rate von 0,01 bis 0,1 Prozent entspricht. »Sehr selten«

sind Nebenwirkungen, wenn sie bei weniger als 1 von 10 000 Behandelten auftreten, also bei weniger als 0,01 Prozent. Wenn wir also sagen, dass die Impfung sehr seltene Nebenwirkungen hervorruft, treten sie bei weniger als 1 Person von 10 000 Geimpften auf. Jeder Impfstoff oder jedes Medikament mit einer Wirkung kann auch Nebenwirkungen haben.

Eine solche sehr seltene Nebenwirkung ist das Post-Vac-Syndrom. Die Beschwerden, die Betroffene beschreiben, erinnern an Long-COVID und sind äußerst vielfältig. Häufig berichtet wird von Symptomen wie anhaltende Müdigkeit und Erschöpfung, die nicht durch andere Ursachen erklärt werden können; Leistungseinbußen und Problemen mit dem Kurzzeitgedächtnis, Kopfschmerzen und Schlafschwierigkeiten. Es kommt aber ebenso zu Herzrhythmusstörungen, Arthritis und Hautveränderungen. Auch wenn man bisher weder weiß, wie häufig sie auftreten, noch, wodurch diese Nebenwirkungen entstehen, gibt es verschiedene Theorien.

Die schon genannte Annahme, dass die mRNA des Impfstoffs bei manchen Menschen länger im Körper persistiert als angenommen und dadurch dauerhaft Spikeprotein produziert, von der einige Studien sprechen, könnte hier eine Rolle spielen.[34] Leider sind diese Studien nicht gut durchgeführt worden, da zum Beispiel wichtige Kontrollen fehlen, die Konzentration der Impfung über dem 40-Fachen der normalen Dosis liegt oder sogar Mäuse zu Versuchszwecken genommen wurden, denen zentrale physiologische Funktionen aufgrund von Gendefekten fehlen, die also zum Beispiel von vornherein ein nicht funktionierendes Immunsystem haben.

Andere Studien gehen davon aus, dass es sich beim Post-Vac-Syndrom um eine Art Autoimmunreaktion gegen das Spikeprotein handelt.[35] Solche Autoimmunreaktionen können immer wieder durch Impfungen oder Infektionen ausgelöst werden. Ihre Entstehung lässt sich durch eine Kombination aus Zufall und genetischer Veranlagung erklären.

Einerseits spielen genetische Faktoren eine Rolle, andererseits tragen Einflüsse wie Stress, Infektionen, Impfungen oder Schwangerschaft zum Risiko bei. Kein einzelner genetischer oder Umweltfaktor garantiert jedoch die Entwicklung oder Verhinderung einer Autoimmunerkrankung.

Solch ein Zufallsaspekt liegt vor, wenn Immunzellen, die normalerweise den Körper nicht angreifen sollten, auf einen Erreger treffen, den sie bekämpfen wollen, aber eine Immunantwort dafür entwickeln müssen, die auch gegen körpereigene Zellen vorgeht. Ein typisches Beispiel ist der Typ-I-Diabetes. So nimmt man an, dass bestimmte Viren, wie das Coxsackievirus B, direkt die insulinproduzierenden Betazellen in der Bauchspeicheldrüse infizieren können. Diese Infektion führt nicht nur zu einer unmittelbaren Schädigung der Zellen, sondern auch dazu, dass die T-Zellen die Betazellen angreifen und es zu einer lang anhaltenden Entzündungsreaktion kommt. Die chronische Entzündung leitet das Immunsystem fehl, sodass es beginnt, die eigenen Betazellen als fremd anzusehen und sie anzugreifen. Eigentlich sollen die T-Zellen nur das Virus angreifen und töten, was sie auch tun, aber leider ist genau diese Immunantwort den Strukturen des Pankreas bei einigen Menschen zu ähnlich.

Dass solch eine Autoimmunerkrankung auch bei der SARS-CoV-2-Impfung eine Rolle spielen könnte, da wissenschaftliche Beschreibungen solcher Fälle von circa 100 pro Jahr auf fast 1000 pro Jahr hochgeschnellt sind, liegt nah. Auch bei einem Teil der Patienten, die an Post-COVID leiden, werden autoimmune Reaktionen angenommen. Das bedeutet, dass man diese Reaktion sowohl bei einer Infektion als auch durch Impfung bekommen hätte. Allen diesen Fällen ist gemeinsam, dass sie sehr selten auftreten und der Impfstoff mittlerweile bei Milliarden Menschen verimpft wurde. In Deutschland wurden 65 Millionen Menschen geimpft und fast 180 Millionen Impfdosen gegeben.[36] Ein Impfschaden wurde bisher bei 467 Personen anerkannt.[37] Und so gilt für den Coronaimpfstoff, was für alle Impfstoffe gilt: Er ist sicher, schützt vor einer schweren Erkrankung bei vulnerablen Personengruppen, kann aber in sehr seltenen Fällen Nebenwirkungen haben. Das muss deutlich kommuniziert werden, da alles andere nicht der Wahrheit entspricht.

Wenn wir an dieser Stelle schon von Langzeitfolgen wie Post-COVID sprechen, ein kleiner Exkurs zu diesem sehr komplexen Thema. Ehrlich gesagt, war ich bisher zögerlich, mich dazu zu äußern. Die Diskussionen während der Coronapandemie waren zu aufgeladen, und es gibt vieles, das wir zu Post-COVID nicht wussten oder immer noch nicht wissen. Bis heute wird das Thema von manchen angesprochen, die sich mehr Maßnahmen wünschen, indem sie argumentieren, dass wir uns einer »stillen Pandemie« gegenübersehen: der Post-COVID-Pandemie.

Ein erstes Problem ist die Definition der Häufigkeit solcher Fälle, denn dabei variieren die Schätzungen deutlich. Man könnte sich fragen, ob Symptome wie mangelnde Erholung im Schlaf oder allgemeine Abgeschlagenheit wirklich neu sind oder ebenso infolge anderer Infektionen auftreten können. Tatsächlich gibt es auch nach anderen viralen Infektionen eine postinfektiöse Ermüdung. Laut der British Society of Pulmonology sind solche postinfektiösen Symptome nach viralen Lungenentzündungen von bis zu sechs Monaten völlig normal und können auch nach anderen viralen Erkrankungen, wie der saisonalen Influenza, auftreten.[38] Dieses in Anlehnung als »Long Flu« bezeichnete Phänomen kann manchmal schwerwiegendere Nachwirkungen haben als Post-COVID, sodass es wichtig ist, dieses Phänomen zu erforschen.

Doch Post-COVID umfasst mehr, und hier liegen weitere Schwierigkeiten, denn wir haben das Syndrom noch nicht klar definiert. Es beschreibt zum einen Menschen, die unter Erschöpfung und eingeschränkter Belastbarkeit leiden, was ihre Teilnahme am sozialen und beruflichen Leben stark einschränkt, bis hin zu denen, die auf der Intensivstation behandelt wurden und ein »Post-Intensive-Care-Syndrom« entwickeln.[39] Zudem gibt es auch Fälle von Spätkomplikationen wie Herz-Kreislauf-Probleme und Gedächtnisstörungen sowie psychischen oder posttraumatischen Belastungsstörungen.

Meiner Ansicht nach sollte man diese verschiedenen Zustände nicht alle unter einem Begriff zusammenfassen, sondern einzeln betrachten. Weder die Schäden nach einer intensivmedizinischen Behandlung sind spezifisch für COVID-19, noch sind allgemeine Erschöpfungszustände als postinfektiöse Symptome ein völlig unbekanntes Syndrom. Kommt die Sprache auf psychische und posttraumatische Belastungen, schrillen bei vielen Betroffenen die Alarmglocken, man wolle sie in die »Psychoecke« schieben.

Ich sehe hier zwei ernsthafte Probleme: Erstens werden psychosomatische Erkrankungen in unserer Gesellschaft und auch in der Politik immer noch nicht ernst genommen. Diese Symptome sind real, aber sie haben ihren Ursprung eben nicht in einer körperlichen Schädigung. Zweitens haben wir während der Pandemie unnötig Ängste vor dem Virus geschürt, was zu zusätzlichem psychischem Stress geführt hat. Beim Thema psychische Erkrankung besteht dringender Handlungsbedarf, und ein Umdenken muss einsetzen. Psychische Erkrankungen sind ernst zu nehmende Krankheiten und dürfen weder verharmlost oder belächelt noch ignoriert werden.

Es gibt aber noch eine weitere Art von Post-COVID, die mit Symptomen wie »Gehirnnebel«, Herzrhythmusstörungen oder anderen messbaren und objektivierbaren Problemen einhergeht. Noch ist unklar, was genau dahintersteckt. Diskutiert wird, ob eine anhaltende Viruspräsenz im Gewebe, eine überschießende Immunreaktion, Nervenschäden oder Autoimmunerkrankungen die Ursache sein könnten.[40] Und hier schließt sich der Kreis zur Impfung, da diese Art von Post-COVID große Ähnlichkeit mit dem Post-Vac-Syndrom aufzuweisen scheint.

Gemeinsam gegen Corona: Die Sache mit dem Impfen

»Ich schütze mich«; »Danke! Ihr Geimpften«; »Impfen hilft!«; »Wir lieben Impfen«; »Impfen: Da weiß man, was man hat«; »#ZusammenGegenCorona« – die Liste der Slogans, mit denen Bürger, Kunden, Mitarbeiter und Geschäftspartner zum Impfen animiert werden sollten, wurde lang und länger. Begonnen hatte alles mit der ersten Werbekampagne des Bundes im Dezember 2020 und der Devise »Deutschland krempelt die Ärmel hoch für die Corona-Schutzimpfung«,[41] der sich im Verlauf der Pandemie zahlreiche Unternehmen, gemeinnützige Organisationen und Landesregierungen mit eigenen Aufrufen anschlossen.

Auch wenn die Appelle später vielfach kritisch gesehen wurden, weil aus der Motivation dann Druck wurde und es auch bei der Auftragsvergabe der Bundeskampagne im Herbst 2022 nicht ganz mit rechten Dingen zuging,[42] wie wir heute wissen, waren sie doch Ausdruck einer breiten Zustimmung zum Impfen. Irgendwann war bei den meisten der Impfpass in der App jederzeit abrufbar und er wurde auch in verschiedensten Situationen gebraucht. Sei es beim Reisen in andere Länder, sei es beim Zutritt zu manchen Orten. Was aber war mit denjenigen, die sich nicht impfen lassen wollten oder konnten?

Neben die Aufrufe und Appelle trat bald die Forderung nach einer Impfpflicht – für alle oder für bestimmte Berufszweige wie beispielsweise Beschäftigte in Kliniken und Pflegeheimen. Motivation versus Zwang – oder die Kombination aus beidem? Die Debatte war eröffnet.

Übers Ziel hinausgeschossen: 3G, 2G, 2G+, 1G

Nach den verschiedenen Lockdowns wurden in Deutschland Maßnahmen eingeführt, die den Zugang zu öffentlichen Bereichen wie Kultureinrichtungen, Gastronomie, Einzelhandel und Sportanlagen regulieren sollten. Die bekanntesten davon sind die sogenannten 2G- und 3G-Regeln. Diese Richtlinien zielten darauf ab, das Risiko von COVID-19-Infektionen zu minimieren und gleichzeitig das öffentliche Leben aufrechtzuerhalten.

Bei der 3G-Regel mussten Personen nachweisen, dass sie geimpft, genesen oder negativ getestet waren, um Zugang zu erhalten. Diese Vorgaben erweiterten sich zur 2G-Regel, bei der nur Geimpften und Genesenen der Zutritt erlaubt wurde. Einige Orte setzten sogar die 2G+-Regel ein, die zusätzlich zu Impfung oder Genesung einen aktuellen negativen Test verlangte. Ein Vorschlag zielte schließlich darauf ab, alle Menschen, die nicht mindestens dreimal geimpft waren, von der gesellschaftlichen Teilhabe auszuschließen (1G-Regel).[43] Dabei hätte es sich um rund ein Drittel der Bevölkerung gehandelt.

Restriktionen wie die G-Regeln haben viele damals mit Skepsis betrachtet, und auch heute wird im Rückblick immer wieder Kritik daran laut. Denn wer die Voraussetzungen nicht erfüllte, war nicht mehr Teil des gesellschaftlichen Lebens. Keine Treffen bei Veranstaltungen, kein Kinoabend, kein Essen im Restaurant, weder Theaterbesuch noch Baraufenthalt. Und einige Politiker sowie Personen des öffentlichen Lebens formulierten es auch ganz deutlich: »Ihr, die ihr nicht geimpft seid, ihr seid jetzt raus aus dem gesellschaftlichen Leben«,[44] oder noch drastischer: »Der Ungeimpfte ist der Blinddarm, der im strengeren Sinne für das Überleben des Gesamtkomplex nicht essenziell ist.«[45] Das war nicht nur verletzend für diese Personen, sondern Ungeimpfte fühlten sich und waren de facto auch in zunehmendem Maß ausgegrenzt.

Aufschluss über die Akzeptanz der Impfung und der Maßnahmen gibt die COSMO-Studie der Universität Erfurt.[46] Hier wurden über mehrere Monate hinweg Freiwillige befragt und somit Veränderungen in ihrer Einstellung über einen längeren Zeitraum, aber auch ihr Vertrauen in die Regierung festgehalten. Nicht überraschend lehnten rund 90 Prozent der ungeimpften Teilnehmer weitergehende Beschränkungen über die 3G-Regel hinaus ab. Selbst die 3G-Regel stieß bei 65 bis 83 Prozent der ungeimpften Befragten auf Ablehnung, wobei die Akzeptanz mit steigenden Infektionszahlen tendenziell zunahm.

Insgesamt aber – und unabhängig vom Impfstatus – wurde in der Bevölkerung eine strengere 1G/2G+- und 2G-Regeln von 40 bis 65 Prozent der Befragten abgelehnt. Eine Minderheit von 13 bis 22 Prozent sprach sich gegen jegliche Einschränkungen aus.[47] Diese geringe Akzeptanz könnte auch durch die Abschaffung kostenloser Bürgertests im Oktober 2021 verschärft worden sein, da sich viele Menschen mit niedrigem Einkommen regelmäßige Tests schlicht nicht leisten konnten.

Die Maßnahmen erschienen auf dem Papier sinnvoll konzipiert, um Schließungen zu vermeiden und gleichzeitig das Infektionsrisiko zu minimieren. Allerdings nur theoretisch – eben auf dem Papier. Zu Recht wurde eingewandt, dass der Impfstoff nicht vor einer Infektion schützte und also ein unnötiger Druck auf Ungeimpfte aufgebaut wurde. Aus heutiger Sicht mag es tatsächlich unmöglich klingen, dass solche Regeln überhaupt entwickelt wurden. Doch obwohl ich mich schon damals gegen 2G-/3G-Regeln ausgesprochen habe, darf man keinen Rückschaufehler begehen. Die Frage, die weiterhin im Raum steht, lautet: Können 2G- oder 3G-Regeln dazu beitragen, die Infektionszahlen zu kontrollieren, vor allem wenn man zwischen geimpften und ungeimpften Personen unterscheidet?

Neben der Kritik an den Maßnahmen muss man die G-Regeln auch im zeitlichen Kontext sehen. Geimpfte galten zunächst als die Personen, die mindestens zwei Dosen eines Vakzins erhalten hatten. Anfängliche Studien zeigten, dass sich geimpfte Personen insgesamt seltener infizierten als ungeimpfte.[48] Das änderte sich aber mit der Zeit und dem Auftreten neuer Varianten wie Delta und Omikron. Es stieg die Wahrscheinlichkeit eines Impfdurchbruchs deutlich – dass also Infektionen trotz Impfung stattfinden. Der angenommene Schutz von zunächst sechs Monaten schrumpfte auf drei oder weniger, und der Effekt einer der G-Regeln wurde immer geringer.

Natürlich lässt sich die Wirksamkeit theoretisch berechnen, und so ist die Aussage durchaus korrekt, dass die 2G-, 2G+- und 3G-Regeln durch strengere Einlasskontrollen den Anteil von potenziell Infizierten bei Veranstaltungen für den Zeitraum, in dem durch die Impfung Schutz vor der Infektion besteht, reduzieren.[49] Doch auch wenn dieser Zusammenhang für die Deltavariante – bei der noch ein höherer Schutz durch die Impfung vorlag – zutreffend war, konnte er in der Praxis bei der Omikronvariante nicht mehr beobachtet werden.[50] Und so trifft hier Theorie auf Praxis, oder vielmehr wird die Theorie von der Realität überholt. Was auf dem Papier vielleicht funktioniert, zeigt nicht den gewünschten Effekt im echten Leben. Dies kann bei zukünftigen Pandemien, bei anderen Viren und anderen Impfstoffen ganz anders aussehen, dennoch bleibt die Frage, wie kleinteilig man solche Effekte für die Bevölkerung berechnen kann, und damit einhergehend, ob solche Versuche nicht eher zu Verwirrung führen, als Klarheit zu schaffen.

Die Maßnahmen sollten sicherstellen, dass das Infektionsrisiko gering blieb, insbesondere in den ersten Monaten nach der Impfung, wo der Schutz am stärksten ist. Jedoch war dieser Effekt mit dem Auftreten der Omikronvariante passé, sodass sie spätestens dann keinen Sinn mehr machten. Befürworter der 2G-/3G-Regeln gaben zu bedenken, dass die Bedeutung dieser Maßnahmen nicht nur im Schutz der Geimpften liege, sondern auch in der Vermeidung einer Überlastung des Gesundheitssystems. Trotz steigender Infektionszahlen während der Omikronwelle blieb die Anzahl der intensivmedizinisch behandelten COVID-19-Patienten allerdings stabil,[51] und das Argument wurde entkräftigt und konnte die 2G-/3G-Regel nicht rechtfertigen.

Die Wirksamkeit von Immunitätsnachweisen wie solcherart Regelungen, die Zugang zu öffentlichen Einrichtungen und Veranstaltungen auf Basis des Impfstatus steuern, bleibt wissenschaftlich umstritten. Nur wenige Studien jenseits von Computersimulationen konnten zeigen, dass sie in der Tat einen Effekt auf das Infektionsgeschehen hatten.[52] Doch wie viele Ungeimpfte muss man eigentlich vom gesellschaftlichen Leben ausschließen, um eine Infektion zu vermeiden?

Eine Studie dazu verwendete ein mathematisches Modell, die sogenannte »Number Needed to Exclude« (NNE), um abzuschätzen, wie viele ungeimpfte Personen ausgeschlossen werden müssten, um in einer Gruppe von Menschen auch nur eine Infektion zu vermeiden.[53] Das Modell ergab eine NNE von 1000. Es müssten also 1000 Ungeimpfte vom gesellschaftlichen Leben ausgeschlossen werden, um eine einzige SARS-CoV-2-Infektion zu verhindern.

Das Ergebnis zeigt zum einen, dass diese Praxis bei einem niedrigen Infektionsgeschehen wahrscheinlich überhaupt keinen Effekt hat, da einfach zu wenige Infektionen passieren würden, damit man überhaupt eine Infektion verhindern kann. Zum anderen ist es bemerkenswert, dass dieser hohe Wert bereits existierte, als der Impfstoff noch deutlich besser vor einer Infektion schützte – also vor der Omikronvariante.

Deutschland war nicht das einzige Land, das mit 2G- oder 3G-Regeln arbeitete. So entsprach der britische »COVID-passport« unserer 3G-Regelung. Wie gut er funktionierte, wurde landesweit untersucht. Dabei stellte man in drei der vier untersuchten Landesteile lediglich einen Einfluss auf die Höhe der Infektionszahlen fest, nicht aber auf die Anzahl der Krankenhausaufenthalte wegen COVID-19. Und so ist fraglich, ob der COVID-Pass Hospitalisierungen verhindern kann.[54] Wie wirksam die G-Regelungen also insgesamt sind, bleibt zumindest zweifelhaft, insbesondere bezüglich einer Verhinderung von Hospitalisierungen.

In Israel führte man dagegen den sogenannten »Green Pass« ein, was unserer 2G-Regel entsprach. Wollte man in ein Restaurant gehen, ein Event besuchen oder irgendetwas anderes machen, das über die reine Grundversorgung hinausging, musste man von Mitte Februar bis Anfang Juni 2021 den Green Pass vorzeigen. Die Fallzahlen stagnierten in diesem Zeitraum,[55] was für 2G-Befürworter als Beleg dafür diente, dass die behutsame Öffnung nach 2G-Regelung einen stärkeren Anstieg der Infektionszahlen verhinderte.

Erschwert wird die Beurteilung der Wirksamkeit der Regelungen durch die Genauigkeit von Antigentests im Alltagseinsatz, die oft wesentlich geringer ist als bei Labortests. Dies kann dazu führen, dass Infektionen bei asymptomatischen oder präsymptomatischen Personen nicht rechtzeitig erkannt werden, wodurch das Ziel der 3G- oder 2G-Regelung, die Verbreitung des Virus zu verhindern, untergraben wird.

Allerdings erhoffte man sich von den 2G-/3G-Regeln noch einen weiteren, zusätzlichen Nutzen: Den Ungeimpften sollte damit ein »Anreiz« zur Impfung gegeben werden. Dieses Konzept stammt aus der Verhaltensökonomie und wird mit dem verniedlichenden Begriff »Nudging« – »Anstupsen« – umschrieben. Als bekanntes Beispiel nimmt man gern ein Buffet, auf dem das Obst in Griffnähe platziert ist, die Donuts hingegen nur umständlich zu erreichen sind. In diesem Setting greifen die Menschen dann eher zum Obst. Auf die 2G-/3G-Regel angewendet, bedeutet ein Nudging, dass der

Alltag für Geimpfte in der Pandemie leichter sein sollte als für Ungeimpfte, die sich zum Beispiel häufiger testen lassen mussten.

Doch für viele war die Entscheidung, sich impfen zu lassen oder nicht, unabhängig davon, ob es für sie als Geimpfte leichter gewesen wäre, ihren Alltag zu bestreiten. Daher ist es auch wenig überraschend, dass diese Bemühungen weitestgehend fehlschlugen; Zugangsbeschränkungen aufgrund des Impfstatus führten nicht zu einem erhofften Anstieg der Impfraten.[56] Interessanterweise ging in Italien, Frankreich und Deutschland die Anzahl der neu verabreichten Impfdosen nach Einführung der 3G-Regeln sogar zurück. Und selbst dort, wo die Einführung von »COVID-19-Passports« wahrscheinlich für höhere Impfraten sorgte, betraf das die jüngere Generation, während das »Nudging« bei den Älteren, die am meisten durch SARS-CoV-2 gefährdet wurden, keinen Effekt hatte.[57]

Insgesamt lässt sich sagen, dass die 2G- und 3G-Regelungen zwar als Anreiz zur Impfung gedacht waren und theoretisch das Potenzial hatten, die Übertragungsraten zu senken, in der Praxis jedoch ihre Wirksamkeit in Bezug auf die Eindämmung der Pandemie und die Förderung der Impfquoten nicht lieferten. Im Gegenteil. Der Druck, sich impfen zu lassen, führte bei einigen Menschen zu Widerstand, was paradoxerweise ihre Bereitschaft zur Impfung noch verringerte.

Auch wirtschaftlich betrachtet gibt es eine bunte Palette von Auswirkungen dieser besonderen Maßnahmen. In Ländern wie Frankreich, Italien und Deutschland hat eine Studie positive Effekte dieser Regelungen auf das Bruttoinlandsprodukt pro Kopf festgestellt.[58] Offenbar halfen die 3G-Regeln dabei, Geschäfte und Dienstleistungen am Laufen zu halten und gleichzeitig ein sicheres Umfeld zu schaffen, was die wirtschaftliche Aktivität ankurbelte. Auch aus diesem Grund waren viele Betreiber von Veranstaltungsorten gerne bereit, die Maßnahmen umzusetzen.

In Deutschland gab es allerdings auch Spannungen am Arbeitsplatz aufgrund der 3G-Regeln, mit Berichten über Kündigungen von Mitarbeitern, die sich weigerten, sich testen zu lassen. Diese Geschichten sind oft mehr als bloße Anekdoten und werfen ein unschönes Licht auf die sozialen und arbeitsrechtlichen Herausforderungen, die mit solchen Regelungen verbunden sein können. Die schottische Regierung ging einen anderen Weg und unternahm vor der Einführung ihrer Maßnahmen eine Kosten-Nutzen-Analyse. Das Ergebnis: Der wirtschaftliche und gesellschaftliche Nutzen, Geschäfte und Dienstleistungen offen zu halten, überwiegt die Kosten, die durch die Umsetzung der Maßnahmen entstehen würden.[59] Daher wurden diese Regeln nicht eingeführt.

Impfpflicht – wie weit darf man gehen?

Die Diskussion um eine allgemeine Impfpflicht war emotional aufgeladen. Verschiedene Impfpflichtmodelle wurden diskutiert. Von einer allgemeinen Impfpflicht ab 18 Jahren über eine berufsbedingte Impfpflicht für medizinisches Personal und Soldaten bis zu einer Impfpflicht für Menschen ab 60 Jahren, also für die Älteren der Gesellschaft. Viele hofften – nein, glaubten sogar –, dass eine solche Maßnahme ein schnelles Ende der Pandemie herbeiführen könnte. Manch einer dachte wohl: Ungeimpfte waren doch schuld, dass man nicht mehr tanzen gehen durfte, oder?[60]

Doch die Realität war bei Weitem nicht so einfach. Selbst mit einer hohen Durchimpfungsrate wären wir in den Herbst- und Wintermonaten weiterhin mit COVID-19 und möglichen Infektionswellen konfrontiert gewesen. Eine Impfpflicht hätte zwar kurzfristig die Immunitätslücke weiter schließen können, wäre aber ohne großen Einfluss auf das Infektionsgeschehen geblieben, da die Impfung nur vor einem schweren Verlauf schützt, nicht aber vor der Infektion selbst.

Ein Argument für eine Impfpflicht, das oft vorgebracht

wurde, war die Entlastung des Gesundheitssystems. Man hatte gehofft, auf diese Weise weniger intensivmedizinische Behandlungen bewältigen zu müssen und die Maßnahmen Schritt für Schritt zurückfahren zu können. Doch mit dem Auftreten der Omikronvariante und dem milderen Verlauf vieler COVID-19-Erkrankungen hatte sich diese Dynamik verändert. Es gab bereits weniger intensivmedizinische Fälle, Geimpfte infizierten sich mehr oder weniger genauso häufig wie Ungeimpfte,[61] und der Zusatznutzen eines erneuten Boosters war nicht mehr so eindeutig zu erkennen.

Auf der anderen Seite gibt es einige berechtigte Bedenken gegen eine Impfpflicht. Erstens: Das Recht auf körperliche Unversehrtheit ist ein fundamentales Menschenrecht, und jede Maßnahme, die dieses Recht potenziell verletzt, muss sorgfältig abgewogen werden. In einer Situation, in der andere wirksame Maßnahmen wie das Tragen von Masken, regelmäßiges Testen und Abstandsregeln zur Verfügung stehen, erscheint eine Impfpflicht nicht zwingend notwendig.

Zweitens birgt eine berufsbedingte Impfpflicht das Risiko, dass gerade aus kritischen Bereichen wie dem Gesundheitswesen Personal abwandert. Viele Beschäftigte in Krankenhäusern, aber auch Pflegeeinrichtungen, die eine Impfung ablehnen, könnten durch eine Impfpflicht eher zu einer Kündigung als zu einer Impfung motiviert werden. Dies würde den ohnehin schon bestehenden Personalmangel in vielen der Häuser weiter verschärfen. Drittens muss die Frage der Verhältnismäßigkeit gestellt werden: Wie groß ist das Risiko, andere zu infizieren, das von regelmäßig getesteten, ungeimpften Pflegekräften ausgeht, die eine FFP2-Maske tragen? Möglicherweise gering, was die Notwendigkeit einer Impfpflicht weiter infrage stellt.

In meinen Augen müssen zwei Voraussetzungen erfüllt sein, damit eine Impfpflicht überhaupt Sinn ergibt: Erstens, der Impfstoff muss eine sterile Immunität erzeugen und vor einer Infektion weitestgehend schützen. Dies war bei der COVID-19-Impfung nicht der Fall. Zweitens, das Virus sollte ausrottbar sein. Da SARS-COV-2 aber in vielen verschiedenen Tieren einschließlich Rehen und Mäusen zu finden ist, ist auch dies nicht möglich. So war in meinen Augen keine der diskutierten Formen der Impfpflicht sinnvoll. Weder berufsbedingt noch allgemein, da die Grundvoraussetzungen nicht gegeben waren.

Anders verhält es sich bei einer Impfpflicht für Pocken (gab es), Masern (gibt es) und Polio (in Deutschland bereits ausgerottet). Alle drei Viren kann man ausrotten. Bei allen drei Viren kann man eine schützende Immunität erzeugen, die neben einem Eigenschutz auch einen Fremdschutz bietet. Bei Masern ist zudem der R-Wert so hoch, dass nur bei einer hohen Impfrate auch die Neugeborenen in Deutschland mitgeschützt werden. Aus diesem Grund hat die Einführung der Masernimpfpflicht im Jahr 2020 für Kinder ab dem vollendeten ersten Lebensjahr beim Eintritt in die Schule oder den Kindergarten Sinn. Wobei die Impfung oder Maserninfektion eine lebenslange sterile Immunität erzeugt und ein Antikörpernachweis genauso wie eine Impfung als Beleg akzeptiert wird.

Insgesamt muss eine Debatte um die Einführung einer Impfpflicht mit großer Sorgfalt geführt werden, wobei medizinische und wissenschaftliche Fakten im Vordergrund stehen sollten. Politische Überlegungen oder Wahlkampftaktiken haben in einer solch entscheidenden gesundheitspolitischen Frage keinen Platz. Letztlich geht es darum, den individuellen Schutz zu gewährleisten und gleichzeitig die Belastung für das Gesundheitssystem zu minimieren.

Die Suche nach Schuldigen

Die »Pandemie der Ungeimpften«.[62] Mittlerweile wissen wir, dass diese Aussage so nicht stimmt. Nichtsdestotrotz wurden Menschen, die sich nicht impfen lassen wollten, lange Zeit in dieser oder ähnlicher Form stigmatisiert. Die Menschheit sucht immer Schuldige. Bei der Pest waren es die Juden, bei HIV die Homosexuellen, bei Corona die Chinesen. Anfangs wurden Einwohnern aus Heinsberg die Autoreifen zerstochen, dann Menschen aus Gütersloh angespuckt. Als die Pandemie sich ausgebreitet hatte, waren es die Ungeimpften, die man dafür verantwortlich machte.

Viele Menschen lehnten die Coronaimpfung ab, selbst dort, wo sie leicht zugänglich war. Gleichzeitig führten die fortgesetzten Einschränkungen zur Kontrolle der Infektionsverbreitung zu einer Art Pandemiemüdigkeit, nachlassender Unterstützung für Beschränkungen und schwindendem Vertrauen in die Behörden. Das Verständnis für die Menschen, die sich nicht impfen lassen wollten, nahm mit jedem Tag weiter ab. So war in vielen Teilen der Gesellschaft das Gefühl vorherrschend, dass allein die Ungeimpften dafür verantwortlich waren, dass die Pandemie kein Ende fand. Sie waren schuld daran, dass junge Menschen nicht mehr ausgehen konnten, dass man nicht mehr reisen durfte oder dass man immer noch nicht auf die Maske verzichten konnte. »Die Tyrannei der Ungeimpften«[63] – so plakativ dieser Satz war, sprach er doch einigen aus dem Herzen. Dass dieser Vorwurf nicht zutraf, dass die Ungeimpften auf ihr Recht der körperlichen Unversehrtheit pochten, dass sie zum Teil bereits eine Infektion durchgemacht hatten und wieder zu Recht ihre Verweigerung der Impfung damit begründeten, dass sie bereits eine Immunität aufgebaut hatten, spielte alles keine Rolle. Es war schwarz und weiß.

Dabei kann die Entscheidung gegen eine Impfung viele Gründe haben. Es gab Menschen, die große Skepsis gegenüber der neuen Methode der mRNA-Impfung hatten und sich aus diesem Grund nicht impfen lassen wollten. Bei anderen waren die Mutter oder der Vater mit schweren Impfnebenwirkungen erkrankt, und wieder andere hatten eine Grunderkrankung und schlichtweg Angst, dass die Impfung diese Erkrankung wieder exazerbiert. Eine Frau schrieb mir während der Pandemie eine E-Mail, in der sie mir von ihren Ängsten vor der Impfung erzählte, da ihre Mutter eine Hirn-venenthrombose infolge einer AstraZeneca-Impfung bekommen hatte. Ein Mann wiederum hatte es gerade geschafft, seine Schuppenflechte unter Kontrolle zu bekommen, und nun Sorge, dass sie wieder hervorbrechen könnte; ein anderer war überzeugt davon, dass er gerade mit Corona infiziert gewesen war, konnte die Infektion aber nicht durch einen positiven PCR-Test belegen, wodurch er nicht als genesen galt. Um auf dem Papier aber die 2G-Regel zu erfüllen, sollte er sich impfen lassen, obwohl dies überhaupt keinen Sinn ergab. Ich muss sagen, dass ich für alle diese Fälle Verständnis hatte.

Die öffentlichen Debatten über COVID-19 waren hitzig. Einige Politiker rechtfertigten strenge Maßnahmen gegen Ungeimpfte mit moralisch aufgeladenen Argumenten, während in verschiedenen westlichen Ländern Proteste gegen Impfvorschriften stattfanden. Umfragen zeigen, dass sich Spaltungen aufgrund des Impfstatus in der Bevölkerung vertieften: Diejenigen, die den Ratschlägen der Gesundheits-behörden folgten, verurteilten oft moralisch diejenigen, die sich nicht impfen ließen, und sahen in ihnen eine Verletzung der Verpflichtung gegenüber dem Gemeinwohl. In ihren Augen war es richtig, sich für die Gemeinschaft impfen zu lassen. Diejenigen, die sich gegen die Impfung entschieden, fühlten sich diskriminiert und gegen ihren Willen unter Druck gesetzt.[64]

Und die Spaltung blieb nicht ohne Konsequenzen. Sie hatte das Potenzial, die Gesellschaft auseinanderzutreiben und Vorurteile aufgrund des Impfstatus zu begünstigen. Forschungen vor und während der Coronapandemie zeigten, dass geimpfte Personen oft weniger großzügig gegenüber ungeimpften eingestellt waren, da sie diese als »Trittbrettfahrer«[65] betrachteten, die von der Herdenimmunität profitierten, ohne etwas dazu beizutragen. Diese Wahrnehmung führte zu weniger Toleranz und einer härteren Haltung gegenüber Ungeimpften.[66]

Geimpfte hatten oft Vorurteile gegenüber Ungeimpften. So wurden diese als wie »Aluhut-Träger«, »Schwurbler«, »Querdenker« bezeichnet und man sprach sich zum Teil sogar dafür aus, ihnen Rechte zu entziehen. Studien haben herausgefunden, dass die Vorurteile gegenüber Ungeimpften bisweilen stärker ausgeprägt waren als gegenüber anderen häufig diskriminierten Gruppen wie Migranten oder Ex-Straftätern.[67] Bei den Ungeimpften wiederum verstärkten solche Einstellungen die Abwehrmechanismen, wodurch sich die Fronten noch weiter verhärteten.

Langfristig könnten die Vorurteile, die gegenüber Ungeimpften gehegt wurden, das Vertrauen in den Staat und die Gesundheitsbehörden untergraben und die Spaltung in der Gesellschaft weiter verstärken. Deshalb ist es wichtig, dass Behörden und Politiker sich darum bemühen, solche Feindseligkeiten abzumildern, damit sich gesellschaftliche Konflikte wie dieser nicht noch weitervertiefen.

Der Ethikrat – wer vertritt wen?

In der krisengeprägten Zeit der Coronapandemie fühlten sich viele Menschen nicht gehört. Einige Bürgerinnen und Bürger waren der Ansicht, dass ihnen unrecht getan wurde. Sie wurden von existenziellen Ängsten gequält, befürchteten, ihren Betrieb schließen zu müssen, oder litten darunter, lange Zeit zu Hause zu bleiben, ihrem Sport nicht nachgehen oder ihre sterbende Mutter nicht begleiten zu können. Viele entwickelten Depressionen oder empfanden es als belastend, ihre Kinder dauerhaft zu Hause betreuen zu müssen, die wiederum in der Schule zurückblieben und nicht richtig lernten.

Und dann gab es eben auch die Personen, die sich gegen eine Impfung entschieden hatten oder Bedenken gegenüber einer Impfung hegten – besonders als die Debatte um eine Impfpflicht aufkam und sie damit zu etwas gezwungen werden sollten, was sie nicht wollten. Diese Menschen fühlten sich nicht nur ungerecht, sondern teilweise sogar unethisch behandelt und richteten ihre Hoffnungen auf den Ethikrat, der in seiner Rolle als unparteiischer Vermittler auch ihre Perspektive berücksichtigen sollte.

Der Ethikrat ist ein unabhängiges Gremium, bestehend aus Experten verschiedener Fachrichtungen, und hat die Aufgabe, zu schwierigen ethischen Fragen Stellung zu beziehen und Empfehlungen auszusprechen, die die Politik bei ihren Entscheidungen unterstützen sollen. In der Vergangenheit hatte man die Arbeit des Gremiums nicht immer mitbekommen, während der Pandemie meldete es sich dann aber ungewöhnlich stark zu Wort. Das war zum einen wichtig, da Ethik in Krisenzeiten nicht nur eine theoretische Disziplin ist, sondern auch eine praktische Notwendigkeit, die unmittelbare Auswirkungen auf das Leben der Menschen hat; zum anderen mussten tiefe philosophisch-ethische Fragen geklärt werden.

Wie zum Beispiel das Trolley-Problem. Das kennen Sie, oder? Stellen Sie sich vor, Sie stehen an der Weiche einer Straßenbahnstrecke. Eine führerlose Straßenbahn kommt angerast und droht, fünf ahnungslose Personen, die auf den Gleisen weiter vorne festgebunden sind, zu überfahren. Sie haben die Möglichkeit, eine Weiche zu betätigen, um die Straßenbahn (englisch: »Trolley«) auf ein anderes Gleis umzuleiten. Auf diesem alternativen Gleis befindet sich jedoch eine einzelne Person, die ebenfalls festgebunden ist. Die zentrale Frage lautet nun, ob es ethisch vertretbar ist, durch eine bewusste Handlung (das Umlegen der Weiche) den Tod einer Person zu verursachen, um fünf andere Leben zu retten. Wenn man nichts tut, sterben fünf Menschen, was zweifellos eine Tragödie ist. Andererseits könnte das bewusste Entscheiden, die

Weiche umzulegen und damit aktiv in das Geschehen einzugreifen, als moralisch bedenklich empfunden werden, da man direkt für den Tod der einen Person verantwortlich wäre.

Angewandt auf die Pandemie hatten wir in verschiedenen Bereichen große oder kleine Trolley-Probleme, die man nicht mit einer klaren oder eindeutigen Antwort lösen konnte. Welches Übel war erträglicher? Sollte man Treffen zu Hause auf zwei Haushalte beschränken, um die Infektionszahlen zu senken, oder sollte man hohe Infektionszahlen riskieren, um soziales Leben möglich zu machen, und dadurch vielleicht Personen im Altersheim gefährden? Hier war die Einordnung des Ethikrats hilfreich. Es ging um die Balance zwischen individuellen Freiheiten und dem Schutz der öffentlichen Gesundheit, etwa bei Themen wie Impfung, Kontaktbeschränkungen oder Verteilung knapper medizinischer Ressourcen. Aber auch um das Wissen, mit bestimmten Maßnahmen andere Schäden oder Konsequenzen herbeizuführen.

In solchen Fragen war es entscheidend, diese Abwägung deutlich zu machen, aber der Ethikrat ließ in seinen Stellungnahmen immer wieder gerade das so wichtige abwägende Element vermissen. So manifestierte sich in Teilen der Gesellschaft die Kritik und Wut auch genau in diesen Punkten: Wie kann ein Ethikrat sicherstellen, dass sich alle gesellschaftlichen Gruppen in den Empfehlungen repräsentiert fühlen? Ist es überhaupt möglich, in einer so umfassenden Krise jede einzelne Perspektive zu berücksichtigen? Und spricht der Ethikrat für sich oder doch vielmehr dahingehend, die Regierung in der Krise zu unterstützen?

Gerade während der Coronapandemie hätte man vom Ethikrat eine führende Rolle in der ethischen Orientierung erwartet. Stattdessen wurde er in seinen Empfehlungen oft als Echo der Regierungspolitik empfunden, ohne wesentliche eigene Akzente zu setzen. Kritik am Management der Pandemie, vor allem an den Maßnahmen, die bereits früh, spätestens jedoch

Anfang 2021 von vielen externen Ethikern, Soziologen, Wissenschaftlern, Psychologen und Kinderärzten als übermäßig belastend hervorgehoben wurden, hätte der Ethikrat in seiner ganzen Differenzierung aufnehmen können. Besonders die jüngere Generation wurde stark belastet, ohne dass damit ein effektiver Schutz von älteren Menschen gewährleistet wurde. Anstatt eine kritische Diskussion zu fördern, blieb der Ethikrat stumm oder unentschieden, selbst bei offensichtlich fragwürdigen Entscheidungen wie der Schließung von Spielplätzen oder Schulen.

Es fehlte an einer Kommunikation der Bedenken, die zwar angeblich frühzeitig erkannt, aber nicht nachdrücklich zum Ausdruck gebracht wurden. Der Ethikrat verpasste es auch, die Vulnerabilität auf andere Gruppen auszuweiten und auf Probleme aufmerksam zu machen, die in der Gesellschaft durch die Pandemie entstanden sind. Er ignorierte kritische Stimmen, anstatt sich mit ihnen auseinanderzusetzen.

Besonders deutlich wurde das problematische Vorgehen des Gremiums bei der Debatte um die Impfpflicht. Als diese Fahrt aufnahm, reagierte der Ethikrat mit einer umfassenden Ad-hoc-Empfehlung: Es wurde zu einer allgemeinen Impfpflicht für alle Erwachsenen in Deutschland über 18 Jahren geraten und angedeutet, dass für eine effektive Kontrolle der Pandemie möglicherweise auch regelmäßige Auffrischungsimpfungen nötig sein könnten.[68] Diese Empfehlung erfolgte, obwohl die Experten im Ethikrat bis zu diesem Zeitpunkt noch anders argumentiert und aus ethischen Gründen eine Impfpflicht weitestgehend ausgeschlossen hatten, wegen eines Mangels an Belegen dafür, dass geimpfte Personen das Virus nicht weiterverbreiten können.[69] Eine Sachlage, die auch zu einem späteren Zeitpunkt galt: Der Impfstoff schützte nicht vor einer Infektion mit dem SARS-CoV-2-Virus.

Doch diese Überlegung spielte nun keine Rolle mehr, denn die Argumentation änderte sich dahingehend, dass eine Überlastung des Gesundheitssystems zu vermeiden sei und eine kontrollierte endemische Situation erreicht werden sollte. Was genau eine solche Situation charakterisierte und wie hoch die erforderliche Impfquote sein müsste, um zu diesem Zustand zu gelangen, blieb auch in der Stellungnahme des Ethikrats unklar. Obwohl sich die Experten im Ethikrat in dieser Frage nicht einig waren, handelten sie das Thema zu unkritisch und vielleicht auch einfach überhastet ab. Zu viel politischer und gesellschaftlicher Druck sowie ein zu großer Wunsch nach einem schnellen Ende der Pandemie ließen die gründliche ethische Analyse vermissen.

Gerade in der Frage der Impfpflicht hätte man sich vom Ethikrat eine kritische und ergebnisoffene Debatte gewünscht. Nichtsdestotrotz ist ihm hoch anzurechnen, dass er mittlerweile von sich aus mit einer Aufarbeitung begonnen und erste Lehren aus der schwierigen Zeit gezogen hat.[70] Und die Liste ist lang. So übte der Ethikrat deutliche Kritik an der Art und Weise, wie Deutschland die Coronapandemie gehandhabt hat. Sowohl die Vorbereitungen als auch der Schutz vulnerabler Gruppen, wie Pflegebedürftiger, war in den Augen des Ethikrats mangelhaft. Besonders junge Leute hätten unter den Einschränkungen ihres Bildungsweges und Soziallebens gelitten. Zudem wären kreative Ansätze von Lehrern und Sozialarbeitern während der Schulschließungen oft blockiert worden. Bei zukünftigen Pandemien müssten Maßnahmen ethisch begründet sein und dürften soziale Teilhabe nicht beeinträchtigen.

Heute fordern die Experten für die Zukunft eine verbesserte Kommunikationsstrategie sowie eine robustere Datenerfassung. Wichtige Einrichtungen wie Gesundheitsämter und Bildungseinrichtungen müssten resistenter gegen Krisen werden. Insgesamt ruft der Ethikrat zu einer kritischen Aufarbeitung und zur Etablierung einer besseren Fehlerkultur auf.

Das sind alles wichtige und richtige Punkte, die der Ethikrat nun anbringt, und es bleibt zu hoffen, dass das Gremium bei zukünftigen Krisen seinen Einfluss geltend machen, verschiedene Perspektiven einbeziehen und die Politik in ihren Entscheidungen kritisch begleiten wird.

Aus der Vergangenheit lernen,
um auf die Zukunft vorbereitet zu sein

Die Wahrscheinlichkeit, dass die meisten von uns noch einmal eine Pandemie erleben werden, ist hoch. Wissenschaftler haben Ausbrüche, Pandemien und Epidemien der letzten 400 Jahre untersucht und konnten zeigen, dass das Risiko des Auftretens eines Ausbruchsgeschehens in der Größenordnung der Coronapandemie bei rund 2 Prozent liegt. Oder anders gesagt: Alle 56 Jahre kommt es zu einer Pandemie.[1] Ähnlich wie bei einem Erdbeben können wir Vorzeichen zwar manchmal deuten, aber den genauen Zeitpunkt nicht vorhersagen.

Die schlechte Nachricht lautet, dass sich das Risiko in den letzten Jahrzehnten erhöht hat. Um genauer zu sein: Es hat sich verdreifacht. Durch die Mechanismen der Globalisierung sind die Zeitabstände ebenso wie die Wege zwischen Ländern und Menschen geschrumpft. So wie die ältere Generation die Asiatische Grippe, die Hongkong-Grippe und SARS-1 miterlebt hat, werden die Teenager, die jetzt Teile ihrer Schulzeit im Lockdown verbracht haben, mindestens noch eine, wenn nicht zwei Pandemien erleben. Die Wahrscheinlichkeit dafür ist hoch.

Nicht nur aus virologischer Sicht hat uns die Coronapandemie mit einer Fülle an Aufgaben konfrontiert, auch für zahlreiche andere Fachdisziplinen, die Politik und uns als Gesellschaft insgesamt war es eine herausfordernde Zeit. Klinikpersonal, Kinder- wie Hausärzten, Mitarbeitern der Gesundheitsämter und medizinischen Labors wurde viel abverlangt; aber eben auch dem Lehrpersonal an Schulen und Universitäten, Unternehmern, Beschäftigten verschiedenster Branchen, Seelsorgern, den Studentinnen und Studenten, den Schülerinnen und Schülern, den Familien und nicht zuletzt den politischen Entscheidungsträgern.

Denn auch wenn die ungewöhnlich schnelle Ausbreitung einer Infektionskrankheit erst einmal und vor allem ein medizinisches Problem darstellt, so haben wir spätestens bei der Pandemie verstanden, dass eine solche Krise das Potenzial hat, eine ganze Gesellschaft nachhaltig zu erschüttern. Nicht allein unsere Gesundheitseinrichtungen, eine Vielzahl von Systemen, Strukturen und Mechanismen aus ganz anderen Bereichen unseres Zusammenlebens kam auf den Prüfstand und musste sich bewähren.

Aus diesem Grund muss die Coronapandemie als Proxy, als Stellvertreter für zukünftige Krisen, verstanden werden, auch solche, die nicht durch einen Erreger ausgelöst werden. Und ihre Analyse vermag ein wertvolles Instrumentarium zu schaffen, das wir auch in ganz anderen Krisen als einer Viruspandemie zur Anwendung bringen können, mit dem Ziel, sie effizienter zu bewältigen. Dann kann die vergangene Krise zur Chance für die Zukunft werden.

Doch worum geht es konkret? Vieles habe ich im Buch angesprochen, sicher gibt es einiges zu ergänzen. Es haben sich zahlreiche Spannungsfelder aufgetan, über die wir reden müssen. Für mich zählt dazu auch die Frage, wie man dem Konflikt zwischen dem Infektionsschutz älterer und vulnerabler Menschen und ihrem Bedürfnis nach Nähe, Familie und Kontakt zu anderen Menschen begegnet. In der Coronapandemie waren insbesondere ältere Menschen und solche mit spezifischen Vorerkrankungen einem besonders hohen Risiko ausgesetzt, aber das muss bei einem neuen Krankheitserreger oder einer anderen Art von Bedrohung nicht notwendigerweise der Fall sein. Wie können wir sicherstellen, dass Menschen, die besonders gefährdet sind – sei es aufgrund ihres Alters, ihrer gesundheitlichen Verfassung oder ihrer sozialen Situation –, in einer Krise ausreichend geschützt und unterstützt werden, aber man ihnen ihre Würde, die Nähe zu anderen Menschen, Liebe und Geborgenheit nicht nimmt? In der Pandemie haben sich hier grausame, unmenschliche Szenen abgespielt. Das darf sich nicht wiederholen.

Bei diesem Thema sehe ich Handlungsbedarf für den Ethikrat. So wie er sich mit der Triage beschäftigt hat, also der Priorisierung medizinischer Behandlungen in Situationen, in denen Ressourcen knapp sind, muss das Gremium auch in dieser Frage ethische Leitlinien entwickeln. Und sei es nur, dass es zu der Empfehlung kommt, diese schwierige Entscheidung müsse individuell in den jeweiligen Institutionen – beispielsweise in Altersheimen oder Pflegeeinrichtungen – getroffen werden, wobei zu beachten sei, dass niemals ein Mensch von anderen Menschen gegen seinen Willen getrennt werden darf. Nur muss dieser Handlungsspielraum auch ausdrücklich gewünscht sein. Wir Deutschen neigen dazu, alles in Vorschriften zu drücken und diese dann päpstlicher als der Papst zu interpretieren. Dieses Themenfeld braucht in meinen Augen aber etwas, das man sehr schwer in Verordnungen pressen kann: Empathie, Mitgefühl und Verständnis. Deshalb ist die Aufforderung gerade dazu in meinen Augen ein sehr wichtiger Punkt.

Von großer Bedeutung ist darüber hinaus, dass wir in nicht pandemischen Zeiten eine Art Richtschnur für die Zusammenarbeit und Kommunikation zwischen Politik, Öffentlichkeit und Wissenschaft entwickeln, denn es hat sich gezeigt, dass sie in einer Krise eine entscheidende Rolle spielen. Leider ist dabei in der Coronapandemie viel schiefgelaufen. Fest steht, dass die Politik in Krisen in besonderem Maß auf die

Beratung durch die Wissenschaft angewiesen ist. Doch die Politik kann und darf sich nicht hinter der Wissenschaft verstecken nach dem Motto »Die Wissenschaft sagt ... wir können gar nicht anders handeln«. Gleichzeitig darf die Wissenschaft nicht in die Situation kommen, politische Forderungen zu bedienen. Hier brauchen wir eine scharfe Trennung: Wissenschaftliche Experten beraten, Politiker treffen die Entscheidungen – auch wenn einige Experten dies anders sehen. Wir leben in einer Demokratie und nicht in einer Expertokratie. Will ein Wissenschaftler politische Entscheidungen treffen, muss er sich dem politischen Wettbewerb stellen und gewählter Volksvertreter werden.

Der Prozess der Politikberatung durch die Wissenschaft muss insgesamt professionalisiert werden, denn ihre Bedeutung geht weit über Gesundheitskrisen hinaus. Auch in vielen anderen Themenfeldern sind die politischen Verantwortlichen auf fundierte wissenschaftliche Beratung angewiesen – seien es Energie, Klima, Mobilität oder Krieg und Naturkatastrophen. Was wir brauchen, ist eine Sichtung, Bündelung und Koordination wissenschaftlicher Expertise durch eine zentrale Stelle. Hier sind andere Länder wie die USA und England sehr viel weiter, die diesen Prozess bereits professionalisiert haben. Ihrem Vorbild folgend wäre es sinnvoll, im Kanzleramt die Position eines wissenschaftlichen Chefberaters einzurichten, der diese Aufgabe übernimmt. Er würde die strukturierte Sammlung von Expertenmeinungen, wissenschaftlichen Erkenntnissen und Diskussionen vornehmen, um diese dann in wichtige Regierungsentscheidungen einfließen zu lassen. Dieser Prozess sollte im Idealfall evidenzbasiert sein und nicht auf Einzelmeinungen beruhen. Unter seiner Leitung könnten zudem Expertenkommissionen entstehen, die die Regierung zu verschiedenen Themen beraten.

Dabei muss sichergestellt werden, dass die wissenschaftliche Beratung breit aufgestellt wird. Die Vielfalt der Expertisen zu einem Thema oder Einzelaspekt muss offengelegt, wahrgenommen und als solche akzeptiert werden. Dazu gehört insbesondere Multi- und Interdisziplinarität. Das bedeutet, dass zentrale Fragestellungen durch verschiedene wissenschaftliche Fachbereiche bearbeitet werden, die im Idealfall zusammenarbeiten. Eine Pandemie ist kein rein virologisches oder medizinisches Phänomen, sondern Gegenstand vieler Fachwissenschaften. Das betrifft beispielsweise die Wirkung von oder auch die Schäden durch Eindämmungsmaßnahmen – eine Frage, die nicht gerade in das Betätigungsfeld von Virologen fällt. Eine übergeordnete Anlaufstelle wie die des Chefberaters könnte auf diese Weise auch daran mitwirken, die Hörigkeit auf einzelne Experten zu reduzieren. In einem nächsten Schritt würden der Chefberater und sein Team die Erkenntnisse und Diskussionen zusammenfassen und der Regierung zur Verfügung stellen. Aufgabe des Chefberaters wäre zudem, die Entscheidungen, Debatten und Abwägungen in einer bestimmten Frage an die Öffentlichkeit zu kommunizieren und zu erklären, warum sich die Regierung für einen bestimmten Weg entschieden hat.

Gerade während einer Krise ist der Informationsbedarf der Bevölkerung groß; hier ist Expertise gefragt und gefordert. Um die Menschen mit wissenschaftlich gesicherten Erkenntnissen zu versorgen und Interpretationen von Einzelakteuren keinen Raum zu geben, muss die Regierung schnell und transparent Informationen bereitstellen, gebündelt über den Chefberater im Kanzleramt, der das Für und Wider, das Ringen um Entscheidungen widerspiegelt. Eine solche Herangehensweise würde nicht nur die Qualität politischer Entscheidungen verbessern, sondern auch das Vertrauen der Öffentlichkeit in die wissenschaftliche Beratung und die politischen Prozesse stärken.

Zu den Spannungsfeldern, für die wir Lösungen brauchen, zählt auch der Umgang mit wissenschaftlichen Erkenntnissen in der Öffentlichkeit. Der Wissenschaftsjournalismus sollte zwar Forschungsergebnisse klar kommunizieren und richtig einordnen, deren Bewertung sollte allerdings innerhalb der Wissenschaft erfolgen. Aus diesem Prozess haben sich Politik und Öffentlichkeit herauszuhalten, denn weder Wissenschaftsjournalisten noch Politiker sind Experten in all den unterschiedlichen Wissenschaftsfeldern, die beispielsweise während einer Gesundheitskrise gefragt sind. Auch hier besteht Handlungsbedarf.

Und die Forschung selbst muss ihre Prozesse überdenken, denn während der Coronapandemie hat es meist viel zu lange gedauert, bis wissenschaftliche Ergebnisse zu verschiedenen Aspekten von SARS-CoV-2 oder den Auswirkungen von Pandemiemaßnahmen vorlagen. Die Forschung war zu langsam, schlecht koordiniert, und sie scheiterte oft genug an bürokratischen Hürden. Um in zukünftigen Gesundheitskrisen zeitnah fundierte Forschung betreiben zu können, damit wichtige Erkenntnisse zur Handhabung und Eindämmung eines Virus schneller bereitstehen, muss sich das ändern. Aber wie?

Wir brauchen jemanden, der hier eine führende Rolle übernimmt, und dafür bietet sich kein anderer Akteur besser an als das Robert-Koch-Institut. Das RKI hat die Möglichkeit, unabhängig von wirtschaftlichen Interessen zu agieren; es erhält staatliche Förderung und verfügt über Wissenschaftler, die eigenständig forschen und im Feld arbeiten können. Wir sollten dieser wichtigen Institution die Verantwortung übertragen, flexibel und schnell auf neue Herausforderungen zu reagieren und dabei eine koordinierende Funktion zu übernehmen.

Dabei ist von zentraler Bedeutung, dass dem RKI in einer Krise die Aufgabe zufällt, Daten vergleichbar zu erheben und Studien ad hoc zu überprüfen. Auf diese Weise könnten Forschungsergebnisse schneller bewertet und Preprints, also Vorabveröffentlichungen, gemeinsam mit Experten auf ihre

Datenqualität hin überprüft werden. Durch eine Kommission, die innerhalb von Stunden eine kurzfristige Bewertung abgibt und Stärken und Schwächen der Arbeit beleuchtet. Ein derart beschleunigter Publikationsprozess könnte das traditionelle, oft langwierige Peer-Review-Verfahren abkürzen, ohne dabei die wissenschaftlichen Standards zu vernachlässigen.

Forschung sollte auch begleitend zu Pandemien in Krankenhäusern und anderen Einrichtungen möglich sein. Dafür müssen bürokratische Hürden wie umfangreiche Ethikanträge vereinfacht und innerhalb der Grenzen des ethisch Machbaren abgeschafft werden, da sie solche Forschung bisher ausbremsen. Studien müssen zügiger und unkomplizierter realisiert werden können. Bei der Anzahl durchgeführter klinischer Studien bildet Deutschland seit Jahren im internationalen Vergleich das Schlusslicht. Grund dafür sind die nationalen Vorgaben und die enorme Bürokratie. Es lohnt sich einfach nicht mehr. Anders gesagt: Während Deutschland noch prüft, legen andere Länder bereits Ergebnisse vor. Dabei gelten international überall die gleichen ethischen Vorgaben – dennoch sind andere Länder schneller. Spanien hat vor einigen Jahren erkannt, dass bürokratische Prozesse vereinfacht werden müssen, und hat die Patientenaufklärung sowie Vertragsmuster mit den Pharmakonzernen oder den Sponsoren vereinheitlicht. Es wurden klare Bewertungsregeln für die Ethikkommissionen eingeführt, auf deren Grundlage entschieden wird. Dort gilt: eine Studie – ein Ethikantrag.

Zur Verschlankung und Beschleunigung der Forschung für die Bewältigung von Krisensituationen gehört auch eine gestärkte und gut koordinierte Wissenschaftslandschaft. Wir brauchen ein effektives Surveillance-System zur Überwachung von Krankheitserregern, damit wir frühzeitig auf Ausbrüche reagieren und entsprechende Maßnahmen ergreifen können. Wir brauchen ein Gesundheitspanel, das kontinuierlich den Gesundheitszustand der Bevölkerung bewertet und Erkrankungen, Ausbrüche und Probleme frühzeitig erkennt.

Und wir brauchen die Verstetigung des Abwassermonitorings. Auch wenn es nicht perfekt ist – durch die kontinuierliche Überwachung der Konzentration von Viren im Abwasser können wertvolle Hinweise auf die Verbreitung von Krankheitserregern gewonnen werden.

Und auch das zählt zu den Lehren aus der Coronapandemie: Unser Gesundheitssystem muss insgesamt widerstandsfähiger werden, um zukünftigen Krisen besser begegnen zu können – nicht nur Pandemien. Unter dem Stichwort »Health Security« werden eine ganze Reihe von Maßnahmen zusammengefasst, die wir heute ergreifen müssen, um morgen gut gewappnet zu sein.[2] Dabei geht es um die Vorratshaltung von Ressourcen wie Schutzausrüstung, Masken und Medikamenten in ausreichender Menge ebenso wie um die Ansiedlung und Förderung von Produktionsstätten in Deutschland oder Europa. Nicht zuletzt am Beispiel der Masken hat sich gezeigt, dass wir hier Nachholbedarf haben. Denkbar wäre zudem ein flexibles System, bei dem die Bundesrepublik Deutschland als eine Art Zwischenhändler auftritt und Personal Protective Gear bevorratet, um beispielsweise Krankenhäuser jederzeit beliefern zu können. Eine solche Praxis würde auch dubiosen Geschäftemachern den Boden entziehen und für Vertrauen und Sicherheit in der Bevölkerung sorgen.

Auf globaler Ebene bleibt als Frühwarnsystem und Koordinator eine starke Organisation wie die WHO unverzichtbar – die sich allerdings von Einzelinteressen ihrer Vertreter ebenso lösen muss wie von privater und politischer Einflussnahme durch Mitgliedsstaaten. Der internationale Pandemievertrag, der unter ihrer Federführung monatelang verhandelt wurde, gilt als vorerst gescheitert. Die WHO ist keine politische Institution, aber in den letzten Jahren mehr und mehr dazu geworden. Sie ist eine technisch normative Organisation. Zu der muss die Weltgesundheitsorganisation wieder werden und allen Ländern helfen, anstatt einzelne Forderungen zu bedienen.

Für die Analyse wie für die Entwicklung von Lösungen gilt: Wir müssen jetzt aktiv werden. Wir müssen uns rechtzeitig und gründlich vorbereiten, anstatt erst unter dem Druck einer akuten Krise zu handeln. In einer ruhigen Phase lassen sich zentrale Probleme besser definieren und wohlüberlegte Lösungsansätze finden. Sowohl im Kleinen als auch im Großen muss geprüft werden, wo Handlungsbedarf besteht und welche Aufgabenbereiche klarer Regelungen bedürfen.

Dass eine gründliche Aufarbeitung der größten Krise der Nachkriegszeit nicht nur notwendig, sondern unverzichtbar ist, sehen wir schon heute. Denn bisherige wissenschaftliche Erkenntnisse und Empfehlungen zur Vorbereitung auf zukünftige Krisen sind weitgehend ignoriert worden. Weder wurde Prävention in Schulen betrieben noch in kritische Infrastruktur investiert; es wurden keine Daten gesammelt und keine veränderte Kommunikationskultur aufgebaut. Insbesondere die Situation in Altenheimen und die Auswirkungen von Schulschließungen müssen intensiv untersucht werden.

Andere Länder wie Österreich, die USA und die Schweiz sind mit diesem Prozess weiter. In Deutschland fehlen bislang eine systematische und umfassende Herangehensweise und Beschäftigung mit den Herausforderungen zukünftiger Krisen. Warum sind wir hier so zögerlich? Zwar brandet der Ruf nach Aufarbeitung von Zeit zu Zeit auf, ebbt dann aber gleich wieder ab. Geht es allein darum, keine Fehler zugeben zu wollen aus der Sorge vor Konsequenzen? Es erscheinen Bücher und Texte, die alles rechtfertigen oder geißeln und sich zum Teil weit von der Wahrheit entfernen. Doch es geht hier nicht um Rechthaberei. Aufarbeitung ist Teil einer guten Fehlerkultur.

Ich habe mich in der Vergangenheit in zahlreichen Gremien und Diskussionsrunden dafür ausgesprochen, und auch dieses Buch soll einen Beitrag dazu leisten und anregen, sich mit den Fragen aus dieser Zeit zu beschäftigen. Unabhängig davon aber, ob eine Enquetekommission, Fachgremien oder auch einzelne Wissenschaftler eine solche Analyse betreiben – es ist von großer Wichtigkeit, keinen Geschichtsrevisionismus zu betreiben, sondern auf der Basis der wissenschaftlichen Datenlage zu bleiben; man sollte keine Behauptungen aufstellen, die vom Stand der Forschung nicht gedeckt werden. Nur wenn Unsicherheiten klar benannt werden und eine transparente Evaluation vorgenommen wird, stellt man Vertrauen in die Ergebnisse her.

Die Pandemie ist vorbei, ihre Nachbeben spüren wir bis heute. Auch deshalb sollten wir Fehler, die während der Pandemie gemacht wurden, nicht wiederholen und keine Gräben vertiefen, sondern im Gegenteil versuchen, Brücken innerhalb der Wissenschaft und der Gesellschaft insgesamt zu bauen. Eine offene Aufarbeitung der Coronapandemie kann dabei helfen, Wunden aus dieser Zeit zu heilen und die Spaltung unserer Gesellschaft, die ihre Ursachen auch dort hat, zu überwinden. Wir sollten wieder mehr Verständnis füreinander entwickeln und miteinander reden, anstatt übereinander zu urteilen. Wir sollten gemeinsam an Lösungen arbeiten, um die Herausforderungen zukünftiger Krisen besser gewappnet meistern zu können.

Dank

Ich habe lange mit mir gehadert, dieses Buch zu schreiben. Daher möchte ich mich zuallererst bei all den Menschen bedanken, deren ermutigende und positive Zuschriften, Stimmen und Diskussionen mich letztlich dazu gebracht haben, meine Gedanken niederzuschreiben. Die Coronapandemie war zu einschneidend, um keine Aufarbeitung zu beginnen.

Mein besonderer Dank gilt Paul für seine dauerhafte und ungebrochene Unterstützung sowie meinen Kolleginnen und Kollegen, Freundinnen und Freunden, die mir wertvolle Informationen lieferten, mir ihre kritischen Blicke schenkten und sich die Zeit nahmen, gegenzulesen. Ganz besonders möchte ich hierbei Thomas Wieland, Jonas Schmidt-Chanasit, Matthias Schrappe, Jan Josef Liefers, den Ehrlich Brothers und Paul van Dyk danken. Margret Trebbe-Plath gebührt ein spezieller Dank für ihre starke Unterstützung bei der Entstehung dieses Buches. Sie hat mich engagiert und mit viel Optimismus bei der Arbeit daran unterstützt, obwohl sie wahrscheinlich genauso häufig fluchen musste wie ich. Das Thema ist ein Fass ohne Boden.

Ein herzlicher Dank geht auch an das gesamte Piper-Team und hier vor allem Frau Katja Menzel. Das Team bringt mir seit Beginn der Pandemie viel Vertrauen und Unterstützung entgegen. Gerade bei der Entstehung dieses Buches mussten alle viel Geduld mit mir haben. Zuletzt möchte ich mich bei all den Wissenschaftlerinnen und Wissenschaftlern bedanken, die sich ihren kritischen und analytischen Blick in dieser Zeit bewahrt haben. Ich hoffe, dass dieses Buch dazu beiträgt, aus dieser Pandemie zu lernen, was wir besser machen können, und dabei hilft, die gesellschaftliche Spaltung ein Stück weit zu überwinden.

Glossar: Was war noch mal ...

Viele der folgenden Begriffe sind allgemeingültig und gehören beispielsweise zum täglichen Vokabular von Statistikern und Epidemiologen. Die Erklärungen in dieser Aufstellung beziehen sich auf die Coronapandemie.

Bias
Eine systematische Verzerrung oder Abweichung von Ergebnissen. Sie kann zum Beispiel durch eine falsche Stichprobenauswahl, aber auch persönliche Vorurteile entstehen, und wissenschaftliche Ergebnisse können dadurch beeinträchtigt werden. Wenn man zum Beispiel darum bittet, dass jeder, der sich mit SARS-CoV-2 infiziert hat, ein Onlineformular ausfüllt und dabei auch Angaben zu seinem Maskenverhalten macht, werden bevorzugt diejenigen den Fragebogen ausfüllen, die sich eher an die Coronamaßnahmen halten.

Dunkelziffer
Dieser Wert bildet die unbekannten oder nicht erfassten Fälle zum Beispiel von Coronainfektionen ab, die in offiziellen Statistiken oder Berichten nicht vorkommen.

Endemie
Das dauerhafte Vorkommen einer Krankheit oder eines Erregers in einer bestimmten geografischen Region. Ein Beispiel ist die Verbreitung von Malaria in Afrika – oder eben COVID-19 mittlerweile in Europa. Auch andere Coronaviren als SARS-CoV-2 (beispielsweise HKU1 oder 229E) kommen bei uns endemisch vor.

Epidemie

Das plötzliche Auftreten und die schnelle Verbreitung einer ansteckenden Erkrankung in einer bestimmten, geografisch begrenzten Region und innerhalb eines begrenzten Zeitraums. Der Ebola-Ausbruch der Jahre 2018 bis 2020 in der DR Kongo und in Uganda ist ein typisches Beispiel für eine Epidemie.

Falsch negativ

Ein Testergebnis, das fälschlicherweise negativ ausfällt, obwohl die Person eigentlich infiziert, also positiv, ist. Das ist zum Beispiel beim Antigentest der Fall, der in der Frühphase der Infektion negativ bleibt, obwohl die Person bereits infiziert ist.

Falsch positiv

Das Gegenteil von »falsch negativ«, also ein Testergebnis, das irrtümlicherweise positiv ausfällt, obwohl die Person gar nicht infiziert ist. Ein solches Ergebnis konnte man beim COVID-19-Antigentest durch das Trinken von Cola provozieren.

Herdeneffekt

Dieser Effekt liegt vor, wenn sich durch Impfung oder durchgemachte Infektion eine Teilimmunität in der Bevölkerung aufgebaut hat. Auf diese Weise werden Individuen, die über keine eigene Immunität verfügen, indirekt von der großen Gemeinschaft vor einer ansteckenden Krankheit geschützt, da sich deren Ausbreitung bereits verlangsamt hat.

Herdenimmunität

Eine Herdenimmunität ist die Steigerung des Herdeneffekts, also der Schutz einer ganzen Gemeinschaft vor einer ansteckenden Krankheit, der erreicht wird, wenn ein ausreichend großer Teil der Bevölkerung immun ist, entweder durch Impfung oder durch vorherige Infektion, sodass die Ausbreitung des Erregers kaum mehr stattfinden kann.

Immunflucht

Von einer Immunflucht spricht man, wenn das Virus der Abwehr durch das Immunsystem entgeht. Das Immunsystem greift das Virus an verschiedenen Stellen an. Das Virus wiederum versucht, den Immunantworten des Körpers zu entgehen, indem es seine Struktur verändert, also mutiert, sodass die Antikörper und Immunzellen das Virus nicht mehr erkennen und effektiv bekämpfen können. Es müssen neue Immunantworten aufgebaut werden. Die Immunflucht passiert übrigens nicht geplant, sondern durch Zufall. Es werden täglich Millionen an Viren im Körper gebildet, die nicht alle gleich sind. Eines der Viren besitzt einen Vorteil gegenüber den anderen, da es an der richtigen Stelle bereits eine Mutation hat. Es kommt zur Selektion desjenigen Virus, das sich am besten durchsetzen kann.

Impfdurchbruch

Viele von uns haben es erlebt: Man ist geimpft und sollte eigentlich geschützt sein, aber infiziert sich dennoch mit dem Coronavirus. Das Auftreten einer Infektion trotz Impfung ist ein Impfdurchbruch.

Infektionsrate

Die Infektionsrate beziffert die Häufigkeit, mit der neue Infektionen in einer Population in einem bestimmten Zeitraum auftreten.

Infektionssterblichkeit (Infection Fatality Rate, IFR)

Dieser Wert bezeichnet die Anzahl der Personen, die nach einer Infektion versterben in Relation zur Gesamtzahl der Infektionen; er schließt die Dunkelziffer mit ein. Davon zu unterscheiden ist die Fallsterblichkeit (Case Fatality Rate, CFR). Sie beschreibt den Anteil der Personen, die an einer Infektion versterben. Dabei wird die Dunkelziffer nicht erhoben und nur diejenigen Fälle werden mitberücksichtigt, die nach Symptomen diagnostiziert wurden. Bei Corona betrug die CFR ~2,3; die IFR hingegen lag bei 0,4.

Inzidenz

Die Anzahl neuer Infektionen in einer Population über einen definierten Zeitraum wird mit dem Begriff Inzidenz erfasst. Sie wird angegeben als Rate pro 100 000 Personen.

Letalität

Der Begriff Letalität beschreibt die »Tödlichkeit« einer Erkrankung, ohne einen definierten Zeitraum. Sie beziffert die Wahrscheinlichkeit, an einer Infektion zu versterben.

Pandemie

Eine Pandemie ist eine Epidemie ohne örtliche Begrenzung, die eine große Anzahl von Menschen in vielen verschiedenen Ländern und Kontinenten gleichzeitig betrifft.

Positivrate

Der Wert beschreibt den Anteil positiver Tests an allen durchgeführten Tests. Wenn 10 Tests durchgeführt wurden und 2 davon positiv waren, beläuft sich die Positivrate auf 20 Prozent.

Prävalenz

Die Gesamtzahl aller Infektionsfälle in einer definierten Population zu einem bestimmten Zeitpunkt. Zum Beispiel hat das RKI im Dezember 2021 eine 7-Tage-Inzidenz von 300 Fällen pro 100 000 Einwohner vermeldet. (Vorsicht: Die Zahl, die in Deutschland kommuniziert wurde, war nicht die Inzidenz, sondern die Fallmelderate, also die Anzahl von Personen, die mit COVID-19 diagnostiziert und an das RKI gemeldet wurde. Sie ist nicht systematisch und schließt die Dunkelziffer nicht ein.) Bei einer Bevölkerung von rund 83 Millionen Menschen entspricht dieser Wert etwa 249 000 neuen Fällen pro Woche. Angenommen, die durchschnittliche Krankheitsdauer von COVID-19 beträgt 14 Tage und die täglichen Neuinfektionen bleiben konstant, würde dies zu einer Prävalenz von etwa 498 000 aktuellen Fällen führen.

R-/RT-Wert

Der Reproduktionswert (R) gibt an, wie häufig eine infizierte Person das Virus im Durchschnitt weitergibt. Der RT-Wert ist eine Variante davon und schließt noch die Zeitachse (t = *tempore*) mit ein, sodass er die Ausbreitungsdynamik widerspiegelt.

Sensitivität

Wie gut identifiziert ein diagnostischer Test eine Infektion? Die Sensitivität gibt Auskunft darüber, wie viele Fälle von einem Test richtig erkannt werden.

Spezifität

Die Spezifität nähert sich dieser Frage von einer anderen Seite. Sie beschreibt den Anteil der tatsächlichen negativen Fälle, die durch einen diagnostischen Test korrekt identifiziert werden. Werden zu viele Personen als negativ bezeichnet durch einen Test, die aber eigentlich positiv sind, ist der Test nicht sehr spezifisch.

Sterberate

Die Sterberate beziffert die Anzahl der Todesfälle in einer Bevölkerung über einen bestimmten Zeitraum. Sie wird häufig auf 100 000 Personen bezogen.

Anmerkungen

Einleitung

1   Statista. (2023). Erkrankungs- und Todesfälle aufgrund des Coro-
    navirus (COVID-19) in Deutschland. Verfügbar unter: https://
    de.statista.com/statistik/daten/studie/1102667/umfrage/erkran
    kungs-und-todesfaelle-aufgrund-des-coronavirus-in-deutschland/

2   Robert Koch-Institut. (2023). Gesundheitliche Langzeitfolgen von
    COVID-19: FAQ. Verfügbar unter: https://www.rki.de/Shared
    Docs/FAQ/NCOV2019/FAQ_Liste_Gesundheitliche_Langzeit
    folgen.html

3   Freundl, V. et al. (2021). Europas Schulen in der Corona-Pande-
    mie – ein Ländervergleich. ifo Schnelldienst. 74, S. 12, 41 – 50

4   Bundesministerium für Wirtschaft und Klimaschutz. (2023).
    Informationen zu Corona-Hilfen des Bundes. Verfügbar unter:
    https://www.bmwk.de/Redaktion/DE/Coronavirus/informationen-
    zu-corona-hilfen-des-bundes.html

5   *Welt*. (2023). Kritik an Bundesregierung für Umgang mit Ver-
    schlusssachen. Verfügbar unter: https://www.welt.de/politik/
    deutschland/plus251569112/Kritik-an-Bundesregierung-fuer-
    Umgang-mit-Verschlusssachen.html

6   https://cepi.net/priority-diseases

7   Sachverständigenausschuss. (2022). Evaluationsbericht des Sach-
    verständigenausschusses nach § 5 Abs. 9 IfSG. Bundesministerium
    für Gesundheit. Verfügbar unter: https://www.bundesgesund
    heitsministerium.de/fileadmin/Dateien/3_Downloads/S/Sachverst
    aendigenausschuss/220630_Evaluationsbericht_IFSG_NEU.pdf

Kapitel 1

1   The Independent Panel for Pandemic Preparedness and Response.
    (2021). COVID-19: Make it the Last Pandemic. Verfügbar unter:
    https://theindependentpanel.org/wp-content/uploads/2021/05/
    COVID-19-Make-it-the-Last-Pandemic_final.pdf

2   Grace, D. et al. (2012). Mapping of poverty and likely zoonoses hotspots. Zoonoses Project 4. Report to the UK Department for International Development. Nairobi, Kenya: ILRI

3   Mora, C. et al. (2011). How Many Species Are There on Earth and in the Ocean?. *PLOS Biology* 9(8): e1001127

4   *National Geographic*. (2022). Warum gerade überall neue Arten entdeckt werden. Verfügbar unter: https://www.nationalgeogra phic.de/tiere/2022/03/warum-gerade-ueberall-neue-arten-ent deckt-werden

5   Carroll, D. et al. (2018). The Global Virome Project. *Science* 359, 6378, 872 – 874

6   Dobson, A. P. et al. (2020). Ecology and economics for pandemic prevention. Investments to prevent tropical deforestation and to limit wildlife trade will protect against future zoonosis outbreaks, *Science*, 69, 6502, 379 – 381

7   *Reuters*. (2021). Dispute over Italian coronavirus study shows challenges probing origins. Verfügbar unter: https://www.reuters.com/world/europe/dispute-over-italian-coronavirus-study-shows-challenges-probing-origins-2021-07-23/

8   Worobey, M. et al. (2022). The Huanan Seafood Wholesale Market in Wuhan was the early epicenter of the COVID-19 pandemic, *Science*, 377, 6609, 951 – 959

9   Berche, P. (2023). Gain-of-function and origin of Covid19. *Presse Med.*; 52(1): 104167

10 Dilanian, K., Kube, C. (2020). Report says cellphone data suggests October shutdown at Wuhan lab, but experts are skeptical. NBC News. Verfügbar unter: https://www.nbcnews.com/politics/national-security/report-says-cellphone-data-suggests-october-shutdown-wuhan-lab-experts-n1202716

11 Zhang, S. (2021). The lab-leak debate just got even messier. *The Atlantic*. Verfügbar unter: https://www.theatlantic.com/science/archive/2021/09/lab-leak-pandemic-origins-even-messier/620209/

12 U.S. Right to Know. (2024). US Scientists proposed making viruses with unique features of SARS-CoV-2 in Wuhan. Verfügbar unter: https://usrtk.org/covid-19-origins/scientists-proposed-making-viruses-with-unique-features-of-sars-cov-2-in-wuhan/

13 Frutos, R. et al. (2021). Understanding the origin of COVID-19 requires to change the paradigm on zoonotic emergence from the spillover to the circulation model. *Infect Genet Evol.* 95: 104812

14 Stoyan, D., Chiu, S. N. (2024). Statistics did not prove that the

Huanan Seafood Wholesale Market was the early epicentre of the COVID-19 pandemic, *Journal of the Royal Statistical Society Series A*: Statistics in Society; qnad139

15 Centers for Disease Control and Prevention. (2023). COVID-19 timeline. Verfügbar unter: https://www.cdc.gov/museum/timeline/covid19.html

16 *Zeit Online*. (2021). Zhang Zhan: Chinesische Bloggerin wegen Corona-Berichterstattung inhaftiert. Verfügbar unter: https://www.zeit.de/politik/ausland/2021-11/zhang-zhan-chinesische-bloggerin-corona-freilassung-forderung; MERICS. (2020). MERICS China Update 4/2020, Mercator Institute for China Studies. Verfügbar unter: https://merics.org/sites/default/files/2020-05/MERICS_China_Update_4-2020_DE.pdf

17 Centers for Disease Control and Prevention, a. a. O.

18 Ebd.

19 Halm, A. et al. (2021). RKI-Lagezentrums-Gruppe. Das Lage-management des Robert Koch-Instituts während der COVID-19-Pandemie und der Austausch zwischen Bund und Ländern. *Bundesgesundheitsblatt Gesundheitsforschung Gesundheitsschutz*. 64(4): 418 – 425

20 Facebook. (2021). Live-Video: Pressekonferenz RKI. Verfügbar unter: https://www.facebook.com/watch/live/?ref=watch_permalink&v=196066521710827

21 *Welt*. (2020). Landrat Pusch: Auch Heinsberg weicht von RKI-Empfehlung ab. Verfügbar unter: https://www.welt.de/regionales/nrw/article206313245/Landrat-Pusch-Auch-Heinsberg-weicht-von-RKI-Empfehlung-ab.html

22 *Deutschlandfunk*. (2021). Präsident des Robert Koch-Instituts: »Wir sind in der Lage«. Verfügbar unter: https://www.deutschlandfunk.de/praesident-des-robert-koch-instituts-wir-sind-in-der-lage-100.html; Robert Koch-Institut. (2020). Ergän-zung zum Nationalen Pandemieplan – COVID-19 – neuartige Coronaviruserkrankung, Berlin. Verfügbar unter: https://www.rki.de/DE/Content/InfAZ/N/Neuartiges_Coronavirus/Ergaenzung_Pandemieplan_Covid.pdf?__blob=publicationFile; Robert Koch-Institut. Nationaler Pandemieplan – https://www.rki.de/DE/Content/InfAZ/N/Neuartiges_Coronavirus/ZS/Pandemieplan_Strategien.html

23 Müller, B. (2021). Zur Modellierung der Corona-Pandemie – eine Streitschrift. I: *Monitor Versorgungsforschung*; 6, 68–79

24 Lazarus, J. V. et al. (2022). A multinational Delphi consensus to end the COVID-19 public health threat. *Nature* 611, 332–345;

Kepp, K. P. et al. (2024). Panel stacking is a threat to consensus statement validity. *Journal of clinical epidemiology, 173*, 111428. Advance online publication

25 Deutsche Forschungsgemeinschaft. (2022). Pandemic Preparedness: Stellungnahme. Verfügbar unter: https://www.dfg.de/resource/blob/175936/ca03f6f63eda5db4c33aa74ff034415a/stellungnahme-pandemic-preparedness-data.pdf; London, A. J., Kimmelman, J. (2020). Against pandemic research exceptionalism. *Science* 368, 476 – 477; Vaccari, A. (2020). The Role of Communication in Science. *Journal of Science Communication*; Schrappe, M. et al. (2020). Thesenpapier 4: Endfassung. Verfügbar unter: https://schrappe.com/ms2/index_htm_files/thesenpapier_4_endfass_200830.pdf

26 Nationale Akademie der Wissenschaften Leopoldina. (2020). Coronavirus-Pandemie: Die Krise nachhaltig überwinden. Verfügbar unter: https://www.leopoldina.org/uploads/tx_leopublication/2020_Leopoldina-Stellungnahmen_Coronavirus-Pandemie_1-7.pdf

27 *Bild*. (2021). Kultusminister empört über Tricks: So kämpft das Kanzleramt für Schul-Schließungen. Verfügbar unter: https://www.bild.de/bild-plus/politik/inland/politik-inland/kultusminister-empoert-ueber-tricks-so-kaempft-das-kanzleramt-fuer-schul-schlies-75261112.bild.html; *Welt*. (2021). Corona-Politik: Das fragwürdige Lockdown-Papier der Leopoldina. Verfügbar unter: https://www.welt.de/kultur/plus235333186/Corona-Politik-Das-fragwuerdige-Lockdown-Papier-der-Leopoldina.html

28 Nationale Akademie der Wissenschaften Leopoldina. (2020). Coronavirus-Pandemie: Die Feiertage und den Jahreswechsel für einen harten Lockdown nutzen. Verfügbar unter: https://www.leopoldina.org/uploads/tx_leopublication/2020_12_08_Stellungnahme_Corona_Feiertage_final.pdf

29 Wiesing, U. et al. (2021). Wissenschaftliche (Politik-)Beratung in Zeiten von Corona: Die Stellungnahmen der Leopoldina zur Covid-19-Pandemie. *Ethik und Gesellschaft – Ökumenische Zeitschrift für Sozialethik*, 1, Artikel 6

30 Kühlberg, J. (2021). Wird die Leopoldina politisch instrumentalisiert? *MDR Wissen*. Verfügbar unter: https://www.mdr.de/wissen/leopoldina-politisch-instrumentalisiert-100.html

31 Nationale Akademie der Wissenschaften Leopoldina. (2021). Coronavirus-Pandemie: Klare und konsequente Maßnahmen. Abgerufen unter: https://www.leopoldina.org/fileadmin/redak

tion/Publikationen/Nationale_Empfehlungen/2021_Coronaviurs-
Pandemie_Klare_und_konsequente_Maßnahmen.pdf

32 Wissenschaftsrat. (2021). Pressemitteilung: Wie gelingt die Kommunikation wissenschaftlichen Wissens? Verfügbar unter:
https://www.wissenschaftsrat.de/download/2021/pm_1921.pdf?__
blob=publicationFile&v=9

33 Deutsche Gesellschaft für Krankenhaushygiene. (2021). Stellungnahme zu FFP2-Masken. Verfügbar unter: https://www.kranken
haushygiene.de/pdfdata/2021_01_15_Stellungnahme-FFP2%281
%29.pdf

34 Wissenschaftsrat, a. a. O.

Kapitel 2

1 Robert Koch-Institut. (2021). COVID-19-Krisenstabsprotokolle.
Verfügbar unter: https://www.rki.de/DE/Content/InfAZ/C/
COVID-19-Pandemie/COVID-19-Krisenstabsprotokolle_Down
load.pdf?__blob=publicationFile

2 Centers for Disease Control and Prevention. (2017). Community
Mitigation Guidelines to Prevent Pandemic Influenza – United
States. Verfügbar unter: https://www.cdc.gov/flu/pandemic-
resources/pdf/community_mitigation-sm.pdf

3 *Economist.* (2020). COVID-19 is now in 50 countries, and things
will get worse. Verfügbar unter: https://www.economist.com/
briefing/2020/02/29/covid-19-is-now-in-50-countries-and-things-
will-get-worse

4 Pueyo, T. (2020). Coronavirus: Act today or people will die.
Medium. Verfügbar unter: https://tomaspueyo.medium.com/
coronavirus-act-today-or-people-will-die-f4d3d9cd99ca

5 *NDR.* (2021). Coronavirus-Update: Die Podcast-Folgen als Skript.
Verfügbar unter: https://www.ndr.de/nachrichten/info/Corona
virus-Update-Die-Podcast-Folgen-als-Skript,podcastcorona
virus102.html

6 Singh, S. et al. (2021). How an outbreak became a pandemic: a
chronological analysis of crucial junctures and international obli-
gations in the early months of the COVID-19 pandemic. *The Lancet* (London, England) 398,10316: 2109 – 2124; Roberts, D. L. et al.
(2021). Dating first cases of COVID-19. *PLoS pathogens* 17,6
e1009620

7 *Pharmazeutische Zeitung.* (2021). Coronavirus-Schnelltest ab
sofort über Apotheken erhältlich. Verfügbar unter: https://www.
pharmazeutische-zeitung.de/coronavirus-schnelltest-ab-sofort-
ueber-apotheken-erhaeltlich-120657/

8   *SWR*. (2021). Corona-Schnelltests für Laien: Was sie können und wie sicher sie sind. Verfügbar unter: https://www.swr.de/wissen/schnelltests-fuer-laien-100.html

9   Drain, P. K. et al. (2023). Duration of viral infectiousness and correlation with symptoms and diagnostic testing in non-hospitalized adults during acute SARS-CoV-2 infection: A longitudinal cohort study. *J Clin Virol*. 161: 105420

10 Dinnes, J. et al. (2022). Rapid, point-of-care antigen tests for diagnosis of SARS-CoV-2 infection. *Cochrane Database of Systematic Reviews*, 7. CD013705

11 Cochrane Library. (2023). Special Collections: Coronavirus (COVID-19): evidence relevant to clinical practice. Verfügbar unter: https://www.cochranelibrary.com/collections/doi/SC000040/full

12 Fraser, C. et al. (2004). Factors that make an infectious disease outbreak controllable. *Proc Natl Acad Sci U S A*.; 101(16): 6146 – 51

13 Hossain, A. D. et al. (2022). Effectiveness of contact tracing in the control of infectious diseases: a systematic review. *Lancet Public Health*; 7(3): e259-e273

14 Robert Koch-Institut. (2023). SARS-CoV-2-PCR-Testungen in Deutschland [Dataset]. GitHub. Verfügbar unter: https://github.com/robert-koch-institut/SARS-CoV-2-PCR-Testungen_in_Deutschland

15 Bundesrechnungshof. (2024). Corona-Testungen: Wirtschaftlichkeit und Zweckmäßigkeit der Maßnahmen. Verfügbar unter: https://www.bundesrechnungshof.de/SharedDocs/Kurzmeldungen/DE/2024/corona-testungen.html

16 Bundesregierung. (2020). Corona-Warn-App: FAQ. Verfügbar unter: https://www.bundesregierung.de/breg-de/themen/corona-warnapp/corona-warn-app-faq-175839

17 Statista. (2021). Downloads der Corona-Warn-App in Deutschland. Verfügbar unter: https://de.statista.com/statistik/daten/studie/1125951/umfrage/downloads-der-corona-warn-app/

18 Bundesregierung. (2021). Corona-Warn-App. Verfügbar unter: https://www.bundesregierung.de/breg-de/themen/corona-warnap

19 *Spiegel*. (2023). Corona-Warn-App wird in den Schlafmodus versetzt. Verfügbar unter: https://www.spiegel.de/netzwelt/apps/corona-warn-app-wird-in-den-schlafmodus-versetzt-a-8a1d4813-b6f8-410e-9c9b-924b0647b4e

20 *Welt*. (2023). Corona-Warn-App: Kosten steigen auf mehr als

220 Millionen Euro. Verfügbar unter: https://www.welt.de/politik/
deutschland/article242462401/Corona-Warn-App-Kosten-steigen-
auf-mehr-als-220-Millionen-Euro.html

21 Robert Koch-Institut. (2023). Informationen zur Corona-Warn-
App. Verfügbar unter: https://www.rki.de/DE/Content/InfAZ/N/
Neuartiges_Coronavirus/WarnApp/Warn_App.html

22 Brandal, L. T. et al. (2021). Outbreak caused by the SARS-CoV-2
Omicron variant in Norway, November to December 2021. *Eurosurveillance*; 26(50); Grant, R. et al. (2022). Impact of SARS-
CoV-2 Delta variant on incubation, transmission settings and
vaccine effectiveness: Results from a nationwide case-control
study in France. *Lancet Regional Health-Europe*; 13: 100278

23 Ferretti, L. et al. (2020). Quantifying SARS-CoV-2 transmission
suggests epidemic control with digital contact tracing. *Science*,
368(6491), eabb6936

24 T-Online. (2023). Politiker fordern, Luca-App zu löschen. Verfügbar unter: https://www.t-online.de/digital/aktuelles/
id_100004238/politikerfordern-luca-app-zu-loeschen.html

25 *Frankfurter Allgemeine Zeitung*. (2023). Luca löscht sämtliche
Nutzerdaten aus der Pandemie. Verfügbar unter: https://www.faz.
net/aktuell/wirtschaft/luca-loescht-saemtliche-nutzerdaten-aus-
der-pandemie-18004261.html

26 Wikipedia. (2023). Luca (App): Verbreitung, Kosten. Verfügbar
unter: https://de.wikipedia.org/wiki/Luca_(App)#Verbreitung,_
Kosten

27 Morgenstern, C. et al. (2021). The impact of non-pharmaceutical
interventions on SARS-CoV-2 transmission across 130 countries
and territories. *BMC Med.*; 19: 40

28 Viswanathan, M. et al. (2020). Universal screening for SARS-
CoV-2 infection: a rapid review. *Cochrane Database Syst Rev.*;
9(9): CD013718

29 Ebd.

30 *Neue Zürcher Zeitung*. (2023). Corona und kein Ende: Der traurige deutsche Sonderweg. Verfügbar unter: https://www.nzz.ch/
meinung/der-andere-blick/corona-und-keinende-der-traurige-
deutsche-sonderweg-ld.17017733

31 Bundesregierung. (2020). Besprechung der Bundeskanzlerin mit
den Regierungschefinnen und Regierungschefs der Länder vom
22. 03. 2020. Verfügbar unter: https://www.bundesregierung.de/
breg-de/service/archiv/besprechung-der-bundeskanzlerin-mit-
den-regierungschefinnen-und-regierungschefs-der-laender-
vom-22-03-2020-1733248

32 RKI-Protokolle, a. a. O., 16. 03. 2020

33 Ebd., 27. 02. 2020

34 *Handelsblatt.* (2020). Coronakrise: Deutschland im Shutdown-Modus – Die »Alternativlos-Kanzlerin« kehrt zurück. Verfügbar unter: https://www.handelsblatt.com/politik/deutschland/coronakrise-deutschland-im-shutdown-modus-die-alternativlos-kanzlerin-kehrt-zurueck/25650658.html

35 Hatchett, R. J. et al. (2007). Public health interventions and epidemic intensity during the 1918 influenza pandemic. Proceedings of the National Academy of Sciences of the United States of America; 104(18): 7582–87

36 World Health Organization. (2005). WHO global influenza preparedness plan: the role of WHO and recommendations for national measures before and during pandemics. Verfügbar unter: https://iris.who.int/handle/10665/68998p; Bell, D. et al. (2006). Non-pharmaceutical interventions for pandemic influenza, national and community measures. *Emerg Infect Dis.* 12(1): 88–94

37 World Health Organization. (2019). Infection prevention and control assessment framework at the facility level. Verfügbar unter: https://iris.who.int/bitstream/handle/10665/329438/9789241516839-eng.pdf

38 Johns Hopkins Center for Health Security. (2019). The characteristics of pandemic pathogens. Verfügbar unter: https://centerforhealthsecurity.org/sites/default/files/2023-02/190918-gmpbreport-respiratorypathogen.pdf

39 *BBC.* (2020). China coronavirus: Lockdown measures rise across Hubei province. Verfügbar unter: https://www.bbc.com/news/world-asia-china-51217455

40 An der Heiden, M., Buchholz, U. (2020). Modellierung von Beispielszenarien der SARS-CoV-2-Epidemie 2020 in Deutschland. Verfügbar unter: https://doi.org/10.25646/6571.2; Maier, B. F., Brockmann, D. (2020). Effective containment explains subexponential growth in recent confirmed COVID-19 cases in China. *Science* 368, 742–746

41 Imperial College London. (2020). Impact of non-pharmaceutical interventions (NPIs) to reduce COVID-19 mortality and healthcare demand. Verfügbar unter: https://www.imperial.ac.uk/media/imperial-college/medicine/mrc-gida/2020-03-16-COVID19-Report-9.pdf

42 *SWP.* (2020). Corona-Regeln: Lockdown in Bayern und BW – Private Treffen, Alkohol, Sport, Feiern, Spielplatz. Verfügbar

unter: https://www.swp.de/lokales/ulm/corona-regeln-lockdown
bayern-bw-private-treffen-alkohol-sport-feiernspielplatz-
52806689.html

43 Bulfone, T. C. et al. (2021). Outdoor Transmission of SARS-CoV-2
and Other Respiratory Viruses: A Systematic Review, *The Journal
of Infectious Diseases*, 223, 4, 550 – 561

44 RKI-Protokolle, a. a. O., 18. 03. 2020

45 de Haas, S. et al. (2022). Measuring the effect of COVID-19-rela-
ted night curfews in a bundled intervention within Germany. *Sci
Rep* 12, 19732

46 *Spiegel.* (2020). Coronavirus bei Kindern jeden Alters nachgewiesen: Was bedeutet das für Schulöffnungen? Verfügbar unter:
https://www.spiegel.de/wissenschaft/medizin/coronavirus-bei-
kindern-jeden-alters-nachgewiesen-was-bedeutet-das-fuer-
schuloeffnungen-a-7236f246-a1ca-490b-bfe1-279b5fb8a22b

47 Han, A. et al. (2018). Using the Influenza Patient-reported Out-
come (FLU-PRO) diary to evaluate symptoms of influenza viral
infection in a healthy human challenge model. *BMC Infect Dis*,
353; Groves, H. T. et al. (2018). Mouse Models of Influenza Infection with Circulating Strains to Test Seasonal Vaccine Efficacy.
Front. Immunol., Sec. Vaccines and Molecular Therapeutics, 9

48 *Süddeutsche Zeitung.* (2020). Corona in München: Alkoholverbot,
Regeln, FAQ. Verfügbar unter: https://www.sueddeutsche.de/
muenchen/corona-muenchenalkoholverbot-regeln-faq-1.5009869

49 Kishore Mohanta, Y. et al. (2020). Higher Alcohol Consumption
Is Not Linked To Higher SARS COVID-19 Infection and Death.
Verfügbar unter: https://www.researchgate.net/publication/
341305380_Higher_Alcohol_Consumption_Is_Not_Linked_To_
Higher_SARS_COVID-19_Infection_and_Death

50 Kumar, N., Kumar, P. (2021). Consumption of alcohol can destroy
the outbreak of COVID-19 virus in India: A myth. *Plant Archives*,
21, 1, 1300 – 1311

51 Murphy, C. et al. (2023). Effectiveness of social distancing measures and lockdowns for reducing transmission of COVID-19 in
non-healthcare, community-based settings. *Phil. Trans. R. Soc.*
A.38120230132

52 Ebd.

53 Bendavid, E. et al. (2024). Epidemic outcomes following government responses to COVID-19: Insights from nearly 100,000
models.Sci. Adv.10,cadn0671

54 *n-tv.* (2022). Studie: Supermärkte waren Treiber von Corona-
Infektionen. Verfügbar unter: https://www.n-tv.de/panorama/

Studie-Supermaerkte-waren-Treiber-von-Corona-Infektionen-
article24905227.html

55 Johannesen, N. et al. (2024). Substantial transmission of SARS-
CoV-2 through casual contact in retail stores: Evidence from mat-
ched administrative microdata on card payments and testing.
17.04.2024, 121 (17) e2317589121

56 Mendez-Brito, A. et al. (2021). Systematic review of empirical
studies comparing the effectiveness of non-pharmaceutical interventions against COVID-19, *J. Infect.*; 83(3):281–293; Iezadi et al.
(2021). Effectiveness of non-pharmaceutical public health interventions against COVID-19: A systematic review and meta-analysis. *PLoS One*; 15(9): e0239554; Ayouni et al. (2021). Effective public health measures to mitigate the spread of COVID-19: a
systematic review. *BMC Public Health*; Murphy, C. et al., a.a.O.

57 Murphy, C. et al., a.a.O.

58 Herby, J. et al. (2022). A Literature Review and Meta-Analysis of
the Effects of Lockdowns on Covid-19 Mortality – II MPRA Paper
No. 113732

59 Boudou, M. et al. (2021). Breakpoint modelling of temporal asso-
ciations between non-pharmaceutical interventions and symptomatic COVID-19 incidence in the Republic of Ireland. *PloS one*;
16(7): e0255254; Gibson J. (2022). Hard, not early: putting the
New Zealand Covid-19 response in context. *New Zealand
Economic Papers*; 56(1): 1–8; Santamaría, L., Hortal, J. (2020).
Chasing the ghost of infection past: identifying thresholds of
change during the COVID-19 infection in Spain. Epidemiology
and infection; 148: e282; Wood, S. N. (2021). Inferring UK
COVID-19 fatal infection trajectories from daily mortality data:
Were infections already in decline before the UK lockdowns? Bio-
metrics; 78(3): 1127–1140

60 Berlemann, M. et al. (2020). Right and Yet Wrong: A Spatio-Tem-
poral Evaluation of Germany's COVID-19 Containment Policy
CESifo Working Paper No. 8446; Küchenhoff, H. et al. (2021).
Analysis of the early COVID-19 epidemic curve in Germany by
regression models with change points. Epidemiology and infection; 149: e68; Wieland, T. (2020). A phenomenological approach
to assessing the effectiveness of COVID-19 related nonpharmaceutical interventions in Germany. Safety Science; 131: 104924;
Wieland T. (2020). Flatten the Curve! REGION; 7(2): 43–83

61 Goolsbee, A., Syverson, C. (2021). Fear, lockdown, and diversion:
Comparing drivers of pandemic economic decline 2020. *Journal
of public economics*; 193: 104311; Jacobsen, G.D., Jacobsen, K.H.

(2020). Statewide COVID-19 Stay-at-Home Orders and Population Mobility in the United States. World medical & health policy; 12(4): 347 – 356

62 Robert Koch-Institut. (2022). StopptCOVID-Studie: Projektinformationen. Verfügbar unter: https://www.rki.de/DE/Content/InfAZ/N/Neuartiges_Coronavirus/Projekte_RKI/StopptCOVID_studie.html

63 Wachtler, B. et al. (2020). Sozioökonomische Ungleichheit im Infektionsrisiko mit SARS-CoV-2 – Erste Ergebnisse einer Analyse der Meldedaten für Deutschland. *Journal of Health Monitoring*, 5(S7), 19 – 31. Schilling, J. et al. (2021). Die verschiedenen Phasen der COVID-19-Pandemie in Deutschland: Eine deskriptive Analyse von Januar 2020 bis Februar 2021. *Bundesgesundheitsbl.* 64, 1093 – 1106

64 RKI-Protokolle, a. a. O., 12. 08. 2020

65 Grady, D., Creswell, J. (2020). Treatment delays in coronavirus patients. *New York Times*. Verfügbar unter: https://www.nytimes.com/2020/04/20/health/treatment-delays-coronavirus.html

66 Inwald, E. C. (2022). Auswirkungen der COVID-19-Pandemie auf die Inzidenz und Therapie von Krebserkrankungen. *Forum 37*, 198 – 203

67 Burus, T. et al. (2024). Undiagnosed Cancer Cases in the US During the First 10 Months of the COVID-19 Pandemic. *JAMA Oncol.*; 10(4): 500 – 507

68 Seiffert, M. et al. (2020). Temporal trends in the presentation of cardiovascular and cerebrovascular emergencies during the COVID-19 pandemic in Germany: an analysis of health insurance claims. *Clin Res Cardiol* 109, 1540 – 1548

69 UNICEF Deutschland. (2020). Weltpoliotag 2020: Kinderlähmung ist immer noch eine Bedrohung. Verfügbar unter: https://www.unicef.de/informieren/aktuelles/presse/2020/weltpoliotag-2020/229160

70 Niaz, F. et al. (2023). The resurgence of polio: The effect of the Covid-19 pandemic on polio eradication. *Ethics Med Public Health*. 26: 100858

71 *Tagesschau*. (2022). Polio in New York: Bedrohung durch das Virus zurück? Verfügbar unter: https://www.tagesschau.de/wissen/forschung/polio-new-yorkmuecke-korri-101.html

72 ifo Institut. (2020). ifo Konjunkturprognose Frühjahr 2020: Gesamtdokument. Verfügbar unter: https://www.ifo.de/sites/default/files/secure/prognosen/gd202004/gd-202004-gesamtdokument.pdf

73   Deutsches Institut für Wirtschaftsforschung: Dossier Corona Pandemie. Verfügbar unter: https://www.diw.de/de/diw_01.c.752085.de/dossier/dossier_corona-pandemie.html

74   kma Online. (2023). Jedes dritte Intensivbett wegen fehlender Pflegenden gesperrt. Verfügbar unter: https://www.kma-online.de/aktuelles/pflege/detail/jedes-dritteintensivbett-wegen-fehlender-pflegenden-gesperrt-a-46458

75   Bundesregierung. (2022). Intensivmedizin: Triage in der Pandemie. Verfügbar unter: https://www.bundesregierung.de/breg-de/aktuelles/intensivmedizin-triage-in-der-pandemie-2078244

76   *Ärzteblatt*. (2021). Latente Triage hat begonnen. Verfügbar unter: https://www.aerzteblatt.de/nachrichten/129174/Latente-Triage-hat-begonnen

77   Statista. (2023). Anzahl der Betten zur intensivmedizinischen Versorgung in Deutschland. Verfügbar unter: https://de.statista.com/infografik/21122/anzahl-der-betten-zur-intensivmedizinischen-versorgung-in-deutschland/

78   Schrappe, M. et al. (2021). Ad-hoc-Stellungnahme 3.0 zur Pandemie durch SARS-CoV-2/Covid-19: Zur intensivmedizinischen Versorgung in der SARS-2/Covid-19-Epidemie, in: *Monitor Versorgungsforschung*; 03, 61 – 72

79   Schrappe, M. et al. (2021). Thesenpapier 3 zur Pandemie durch SARS-CoV-2/COVID-19. Ergänzung 2: Ist die Pandemie vorbei? Verfügbar unter: https://corona-netzwerk.info/wp-content/uploads/2021/07/sn3_erg2_210723_endfass-1.pdf

80   Schrappe, M. et al. (2021). Thesenpapier 3 zur Pandemie durch SARS-CoV-2/COVID-19. *Monitor Versorgungsforschung*, 3. Verfügbar unter: https://www.monitor-versorgungsforschung.de/wp-content/uploads/2023/01/MVF0321_Schrappe_040621.pdf

81   *NDR*. (2023). Das Coronavirus-Update von NDR Info. Verfügbar unter: https://www.ndr.de/nachrichten/info/podcast4684.html

82   Hans-Böckler-Stiftung. (2023). Auf deutschen Intensivstationen fehlen Pflegekräfte. Verfügbar unter: https://www.boeckler.de/de/pressemitteilungen-2675-auf-deutschen-intensivstationen-fehlen-pflegekraefte-41559.htm

83   Destatis. (2024). Bis 2049 werden voraussichtlich mindestens 280 000 zusätzliche Pflegekräfte benötigt. Verfügbar unter: https://www.destatis.de/DE/Presse/Pressemitteilungen/2024/01/PD24_033_23_12.html

84   Marburger Bund. (2023). Pressemappe vom 15.05.2023_1. Verfügbar unter: https://www.marburger-bund.de/sites/default/files/files/2023-05/Pressemappe%20vom%2015.05.2023.pdf

85   Ebd.

86   *Zeit Online*. (2021). No-Covid-Strategie: Initiative fordert konse-
     quenten Lockdown. Verfügbar unter: https://www.zeit.de/wissen/
     gesundheit/2021-01/no-covid-strategie-coronavirus-initiative-
     lockdown

87   No-COVID Strategy. (2021). Verfügbar unter: https://nocovid-
     europe.eu

88   *Zeit*. (2020). Coronavirus in Schweden: Stockholm hält am öffent-
     lichen Leben fest. Verfügbar unter: https://www.zeit.de/politik/
     ausland/2020-03/coronavirus-schweden-stockholm-oeffentliches-
     leben

89   *Deutschlandfunk Kultur*. (2023). Der Kopf hinter dem schwedi-
     schen Weg: Epidemiologe Anders Tegnell legt Buch vor. Verfügbar
     unter: https://www.deutschlandfunkkultur.de/der-kopf-hinter-
     dem-schwedischen-weg-epidemiologe-anders-tegnell-legt-buch-
     vor-dlf-kultur-0d04414e-100.html

90   Quarks. (2023). Wie sinnvoll ist der schwedische Corona-Sonder-
     weg? Verfügbar unter: https://www.quarks.de/gesundheit/
     medizin/wie-sinnvoll-ist-der-schwedische-corona-sonderweg/

91   Kepp, K. P. et al. Estimates of excess mortality for the five Nordic
     countries during the COVID-19 pandemic 2020 – 2021, *Internatio-
     nal Journal of Epidemiology*, 51, 6, 1722 – 1732; Wang, H. et al.
     (2022). Estimating excess mortality due to the COVID-19 pande-
     mic: a systematic analysis of COVID-19-related mortality,
     2020 – 21, *The Lancet*, 399, 10334, P1513 – 1536

92   Björkman, A. et al. (2023). The Swedish COVID-19 approach: a
     scientific dialogue on mitigation policies. *Front. Public Health*,
     20 July 2023, Sec. Public Health Policy 11 – 2023

93   Klein, O. (2023). War Schwedens Corona-Sonderweg doch rich-
     tig? Verfügbar unter: https://www.zdf.de/nachrichten/panorama/
     corona-uebersterblichkeit-schweden-100.html

94   Mathieu, E. et al. (2020). Coronavirus Pandemic (COVID-19). Ver-
     fügbar unter: https://ourworldindata.org/covid-stringency-index

95   Ritchie, H. et al. (2018). Urbanization. The world population is
     moving to cities. Why is urbanization happening and what are the
     consequences? Verfügbar unter: https://ourworldindata.org/
     urbanization

96   Deutschlandfunk Kultur. (2023). Der Kopf hinter dem schwedi-
     schen Weg: a.a.O.

97   Statista. (2023). Sterbefälle in Deutschland. Verfügbar unter:
     https://de.statista.com/statistik/daten/studie/156902/umfrage/
     sterbefaelle-in-deutschland/

98 Our World in Data. (2023). Cumulative excess deaths: Germany and Sweden. Verfügbar unter: https://ourworldindata.org/grapher/excess-deaths-cumulative-economist?country=DEU~SWE

99 Wieland, Th. (2022). Spatial patterns of excess mortality in the first year of the COVID19 pandemic in Germany. *European Journal of Geography*, Vol. 13, 4, 018–033

100 Destatis. (2023). 1,06 Millionen Sterbefälle im Jahr 2022. Verfügbar unter: https://www.destatis.de/DE/Presse/Pressemitteilungen/2023/01/PD22_012_126.html

101 Dattani, S. et al. (2023). Influenza. Verfügbar unter: https://ourworldindata.org/influenza

102 Kowall, B., Stang, A. (2023). Estimates of excess mortality during the COVID-19 pandemic strongly depend on subjective methodological choices. *Herz* 48, 180–183

103 Stang, A. et al. (2020). Excess mortality due to COVID-19 in Germany. *J Infect*. 81(5): 797–801

104 Kowall, B. et al. (2021). Excess mortality due to Covid-19? A comparison of total mortality in 2020 with total mortality in 2016 to 2019 in Germany, Sweden and Spain; 81(5): 797–801. De Nicola, G. et al. (2022). On assessing excess mortality in Germany during the COVID-19 pandemic. *AStA Wirtsch Sozialstat Arch* 16, 5–20

105 Ioannidis, J. P. A. (2021). Infection fatality rate of COVID-19 inferred from seroprevalence data. *Bull World Health Organ*. 99(1): 19–33F

106 Richter, E. et al. (2023). Analysis of fatality impact and seroprevalence surveys in a community sustaining a SARS-CoV-2 super-spreading event. *Sci Rep*. 13(1): 5440

107 Einhauser, S. et al. (2022). Time Trend in SARS-CoV-2 Seropositivity, Surveillance Detection- and Infection Fatality Ratio until Spring 2021 in the Tirschenreuth County-Results from a Population-Based Longitudinal Study in Germany. *Viruses*. 14(6): 1168

108 Pezzullo, A. M. et al. (2023). Age-stratified infection fatality rate of COVID-19 in the non-elderly population. *Environ Res*. 2023 Jan 1; 216(Pt 3): 114655

109 *taz*. (2023). Coronapandemie in Schweden. Verfügbar unter: https://taz.de/Coronapandemie-in-Schweden/!5980804/

110 *Tagesspiegel*. (2023). Anders Tegnell: Was treibt den Chefepidemiologen in Schweden an? Verfügbar unter: https://www.tagesspiegel.de/politik/anders-tegnell--was-treibt-den-chefepidemiologen-in-schweden-an-5723353.html

111 RKI-Protokolle, a. a. O., 19. 10. 2020

112 *Süddeutsche Zeitung*. (2021). Corona: Schwedens Sonderweg wird Gesetz. Verfügbar unter: https://www.sueddeutsche.de/kultur/corona-schwedensonderweg-gesetz-1.5164202

113 Landeszentrale für politische Bildung Baden-Württemberg. (2021). Grundrechte und Corona. Verfügbar unter: https://www.lpb-bw.de/grundrechte-und-corona

114 Ebd.

115 Ebd.

116 Gesetze im Internet. (n.d.). § 28a Besondere Schutzmaßnahmen zur Verhinderung der Verbreitung der Coronavirus-Krankheit-2019 (COVID-19). Verfügbar unter: https://www.gesetze-im-internet.de/ifsg/__28a.html

117 Infektionsradar. (2023). COVID-19 Inzidenz. Verfügbar unter: https://infektionsradar.gesund.bund.de/de/covid/inzidenz

118 https://www.youtube.com/channel/UC3_dHQpx8O9JT2LW1U2Beuw

119 *Zeit*. (2021). #allesdichtmachen: Schauspieler kritisieren Corona-Maßnahmen. Verfügbar unter: https://www.zeit.de/kultur/film/2021-04/allesdichtmachen-schauspieler-corona-massnahmen-pandemie-politik

120 *Tagesspiegel*. (2021). #allesdichtmachen: »Ist so schäbig, dass es weh tut«. Verfügbar unter: https://www.tagesspiegel.de/gesellschaft/panorama/alles-dichtmachen-ist-so-schabig-dass-es-weh-tut-4745443.html

121 *Focus*. (2021). Kommentar zu #allesdichtmachen: Schauspieler aus dem Elfenbeinturm – Was für ein schäbiges, menschenverachtendes Theater. Verfügbar unter: https://www.focus.de/politik/deutschland/kommentar-zu-allesdichtmachen-schauspieler-aus-dem-elfenbeinturm-was-fuer-ein-schaebiges-menschenverachtendes-theater_id_13223108.html

122 *n-tv*. (2021). Regisseur von #allesdichtmachen, Dietrich Brüggemann: »Wir unterwerfen uns absurden Regeln«. Verfügbar unter: https://www.n-tv.de/leute/Regisseur-von-allesdichtmachen-Dietrich-Brueggemann-Wir-unterwerfen-uns-absurden-Regeln-article22512402.html

123 Makowsky, B. (1969). The June Bug: A Study of Hysterical Contagion. *Arch Gen Psychiatry*; 20(4): 489 – 490

124 Holbrook, S. (1959). The Natural History of Swamp Root. In The Golden Age of Quackery. Collier Books

125 Google Trends. (2020). Explore Trends. Verfügbar unter: https://trends.google.com/trends/explore?date=2020-01-01%202020-12-31&geo=DE&hl=en-US

126 abgeordnetenwatch.de. (2020). Das interne Strategiepapier des Innenministeriums zur Corona-Pandemie. Verfügbar unter: https://www.abgeordnetenwatch.de/recherchen/informations freiheit/das-interne-strategiepapier-des-innenministeriums-zur-corona-pandemie

127 Schöps, C., Padberg, I. (2024). Risiko- und Krisenkommunikation während der Corona- Pandemie. *Monitor Versorgungsforschung*, 03/24, 39 – 48

128 *Stern*. (2020). Coronavirus hat Afrika erreicht: »Die Leute werden auf den Straßen sterben«. Verfügbar unter: https://www.stern.de/gesundheit/coronavirus-hat-afrika-erreicht--die-leute-werden-auf-den-strassen-sterben--9192596.html

129 *Tagesspiegel*. (2020). Nur RKI-Chef? Die Polit-Emanzipation des Lothar Wieler – Eine Rekonstruktion. Verfügbar unter: https://www.tagesspiegel.de/politik/nur-rki-chef-die-polit-emanzipation-des-lothar-wieler--eine-rekonstruktion-398269.html

130 Mcbride W. G. (1961). Thalidomide and congenital abnormalities. *The Lancet*, 278, 7216, P1358

131 Lühnen, J. et al. (2017). Leitlinie evidenzbasierte Gesundheits-information. Verfügbar unter: https://www.leitlinie-gesundheits information.de; IQWIG (2023) Allgemeine Methoden Version 7.0. https://www.iqwig.de/ueber-uns/methoden/methodenpapier

Kapitel 3

1 Statista. (2020). Umfrage zu Corona-Einzelmaßnahmen im November. Verfügbar unter: https://de.statista.com/statistik/daten/studie/1185187/umfrage/umfrage-zu-corona-einzelmassnah men-im-november/

2 Statista. (2021). Umfrage in Deutschland zum veränderten Lebensgefühl während der Corona-Pandemie. Verfügbar unter: https://de.statista.com/statistik/daten/studie/1250688/umfrage/umfrage-in-deutschland-zum-veraenderten-lebens gefuehlwaehrend-der-corona-pandemie/

3 Hauner, H. et al. (2024). Long-lasting effects of the COVID-19 pandemic on lifestyle and body weight: results of representative cross-sectional surveys in adults in Germany. *BMC Public Health*. 24(1): 1199

4 Great Barrington Declaration. (2020). Verfügbar unter: https://gbdeclaration.org

5 *Pharmazeutische Zeitung*. (2021). Die Tools der Leugner. Verfügbar unter: https://www.pharmazeutische-zeitung.de/die-tools-derleugner-124830/seite/alle/

6   John Snow Memorandum. (2020). Verfügbar unter: https://www. johnsnowmemo.com

7   Ebd.

8   Hall, N. (2014). The Kardashian index: a measure of discrepant social media profile for scientists. *Genome Biol.* 15(7): 424

9   Ioannidis, J. P. A. (2022). Citation impact and social media visibility of Great Barrington and John Snow signatories for COVID-19 strategy, *BMJ*, 12, 2

10 Ebd.

11 *Bild.* (2020). Exklusiv: Neue Pläne für Schulen und Wirtschaft – Merkel plant Lockdown light. Verfügbar unter: https://www.bild. de/bild-plus/politik/inland/politik-inland/exklusiv-neue-plaene-fuer-schulen-und-wirtschaft-merkel-plantlockdown-light-73605364.bild.html

12 *Deutsche Welle.* (2020). Deutschland vor dem zweiten Lockdown. Verfügbar unter: https://www.dw.com/de/deutschland-vor-dem-zweitenlockdown/a-55410316

13 *Welt.* (2020). Deutschland in der Pandemie: Schräg durch Deutschland verläuft eine unsichtbare Grenze. Verfügbar unter: https://www.welt.de/vermischtes/plus221686000/Deutschland-in-der-Pandemie-Schraeg-durch-Deutschland-verlaeuft-eine-unsichtbare-Grenze.html

14 Saingam, P. et al. (2023). Wastewater surveillance of SARS-CoV-2 at intra-city level demonstrated high resolution in tracking COVID-19 and calibration using chemical indicators. *Sci Total Environ.* 866: 161467

15 RKI-Protokolle, a. a. O., z. B. vom 08.04., 11.04., 20.04. oder 16.11.2020

16 Anfinrud, P. et al. (2020). Visualizing Speech-Generated Oral Fluid Droplets with Laser Light Scattering. *The New England journal of medicine*; 382(21): 2061 – 63

17 Kato, H. (2022). Expansion of droplets during speaking and singing in Japanese. *PLOS*

18 Jones, T. C. et al. (2020). An analysis of SARS-CoV-2 viral load by patient age. Preprint. Verfügbar unter: https://internationale-gesundheit.charite.de/fileadmin/user_upload/microsites/m_cc11/virologie-ccm/dateien_upload/Weitere_Dateien/analysis-of-SARS-CoV-2-viral-load-by-patient-age-v2.pdf

19 Zimmermann, P., Curtis, N. (2021). Why is COVID-19 less severe in children? A review of the proposed mechanisms underlying the age-related difference in severity of SARS-CoV-2 infections. *Archives of Disease in Childhood*; 106: 429 – 439

20 Meng, B. et al. CITIID-NIHR BioResource COVID-19 Collabora-
tion; Genotype to Phenotype Japan (G2P-Japan) Consortium;
Ecuador-COVID19 Consortium; Bowen, J. E. et al. (2022). Altered
TMPRSS2 usage by SARS-CoV-2 Omicron impacts infectivity and
fusogenicity. *Nature*. 603(7902): 706–714

21 Bundesinstitut für Arzneimittel und Medizinprodukte. (2021).
Schutzmasken: Risikoinformationen. Verfügbar unter: https://
www.bfarm.de/SharedDocs/Risikoinformationen/Medizinpro
dukte/DE/schutzmasken.html

22 Sterr, C. M. et al. (2021). Medical face masks offer self-protection
against aerosols: An evaluation using a practical in vitro approach
on a dummy head. *PloS one*; 16(3): e0248099

23 Deutsche Gesetzliche Unfallversicherung. (2021). Benutzung von
Atemschutzgeräten. DGUV Regel 112–190. Verfügbar unter:
https://publikationen.dguv.de/widgets/pdf/download/article/1011

24 Ausschuss für Arbeitsmedizin (AfAMed). (2021). Stellungnahme
des Ausschusses für Arbeitsmedizin (AfAMed) zu Tragezeit-
begrenzungen für FFP2-Masken. Verfügbar unter: https://www.
baua.de/DE/Die-BAuA/Aufgaben/Geschaeftsfuehrung-von-
Ausschuessen/AfAMed/pdf/Stellungnahme-Tragezeit-FFP2-
Masken.htm

25 Chan, JF-W. et al. (2020). Surgical Mask Partition Reduces the
Risk of Noncontact Transmission in a Golden Syrian Hamster
Model for Coronavirus Disease 2019 (COVID-19). Clinical infec-
tious diseases an official publication of the Infectious Diseases
Society of America; 71(16): 2139–49

26 Bagheri, G. et al. (2021). An upper bound on one-to-one expo-
sure to infectious human respiratory particles. Proceedings of
the National Academy of Sciences of the United States of America; 118(49); Andrejko, K. L. et al. (2022). Effectiveness of Face
Mask or Respirator Use in Indoor Public Settings for Prevention
of SARS-CoV-2 Infection – California, February-December 2021.
Morbidity and mortality weekly report; 71(6): 212–16

27 Gonçalves, M. R. et al. (2021). Social Distancing, Mask Use, and
Transmission of Severe Acute Respiratory Syndrome Coronavirus
2, Brazil, April-June 2020. *Emerg Infect Dis.*; 27(8): 2135–2143;
Lio, C. F. et al. (2021). Effectiveness of personal protective health
behaviour against COVID-19. *BMC Public Health* 21,1 827

28 European Centre for Disease Prevention and Control. (2021).
Considerations for the use of face masks in the community in the
context of the SARS-CoV-2 Omicron variant of concern. Verfügbar
unter: https://www.ecdc.europa.eu/sites/default/files/documents/

Considerations-for-use-of-face-masks-in-the-community-in-the-context-of-the-SARS-CoV-2-Omicron-variant-of-concern.pdf

29 Bundgaard, H. et al. (2021). Effectiveness of Adding a Mask Recommendation to Other Public Health Measures to Prevent SARS-CoV-2 Infection in Danish Mask Wearers: A Randomized Controlled Trial. *Annals of internal medicine* vol. 174,3; Abaluck, J. et al. (2022). Impact of community masking on COVID-19: A cluster-randomized trial in Bangladesh. *Science* (New York, N.Y.) 375,6577: eabi9069

30 Andrejko, K. L, a. a. O.; Guy, G. P. Jr. et al. (2021). Association of State-Issued Mask Mandates and Allowing On-Premises Restaurant Dining with County-Level COVID-19 Case and Death Growth Rates – United States, March 1 – December 31, 2020. *Morb Mortal Wkly Rep*; 70: 350 – 354

31 Adjodah, D. et al. (2021). Association between COVID-19 outcomes and mask mandates, adherence, and attitudes. *PLOS*, Murphy, C. et al., a. a. O.

32 *Frankfurter Rundschau.* (2023). Maskenpflicht war wirkungslos: Corona-Studie überrascht. Verfügbar unter: https://www.fr.de/wissen/maskenpflicht-waren-wirkungsloscorona-studie-ueberrascht-masken-92062735.html

33 Greenhalgh, T. et al. (2024). Masks and respirators for prevention of respiratory infections: a state of the science review. *Clin Microbiol* Rev37: e00124 – 23

34 Robert Koch-Institut. Täglicher Lagebericht des RKI zur Coronavirus-Krankheit-2019 (COVID-19): 23. 03. 2021 – Aktualisierter Stand für Deutschland

35 Bulfone, T. C. et al. a.a.O.

36 Hopkins, S. R. et al. (2021). Face Masks and the Cardiorespiratory Response to Physical Activity in Health and Disease. *Annals of the American Thoracic Society*; 18(3): 399 – 407; Fischer, J. B. et al. (2021). Cerebral and systemic physiological effects of wearing face masks in young adults. Proceedings of the National Academy of Sciences of the United States of America; 118(41); Shaw, K. A. et al. (2021). The impact of face masks on performance and physiological outcomes during exercise: a systematic review and meta-analysis. *Applied physiology, nutrition, and metabolism = Physiologie appliquee, nutrition et metabolisme*; 46(7): 693 – 703; Tornero-Aguilera, J. F., Clemente-Suárez, V. J. (2021). Cognitive and psychophysiological impact of surgical mask use during university lessons. *Physiology & Behavior*; 234: 113342; Bakhit, M. et al. (2021). Downsides of face masks and possible mitigation strate-

gies: a systematic review and meta-analysis. *BMJ open*; 11(2): e044364

37   Porcari, J. P. et al. (2016). Effect of Wearing the Elevation Training Mask on Aerobic Capacity, Lung Function, and Hematological Variables. *J Sports Sci Med.* 15(2): 379 – 86

38   Bakhit, M. et al., a. a. O.; Kisielinski, K. et al. (2021). Is a Mask That Covers the Mouth and Nose Free from Undesirable Side Effects in Everyday Use and Free of Potential Hazards? *International journal of environmental research and public health*; 18(8); Rosner, E. (2020). Adverse Effects of Prolonged Mask Use among Healthcare Professionals during COVID-19. *J Infect Dis Epidemiol*; 6(3); Carbon, C-C. (2020). Wearing Face Masks Strongly Confuses Counterparts in Reading Emotions. *Frontiers in psychology*; 11: 566886

39   Ruba, A. L., Pollak, S. D. (2020). Children's emotion inferences from masked faces: Implications for social interactions during COVID-19. *PloS one*; 15(12): e0243708

40   UK Health Security Agency. (2022). Evidence summary: Face coverings. Verfügbar unter: https://assets.publishing.service.gov.uk/media/620e4052e90e0710c30a4601/Evidence_summary_-_face_coverings.pdf

41   Schwarz, S. et al. (2021). Coronakinderstudien »Co-Ki«: erste Ergebnisse eines deutschlandweiten Registers zur Mund-Nasen-Bedeckung (Maske) bei Kindern. *Monatsschrift für Kinderheilkunde* 169, 353 – 365

42   Klemes, J. J. et al. (2020). Minimising the present and future plastic waste, energy and environmental footprints related to COVID-19. *Renew. Sust. Energ. Rev.*;127; Das, O. et al. (2020). The need for fully bio-based facemasks to counter coronavirus outbreaks: a perspective. *Sci. Total Environ.* Sep 20; 736: 139611

43   Giungato, P. et al. (2021). Carbon footprint of surgical masks made in Taranto to prevent SARS-CoV-2 diffusion: a preliminary assessment. *Sustainability*;13: 6296

44   Shanmugam, V. et al. (2021).Potential natural polymer-based nanofibres for the development of facemasks in countering viral outbreaks. *J Appl Polym Sci.* 138(27): 50658

45   Chu, J. et al. (2021). Thinking green: Modelling respirator reuse strategies to reduce cost and waste. *BMJ Open*, 11(7), e048687

46   Fadare, O. O., Okoffo, E. D. (2020). Covid-19 face masks: a potential source of microplastic fibers in the environment. *Sci. Total Environ*; 737; Prata, J. C. et al. (2020). COVID-19 pandemic repercussions on the use and management of plastics. *Environ. Sci. Technol.*; 54: 7760 – 7765; Wang, Z. et al. (2021). Disposable masks

release microplastics to the aqueous environment with exacerbation by natural weathering. *J. Hazard. Mater*; 417

47   Wang, L. et al. (2023). Global face mask pollution: threats to the environment and wildlife, and potential solutions. *Sci Total Environ*; 887: 164055

48   Fadare, O. O., Okoffo, E. D., a. a. O.

49   Saliu, F. et al. (2021). The release process of microfibers: from surgical face masks into the marine environment. *Environ. Adv.*; 4; Wang, L. et al. , a. a. O.

50   Saliu, F. et al., a. a. O.

51   World Health Organization. (n. d.). Coronavirus disease (COVID-19): Ventilation and air conditioning. Verfügbar unter: https://www.who.int/news-room/questions-and-answers/item/coronavirus-disease-covid-19-ventilation-and-air-conditioning

52   Peng, Z., Jimenez, J. L. (2021). Exhaled CO2 as a COVID-19 Infection Risk Proxy for Different Indoor Environments and Activities. *Environ Sci Technol Lett.*; 8(5): 392 – 397

53   Falkenberg, T. et al. (2023). Effect of portable HEPA filters on COVID-19 period prevalence: an observational quasi-interventional study in German kindergartens. *BMJ Open*; 13(7): e072284

54   Brainard, J. et al. (2023). Effectiveness of filtering or decontaminating air to reduce or prevent respiratory infections: A systematic review. *Preventive Medicine*, 177, 107774; Falkenberg, T. et al., a. a. O.

55   Lessler, J. et al. (2021). Household COVID-19 risk and in-person schooling. *Science* 372, 1092 – 1097

56   Doron, S. et al. (2021). Weekly SARS-CoV-2 screening of asymptomatic kindergarten to grade 12 students and staff helps inform strategies for safer in-person learning. *Cell Rep Med.*; 2(11): 100452; Gettings, J. et al. (2021). Mask Use and Ventilation Improvements to Reduce COVID-19 Incidence in Elementary Schools – Georgia, November 16 – December 11, 2020. *Morb Mortal Wkly Rep*; 70: 779 – 784

57   UK Government. (2021). EMG: Role of screens and barriers in mitigating COVID-19 transmission. Verfügbar unter: https://www.gov.uk/government/publications/emg-role-of-screens-and-barriers-in-mitigating-covid-19-transmission-1-july-2021

58   Kampf, G. et al. (2021). Persistence of coronaviruses on inanimate surfaces and their inactivation with biocidal agents, *The Journal of Hospital Infection*, 104, 3, 246 – 251; Mary, Y. Y. Lai et al. (2005). Survival of Severe Acute Respiratory Syndrome Coronavirus, *Clinical Infectious Diseases*, 41, 7, 1, e67 – e71; Bilal, M. et al. (2020).

Persistence, transmission, and infectivity of SARS-CoV-2 in inanimate environments. *Case Studies in Chemical and Environmental Engineering*, 2, 100047

59 Hirose, R. et al. (2021). Survival of Severe Acute Respiratory Syndrome Coronavirus 2 (SARS-CoV-2) and Influenza Virus on Human Skin: Importance of Hand Hygiene in Coronavirus Disease 2019 (COVID-19), *Clinical Infectious Diseases*, 73, 11, e4329 – e4335

60 Jefferson, T. et al. (2023). Physical interventions to interrupt or reduce the spread of respiratory viruses. *Cochrane Database of Systematic Reviews*, (1), CD006207

61 Rahman, J. et al. (2020). How Frequently Do We Touch Facial T-Zone: A Systematic Review. *Ann Glob Health*, 6; 86(1): 75

62 Dimond, S., Harries, R. (1984). Face touching in monkeys, apes and man evolutionary origins and cerebral asymmetry. *Neuropsychologia*; 22(2): 227 – 33

63 Falkenhorst, G. et al. (2022). Weltweiter Ausbruch von Affenpocken – Situationsbeschreibung des Robert Koch-Instituts für Deutschland, Datenstand 14. 07. 2022 *Epid Bull*; 29: 3 – 10

64 Al-Tawfiq, J. A., Rodriguez-Morales, A. J. (2020). Super-spreading events and contribution to transmission of MERS, SARS and SARS-CoV-2 (COVID-19), *The Journal of Hospital Infection*, 105, 2, 111 – 112; Lewis, D. (2021). Superspreading drives the COVID pandemic – and could help to tame it. *Nature*, 590(7847), 544 – 546

65 *Ärzteblatt*. (2020). Schweden geht in der Coronakrise eigenen Weg. Verfügbar unter: https://www.aerzteblatt.de/nachrichten/111348/Schweden-geht-in-der-Coronakrise-eigenen-Weg

66 Viner, R. et al. (2022). School Closures During Social Lockdown and Mental Health, Health Behaviors, and Well-being Among Children and Adolescents During the First COVID-19 Wave: A Systematic Review. *JAMA Pediatr.*; 176(4): 400 – 409

67 Restart-19. (2020). Restart-19: Simulation von Großveranstaltungen zur Corona-Pandemie. Verfügbar unter: https://www.restart19.de

68 *DutchReview*. (2021). Trial party at Ziggo Dome to test certificates. Verfügbar unter: https://dutchreview.com/news/trial-party-ziggo-dome-testcertificates/

69 Castagnoli, R. et al. (2020). Severe Acute Respiratory Syndrome Coronavirus 2 (SARS-CoV-2) Infection in Children and Adolescents: A Systematic Review. *JAMA pediatrics;* 1; 174(9): 882 – 889

70 Statista. (2023). Todesfälle aufgrund des Coronavirus (COVID-19) in Deutschland nach Geschlecht. Verfügbar unter: https://de.

statista.com/statistik/daten/studie/1104173/umfrage/todesfaelle-aufgrund-des-coronavirus-in-deutschland-nach-geschlecht/

71 Grill, M. (2022). Schulschließungen in der Pandemie: Eine Rekonstruktion. Verfügbar unter: https://www.markusgrill. eu/2022/02/10/schulschliessungen-in-der-pandemie-eine-rekonstruktion/

72 *Tagesschau*. (2023). Lauterbach: Corona-Pandemie dauert an. Verfügbar unter: https://www.tagesschau.de/inland/lauterbach-corona-pandemie-101.html

73 Schwenke, C. (2023). Corona-Schulschließung rekonstruiert: Der Drosten-Effekt und seine Folgen. *Spiegel*. Verfügbar unter: https://www.spiegel.de/politik/deutschland/corona-schulschliessung-rekonstruiert-der-drosten-effekt-und-seine-folgen-a-00000000-0002-0001-0000-000171667043

74 Hammer, V. (2023). Corona und die Schulen: Deutschlands Problemzone. *Süddeutsche Zeitung*. Verfügbar unter: https://www.sueddeutsche.de/projekte/artikel/politik/corona-und-die-schulen-deutschlands-problemzone-e671108/

75 Sachverständigenausschuss, a. a. O.

76 Freundl, V. et al., a. a. O.

77 Ebd.; OECD. (2021). The State of Global Education: 18 Months into the Pandemic, OECD Publishing, Paris

78 Lutz, M. (2023). Der Militärkonvoi aus Bergamo: Wie eine Foto-Legende entsteht. *BR24*. Verfügbar unter: https://www.br.de/nachrichten/kultur/der-militaerkonvoi-aus-bergamo-wie-eine-foto-legende-entsteht

79 Giacchetta, I. et al. (2022). The burden of seasonal influenza in Italy: A systematic review of influenza-related complications, hospitalizations, and mortality. 26. 10. 2021, *Influenza and Other Respiratory Viruses* 16, 2, 351 – 365

80 Wu, Z., McGoogan, J. M. (2020). Characteristics of and Important Lessons From the Coronavirus Disease 2019 (COVID-19) Outbreak in China: Summary of a Report of 72 314 Cases From the Chinese Center for Disease Control and Prevention. *JAMA*; 323(13): 1239 – 1242

81 Gudbjartsson, Daniel F. et al. (2020). Spread of SARS-CoV-2 in the Icelandic Population. *The New England journal of medicine* 382,24: 2302 – 2315

82 Wessendorf, L. et al. (2022). Dynamics, outcomes and prerequisites of the first SARS-CoV-2 superspreading event in Germany in February 2020: a cross-sectional epidemiological study. *BMJ open*, 12(4), e059809

83 Ludvigsson J. F. (2020). Systematic review of COVID-19 in children shows milder cases and a better prognosis than adults. *Acta paediatrica* (Oslo, Norway: 1992), 109(6), 1088–1095

84 Markel, H. et al. (2007). Nonpharmaceutical interventions implemented by US cities during the 1918–1919 influenza pandemic. *JAMA* 298,6: 644–54; Schwenke, C., a. a. O.

85 RKI-Protokolle, a. a. O., 14. 01. 2020

86 Jones, T. C. et al. (2020), a. a. O.

87 *Bild*. (2020). Fragwürdige Methoden: Drosten-Studie über ansteckende Kinder grob falsch. Verfügbar unter: https://www.bild.de/politik/inland/politik-inland/fragwuerdige-methoden-drosten-studie-ueber-ansteckende-kinder-grob-falsch-70862170.bild.html; https://www.bild.de/politik/inland/politik-inland/drosten-studie-belgischer-professor-warnte-vor-enormen-folgen-fuer-die-politik-70907180.bild.html

88 Jones, T. C. et al. (2021). Estimating infectiousness throughout SARS-CoV-2 infection course. *Science*; 373(6551): eabi5273

89 Codag-Bericht. (2020). Covid-19 Datenanalyse Gruppe (CODAG) Bericht Nr. 14: Analyse der COVID-19-Daten in Deutschland. Ludwig-Maximilians-Universität München. Verfügbar unter: https://www.covid19.statistik.uni-muenchen.de/pdfs/codag_bericht_14.pdf

90 Kauermann, G. et al. (2021). CODAG Bericht Nr. 14: Ludwig-Maximilians-Universität München; Dewald, F. et al. (2022). Effective high-throughput RT-qPCR screening for SARS-CoV-2 infections in children. *Nat Commun* 13, 3640

91 Theuring, S. et al. (2021). SARS-CoV-2 infection and transmission in school settings during the second COVID-19 wave: a cross-sectional study, Berlin, Germany, November 2020. *Euro surveillance bulletin Europeen sur les maladies trans-missibles = European communicable disease bulletin*; 26(34)

92 Kauermann, G. et al. (2021). CODAG Bericht Nr. 16: Ludwig-Maximilians-Universität München

93 Kauermann, G. et al. (2021). CODAG Bericht Nr. 17: Ludwig-Maximilians-Universität München

94 Brandal, L. T. et al. (2021). Minimal transmission of SARS-CoV-2 from paediatric COVID-19 cases in primary schools, Norway, August to November 2020. *Euro surveillance bulletin Europeen sur les maladies transmissibles = European communicable disease bulletin*; 26(1): 2002011; Heavey, L. et al. (2020). No evidence of secondary trans-mission of COVID-19 from children attending school in Ireland, 2020. *Eurosurveillance*; 25(21); Gras-Le Guen, C. et al.

(2021). Reo-pening schools in the context of increasing COVID-19 community transmission: The French experience. *Archives de Pédiatrie*; 28(3): 178–85

95 Lewis, S. J. et al. (2021). Closing schools is not evidence based and harms children. *BMJ-BRITISH MEDICAL JOURNAL*; 372: n521

96 von Bismarck-Osten, C. et al. (2022). The role of schools in transmission of the SARS-CoV-2 virus: quasi-experimental evidence from Germany, *Economic Policy*, 37, 109, 87–130; Isphording, I. E., et al. (2021). Does re-opening school contribute to the spread of SARS-CoV-2? Evidence from staggered summer breaks in Germany. *Journal of Public Economics*, 198, 104426; Wieland, T. (2024). Assessing the effectiveness of non-pharmaceutical interventions in the SARS-CoV-2 pandemic: results of a natural experiment regarding Baden-Württemberg (Germany) and Switzerland in the second infection wave. *J Public Health*

97 Gras-Le Guen, C. et al., a.a.O.; 28(3): 178–85; Brandal, L. T. et al. (2021). Minimal transmission a.a.O.; Heavey, L. et al. (2020). No evidence of secondary trans-mission of COVID-19 from children attending school in Ireland. *Eurosurveillance*; 25(21)

98 Walsh, S. et al. (2021). Do school closures and school reopen-ings affect community transmission of COVID-19? A systematic review of observational studies. *BMJ*; 11(8): e053371

99 Murphy, C. et al., a.a.O.

100 Isphording, I. E., et al. (2021). Does re-opening school contribute to the spread of SARS-CoV-2? Evidence from staggered summer breaks in Germany. *Journal of Public Economics*, 198, 104426

101 *Ärzteblatt.* (2020). Kinder- und Jugendärzte warnen vor erneuten Schulschließungen. Verfügbar unter: https://www.aerzteblatt.de/nachrichten/115323/Kinder-und-Jugendaerzte-warnen-vor-erneuten-Schulschliessungen

102 *Spiegel.* (2020). Corona-Krise: Mediziner fordern komplette Schul- und Kita-Öffnung. Verfügbar unter: https://www.spiegel.de/panorama/bildung/corona-krise-mediziner-fordern-komplette-schul-und-kita-oeffnung-a-4d1a0336-680d-4259-818e-7a263732f811

103 Dunton, G. F. et al. (2020). Early effects of the COVID-19 pandemic on physical ac-tivity and sedentary behavior in children living in the U.S. *BMC Public* 2020; 20(1): 1351; Velde, G ten et al. (2021). Physical activity behaviour and screen time in Dutch children during the COVID-19 pandemic: Pre-, during- and post-school clo-sures. *Pediatric obesity*; 16(9): e12779; Kang, H. M. et al. (2021). The Impact of the Coronavirus Disease-2019 Pandemic on

Childhood Obesity and Vitamin D Status. *Journal of Korean medical science*; 36(3): e21; Weaver, R. G. et al. (2021). COVID-19 Leads to Accelerated Increases in Children's BMI z-Score Gain: An Interrupted Time-Series Study. *American journal of preventive medicine*; 61(4): e161-e169; Pietrobelli, A. et al. (2020). Effects of COVID-19 Lockdown on Lifestyle Behaviors in Children with Obesity Living in Verona, Italy: A Longitudinal Study. Obesity (Silver Spring, Md.); 28(8): 1382–85

104 DAK-Gesundheit. (2021). Corona: Alarmierende Folgen für Kinder und Jugendliche. Verfügbar unter: https://www.dak.de/dak/bundesthemen/corona-alarmierende-folgen-fuer-kinder-und-jugendliche-2480802.html#/

105 Hippel, P. T., von, Workman, J. (2016). From Kindergarten Through Second Grade, U. S. Children's Obesity Prevalence Grows Only During Summer Vacations. *Obesity* (Silver Spring, Md.); 24(11): 2296–300; Franckle, R. et al. (2014). Accelerated weight gain among children during summer versus school year and related racial/ethnic disparities: a systematic review. Preventing chronic disease; 11: E101; Wang, Y. C. et al. (2015). Weight-related behaviors when children are in school versus on summer breaks: does income matter? *The Journal of school health*; 85(7): 458–66

106 An, R. (2020). Projecting the impact of the coronavirus disease-2019 pandemic on childhood obesity in the United States: A microsimulation model. *Journal of sport and health science*; 9(4): 302–12

107 Zimmo, L. et al. (2017). School-time physical activity among Arab elementary school children in Qatar. *BMC pediatrics*; 17(1): 76; Centers for Disease Control and Prevention. (2013). Comprehensive School Physical Activity Programs: A Guide for Schools. Verfügbar unter: http://www.cdc.gov/healthyyouth/physicalactiv-ity/pdf/13_242620-A_CSPAP_SchoolPhysActivityPrograms_Final_508_12192013.pdf

108 *Fuldaer Zeitung*. (2022). DLRG warnt vor Generation Nichtschwimmer: Ansturm auf Kurse. Verfügbar unter: https://www.fuldaerzeitung.de/fulda/fulda-dlrg-warnt-generation-nicht schwimmer-ansturm-kurse-rhoenenergie-michael-lipus-91572509.html

109 *rbb24*. (2023). Nichtschwimmer-Quote in Berlin steigt weiter. Verfügbar unter: https://www.rbb24.de/panorama/beitrag/2023/01/nichtschwimmer-quote-berlin-steigt-schwimmbaeder.html

110 Viner, R. et al. (2022). School Closures During Social Lockdown

and Mental Health, Health Behaviors, and Well-being Among Children and Adolescents During the First COVID-19 Wave: A Systematic Review. *JAMA Pediatr.*; 176(4): 400–409

111 Fickermann, D. (Hg.) et al. (2021). Schule und Schulpolitik während der Corona-Pandemie. Nichts gelernt? Münster; New York: Waxmann, 175 S. – (Die Deutsche Schule, Beiheft; 18)

112 Ebd.

113 Engzell, P. et al. (2021). Verhagen MD. Learning loss due to school closures during the COVID-19 pandemic. Proceedings of the National Academy of Sciences of the United States of America; 118(17).; Hammerstein, S. et al. (2021). Effects of COVID-19-Related School Closures on Student Achievement – A Systematic Review. *Front. Psychol., Sec. Educational Psychology*, 12

114 Ludewig, U. et al. (2023). Die COVID-19 Pandemie und Lesekompetenz von Viertklässler*innen – Ergebnisse der IFS-Schulpanelstudie 2016–2021, TU Dortmund

115 Ebd.

116 Wößmann, L. et al. (2021). Bildung erneut im Lockdown: Wie verbrachten Schulkinder die Schulschließungen Anfang 2021? Ifo-Schnelldienst; 74

117 Bundesministerium für Bildung und Forschung. (2018). Wissenswertes zum DigitalPakt Schule. Verfügbar unter: https://web.archive.org/web/20181208142203/https://www.bmbf.de/de/wissenswertes-zum-digitalpakt-schule-6496.html

118 Huber, S. G. et al. (2020). COVID-19 und aktuelle Herausforderungen in Schule und Bildung: Erste Befunde des Schul-Barometers in Deutschland, Österreich und der Schweiz: Waxmann Verlag

119 Di Giorgio, E. et al. (2021). The interplay between mothers' and children behavioral and psychological factors during COVID-19: an Italian study. *European child & adolescent psychiatry*; 30(9): 1401–12; Duan L et al. (2020). An investigation of mental health status of children and adolescents in china. *Journal of affective disorders*; 275: 112–18; Felfe, C. et al. (2023). The youth mental health crisis: Quasi-experimental evidence on the role of school closures. *Sci. Adv.*9,eadh4030

120 Lehmann, J. et al. (2022). School Closures During the COVID-19 Pandemic: Psychosocial Outcomes in Children – a Systematic Review. *DEV*; 15(3–4): 85–111

121 Schüller, S., Steinberg, H. S. (2022). Parents under stress: Evaluating emergency childcare policies during the first COVID-19 lockdown in Germany, *Labour Economics*, 78, 102217; Ito, T. et al.

(2022). The Impact of Daycare Closures Owing to COVID-19 on Parental Stress: The Case of Japan. *J Fam Econ* Iss

122 Wößmann, L., a. a. O.

123 Ravens-Sieberer, U. et al. (2023). Quality of life and mental health in children and adolescents during the first year of the COVID-19 pandemic: results of a two-wave nationwide population-based study. *European child & adolescent psychiatry,* 32(4): 575 – 588; Ravens-Sieberer, U. et al. (2022). Impact of the COVID-19 pandemic on quality of life and mental health in children and adolescents in Germany. *European child & adolescent psychiatry,* 31(6): 879 – 889; Ravens-Sieberer, U. et al. (2022). Child and Adolescent Mental Health During the COVID-19 Pandemic: Results of the Three-Wave Longitudinal COPSY Study. *SSRN Journal*

124 Kassenärztliche Bundesvereinigung. (2020). Positionspapier der Wissenschaft und Ärzteschaft zu COVID-19. Verfügbar unter: https://www.kbv.de/media/sp/KBV-Positionspapier_Wissen schaft_Aerzteschaft_COVID-19.pdf

125 See, I. et al. (2021). Modeling Effectiveness of Testing Strategies to Prevent Coronavirus Disease 2019 (COVID-19) in Nursing Homes–United States, 2020, *Clinical Infectious Diseases,* 73, 3, e792 – e798

126 van den Besselaar, J. H. et al. (2021). Are presymptomatic SARS-CoV-2 infections in nursing home residents unrecognised symptomatic infections? Sequence and metadata from weekly testing in an extensive nursing home outbreak, *Age and Ageing,* 50, 5, 1454 – 1463

127 Reyné, B. et al. (2022). Analysing different exposures identifies that wearing masks and establishing COVID-19 areas reduce secondary-attack risk in aged-care facilities. *Int J Epidemiol.;* 50(6): 1788 – 1794

128 Hollingworth, S. et al (2023). Interventions for preventing falls in older people in care facilities and hospitals. *Cochrane Database of Systematic Reviews,* (2), CD015085

129 Prantl, H. (2020). Corona in Pflegeheimen: Das verzweifelte Wegsperren. *Süddeutsche Zeitung.* Verfügbar unter: https://www.sueddeutsche.de/politik/corona-pflegeheime-1.5123607

130 Ebd.

131 Hering, C. et al. (2022). Psychosocial burden and associated factors among nurses in care homes during the COVID-19 pandemic: findings from a retrospective survey in Germany. *BMC Nurs* 21, 41

132 Pitkälä, K. H. (2020). COVID-19 has hit nursing homes hard. *Eur*

Geriatr Med 11, 889 – 891; Simonetti, A. et al. Neuropsychiatric Symptoms in Elderly With Dementia During COVID-19 Pandemic: Definition, Treatment, and Future Directions, *Front. Psychiatry, Sec. Aging Psychiatry*, 11

133 *Tagesspiegel*. (2020). Schäuble will dem Schutz des Lebens nicht alles unterordnen. Verfügbar unter: https://www.tagesspiegel.de/politik/schauble-will-dem-schutz-des-lebens-nicht-alles-unter ordnen-7507174.html

134 Fritz, T. (2020). Corona in Ischgl: Wer versagte, wer wegschaute und wer dafür bezahlen muss. *Spiegel*. Verfügbar unter: https://www.spiegel.de/ausland/corona-in-ischgl-wer-versagte-wer-weg schaute-und-wer-dafuer-bezahlen-muss-a-20be2617-768f-40f5-8af0-df8b591aa6b1

135 Wachtler, B. et al. (2020). Sozioökonomische Ungleichheit im Infektionsrisiko mit SARS-CoV-2 – Erste Ergebnisse einer Analyse der Meldedaten für Deutschland. *Journal of Health Monitoring* 5(S7): 19 – 31

136 Robert Koch-Institut. (2023). Sozialer Status und COVID-19-Sterblichkeit: Faktenblatt. Verfügbar unter: https://www.rki.de/DE/Content/GesundAZ/S/Sozialer_Status_Ungleichheit/Fakten blatt_COVID-19-Sterblichkeit.html

137 Alsan, M. M. et al. (2011). Poverty, global health, and infectious disease: lessons from Haiti and Rwanda. *Infect Dis Clin North Am.*; 25(3): 611 – 22, ix

Kapitel 4

1 RKI-Protokolle, a. a. O., 15. 04. 2020

2 Ebd.

3 Deutscher Ethikrat, Ständige Impfkommission und Nationale Akademie der Wissenschaften Leopoldina. (2020). Gemeinsames Positionspapier: Impfstoffpriorisierung. Verfügbar unter: https://www.ethikrat.org/fileadmin/Publikationen/Ad-hoc-Empfehlun gen/deutsch/gemeinsames-positionspapier-stiko-der-leopoldina-impfstoffpriorisierung.pdf

4 Vygen-Bonnet, S. et al. (2022). Arbeitsweise und Empfehlungen der Ständigen Impfkommission (STIKO) im Kontext der COVID-19-Pandemie. *Bundesgesundheitsbl.* 65, 1251 – 1261

5 Reimann, A. (2021). Die deutsche Corona-Strategie: Was die Stiko falsch gemacht hat. *Zeit*. Verfügbar unter: https://www.zeit.de/gesundheit/2021-12/stiko-corona-impfung-impfempfehlung-fehler-pandemie

6 *Tagesschau*. (2021). Wie funktioniert die Corona-Impfung beim

Hausarzt? Verfügbar unter: https://www.tagesschau.de/inland/corona-impfung-hausaerzte-faq-101.html

7   *ARD.* (2022). Anne Will: Impfpflicht auf der Kippe, Lockerungen umstritten – planlos in den Corona-Frühling? In: https://www.berliner-zeitung.de/news/karl-lauterbach-aussagen-zu-impfschaeden-sorgen-fuer-aufsehen-li.238592

8   Soheili, M. et al. (2023). The efficacy and effectiveness of COVID-19 vaccines around the world: a mini-review and meta-analysis. Ann *Clin Microbiol Antimicrob* 22, 42; Mohammed, H. et al. (2023). A Systematic Review and Meta-Analysis on the Real-World Effectiveness of COVID-19 Vaccines against Infection, Symptomatic and Severe COVID-19 Disease Caused by the Omicron Variant (B.1.1.529). *Vaccines* 11,2 224. Ssentongo, P. et al. (2022). SARS-CoV-2 vaccine effectiveness against infection, symptomatic and severe COVID-19: a systematic review and meta-analysis. *BMC Infect Dis* 22, 439

9   Polack, F. P. et al. (2020). Safety and efficacy of the BNT162b2 mRNA Covid-19 vaccine. *The New England Journal of Medicine*, 383(27), 2603 – 2615

10 Yang, X. et al. (2024). Vaccination status and disease severity of COVID-19 in different phases of the pandemic. *Human vaccines & immunotherapeutics*, 20(1), 2353491

11 World Health Organization. (2024). COVID-19 vaccinations have saved more than 1.4 million lives in the WHO European Region, a new study finds. Verfügbar unter: https://www.who.int/europe/news/item/16-01-2024-covid-19-vaccinations-have-saved-more-than-1.4-million-lives-in-the-who-european-region--a-new-study-finds; Lives saved by COVID-19 vaccines. (2022). *Journal of Paediatrics and Child Health.* 20: 10.1111/jpc.16213

12 COVID-19 Forecasting Team. (2023). Past SARS-CoV-2 infection protection against re-infection: A systematic review and meta-analysis. *The Lancet*, 401(10379), 833 – 842

13 Bobrovitz, N. et al. (2023). Protective effectiveness of previous SARS-CoV-2 infection and hybrid immunity against the omicron variant: A systematic review and meta-regression. *The Lancet Infectious Diseases*, 23, 5, P556 – 567; Torjesen I. Covid-19: Vaccination plus infection offers best protection, finds study led by WHO. *BMJ*; 380: p171

14 Lv, J. et al. (2022). Immunogenicity and safety of heterologous versus homologous prime-boost schedules with an adenoviral vectored and mRNA COVID-19 vaccine: a systematic review. *Infect Dis Poverty* 11, 53; Sapkota, B. et al. Heterologous prime–boost strate-

gies for COVID-19 vaccines. *Journal of Travel Medicine*, 29, 3|
taab191

15 Polack, F. P. et al. (2020). Safety and Efficacy of the BNT162b2
    mRNA Covid-19 Vaccine, *N Engl J Med*; 383: 2603 – 2615

16 Wadman, M. (2020). Public needs to prep for vaccine side effects.
    Science 370,1022 – 1022

17 Bekal, S. et al. (2023). Thrombosis Development After mRNA
    COVID-19 Vaccine Administration: A Case Series. *Cureus*; 15(7):
    e41371

18 *NDR*. (2021). Corona: AstraZeneca-Impfung auch für unter
    60-Jährige. Verfügbar unter: https://www.ndr.de/ratgeber/gesund
    heit/Corona-AstraZeneca-Impfung-auch-fuer-unter-60-Jaehrige,
    corona7654.html

19 Pollard, A. J., Bijker, E. M. (2021). A guide to vaccinology: from
    basic principles to new developments. *Nat Rev Immunol.*; 21(2):
    83 – 100. Erratum in: *Nat Rev Immunol.*; 21(2): 129

20 Hiraoka, T. et al. (2022). Herd immunity and epidemic size in net-
    works with vaccination homophily, *Phys. Rev.* E 105, L052301, 105,
    5

21 *NDR*. (2021). Herdenimmunität: Wie hoch muss die Corona-
    Impfquote sein? Verfügbar unter: https://www.ndr.de/ratgeber/
    gesundheit/Herdenimmunitaet-Wie-hoch-muss-die-Corona-
    Impfquote-sein,corona8090.html; *WDR*. (2021). Coronavirus:
    Wie realistisch ist die Herdenimmunität? Verfügbar unter:
    https://www1.wdr.de/nachrichten/coronavirus-impfen-herden
    immunitaet-100.html

22 Gutschker, T. (2020). Anders Tegnell: Schweden verfolgt einen
    Sonderweg. *Zeit*. Verfügbar unter: https://www.zeit.de/wissen/
    2020-10/anders-tegnell-corona-lage-schweden-sterberate-hygiene
    strategie

23 Buda, S. et al. (2017). Establishing an ICD-10 code based SARI-
    surveillance in Germany – description of the system and first
    results from five recent influenza seasons. *BMC public health*.
    Volume 17,1 612

24 Moriyama, M. et al. (2020). Seasonality of Respiratory Viral Infec-
    tions, *Annual Review of Virology*, Volume 7 (erschien sehr früh,
    schon 2020, im *Annual Review of Virology*); Dbouk, T., Drikakis,
    D. (2021). Fluid dynamics and epidemiology: Seasonality and
    transmission dynamics, *Physics of Fluids*, 33, 2

25 Nichols, G. L. et al. (2021). Coronavirus seasonality, respiratory
    infections and weather. *BMC Infect Dis* 21, 1101; Nazareth, J. et al.
    (2023). Mitigating the return of acute respiratory virus infections

BMJ; 380: p352; Martinez, M. E. (2018). The calendar of epidemics: Seasonal cycles of infectious diseases. *PLOS Pathogens*, 14(11), e1007327

26 Nichols, G. L. et al., a. a. O.; Nazareth, J. et al., a. a. O.; Martinez, M. E., a. a. O.

27 Fan, Y.-J. et al. (2021). Safety and Efficacy of COVID-19 Vaccines: A Systematic Review and Meta-Analysis of Different Vaccines at Phase 3. *Vaccines*; 9, 989

28 Krauson, A. J. et al. (2023). Duration of SARS-CoV-2 mRNA vaccine persistence and factors associated with cardiac involvement in recently vaccinated patients. *npj Vaccines* 8, 141

29 Di Pietrantonj, C. et al. (2020). Vaccines for measles, mumps, rubella, and varicella in children. *Cochrane Database of Systematic Reviews*, 4.: CD004407

30 Robert Koch-Institut. (2021). Nebenwirkungen und Komplikationen nach Impfungen. Verfügbar unter: https://www.rki.de/DE/Content/Infekt/Impfen/Nebenwirkungen/nebenwirkungen_node.html

31 Hromić-Jahjefendić, A. et al. (2023). COVID-19 Vaccines and Myocarditis: An Overview of Current Evidence. *Biomedicines*. 11(5): 1469

32 Witberg, G., et al. (2021). Myocarditis after Covid-19 Vaccination in a Large Health Care Organization. *The New England Journal of Medicine*; 385: 2132–2139

33 Estabragh, Z., Mamas, M. (2013). The cardiovascular manifestations of influenza: a systematic review. *International journal of cardiology*, 167 6, 2397–403; Kim, Y. et al. (2018). Acute Fulminant Myocarditis Following Influenza Vaccination Requiring Extracorporeal Membrane Oxygenation. *Acute and Critical Care*, 34, 165–169

34 Parry, P. I. et al. (2023). »Spikeopathy«: COVID-19 Spike Protein Is Pathogenic, from Both Virus and Vaccine mRNA. *Biomedicines*; 11(8): 2287

35 D'Anna, S. E. et al. (2024). Autoimmunity against Nucleus Ambiguous Is Putatively Possible in Both Long-COVID-19 and Vaccinated Subjects: Scientific Evidence and Working Hypothesis. *Biology* (Basel); 13(6): 359

36 Corona-in-Zahlen. (2021). Impfungen gegen das Coronavirus. Verfügbar unter: https://www.corona-in-zahlen.de/impfungen/

37 *Tagesschau*. (2024). Bislang 467 Corona-Impfschäden anerkannt. Verfügbar unter: https://www.tagesschau.de/inland/impfschaeden-corona-100.html

38 Xie, Y. et al. (2023). Long-term outcomes following hospital admission for COVID-19 versus seasonal influenza: a cohort study. *The Lancet Infectious Diseases*. Dec. 14

39 Gupta, L. et al. (2024). Beyond survival: understanding post-intensive care syndrome. *Acute and critical care* 39,2: 226 – 233

40 Iwasaki, A., Putrino, D. (2023). Why we need a deeper understanding of the pathophysiology of long COVID. *The Lancet Infectious Diseases*; 23(4): 393 – 395

41 *Spiegel*. (2021). Corona-Krise: Bundesregierung startet Werbekampagne für Corona-Impfungen. Verfügbar unter: https://www.spiegel.de/politik/deutschland/corona-krise-bundesregierung-startet-werbekampagne-fuer-corona-impfungen-a-6568fac8-1e8d-489c-948a-6e85433c789c

42 *ZDF*. (2023). Lauterbach: Impfkampagne des Bundesrechnungshofes. Verfügbar unter: https://www.zdf.de/nachrichten/politik/deutschland/lauterbach-impfkampagne-bundesrechnungshof-100.html

43 *Tagesspiegel*. (2022). Drosten schlägt 1G-Regel vor: Ausnahmen nur noch für Geboosterte. Verfügbar unter: https://www.tagesspiegel.de/politik/drosten-schlagt-1g-regel-vor--ausnahmen-nur-noch-fur-geboosterte-4297426.html

44 *Saarbrücker Zeitung*. (2021). Tobias Hans bei Maybrit Illner: »Lage falsch eingeschätzt«. Verfügbar unter: https://www.saarbruecker-zeitung.de/nachrichten/politik/tobias-hans-bei-maybrit-illner-im-zdf-lage-falsch-eingeschaetzt_aid-64554121

45 Bosetti, S. [@sarahbosetti]. (2021, Dezember 3). [Tweet]. X. https://x.com/sarahbosetti/status/1466829037645582341?lang=de

46 Universität Erfurt. (2023). COSMO – COVID-19 Snapshot Monitoring. COSMO Explorer. Verfügbar unter: https://projekte.uni-erfurt.de/cosmo2020/web/explorer/

47 Ebd.

48 Baden, L. R. et al. (2021). Efficacy and Safety of the mRNA-1273 SARS-CoV-2 Vaccine. *N Engl J Med.*; 384(5): 403 – 416; Bruxvoort, K. J. et al. (2022). Real-world effectiveness of the mRNA-1273 vaccine against COVID-19: Interim results from a prospective observational cohort study. *Lancet regional health*. Americas 6: 100134

49 Priesemann, V. et al. Nachhaltige Strategien gegen die COVID-19-Pandemie in Deutschland im Winter 2021/2022, Positionspapier vom 11.11.2021

50 Brandal, L. T. et al. (2021). Outbreak caused, a.a.O.; Schulte, B. et al. (2024). A longitudinal study on SARS-CoV-2 seroconversion, reinfection and neutralisation spanning several variant waves and

vaccination campaigns, Heinsberg, Germany, April 2020 to November 2022. *Eurosurveillance: bulletin Europeen sur les maladies transmissibles = European communicable disease bulletin.* Volume 29,26: 2300659

51 Bundesministerium für Gesundheit. (2023). InfektionsRadar: Aktuelle Daten zu Atemwegsinfektionen. Verfügbar unter: https://infektionsradar.gesund.bund.de/de/

52 Waitzberg, R. et al. (2021). The Israeli Experience with the »Green Pass« Policy Highlights Issues to Be Considered by Policymakers in Other Countries. *International journal of environmental research and public health* 18 (21)

53 Prosser, A. et al. (2023). Estimating the risk reduction of isolation on COVID-19 nonhousehold transmission and severe/critical illness in nonimmune individuals: September to November 2021. *Journal of evaluation in clinical practice*; 29,3: 438 – 446

54 López-Güell, K. et al. (2023). The impact of COVID-19 certification mandates on the number of cases of and hospitalizations with COVID-19 in the UK: A difference-in-differences analysis. *Front Public Health*; 11: 1019223

55 Waitzberg, R. et al., a. a. O.

56 Mills, M. C., Rüttenauer, T. (2022): The effect of mandatory COVID-19 certificates on vaccine uptake: synthetic-control modelling of six countries. *The Lancet Public Health* 7 (1), e15-e22

57 Walkowiak, M. P. et al. (2021). COVID-19 Passport as a Factor Determining the Success of National Vaccination Campaigns: Does It Work? The Case of Lithuania vs. Poland. *Vaccines*; 9, 1498

58 Oliu-Barton, M. et al. (2022). The effect of COVID certificates on vaccine uptake, health outcomes, and the economy. *Nat Commun* 13, 3942

59 The Scottish Government (Hg.). (2021). Coronavirus (COVID-19) domestic vaccine certification: business and regulatory impact assessment. Verfügbar unter: https://www.gov.scot/publications/domestic-vaccine-certificationbusiness-regulatory-impact-assessment-bria/documents/

60 *Stern.* (2022). Impfpflicht: Jüngste Abgeordnete hält emotionale Rede im Bundestag. Verfügbar unter: https://www.stern.de/politik/deutschland/impfpflicht--juengste-abgeordnete-haelt-emotionale-rede-im-bundestag-31712398.html

61 Lyngse F. P. et al. (2022).Household transmission of SARS-CoV-2 Omicron variant of concern subvariants BA.1 and BA.2 in Denmark. *Nat Commun.*; 13(1): 5760; Althaus, Thomas et al. (2024).

How effective is the BNT162b2 mRNA vaccine against SARS-CoV-2 transmission and infection? A national programme analysis in Monaco, July 2021 to September 2022. *BMC medicine*. Volume 22,1 227

62   *WDR*. (2021). Pandemie der Ungeimpften? WDR Monitor. Verfügbar unter: https://www1.wdr.de/daserste/monitor/sendungen/pandemie-der-ungeimpften-100.html

63   *Welt*. (2021). Frank Ulrich Montgomery: »Es war eine Tyrannei der Ungeimpften. Dabei bleibe ich«. Verfügbar unter: https://www.welt.de/politik/deutschland/plus242713529/Frank-Ulrich-Montgomery-Es-war-eine-Tyrannei-der-Ungeimpften-Dabei-bleibe-ich.html

64   Henkel, L. et al. (2022). The association between vaccination status identification and societal polarization. *Nat. Hum. Behav.* 7, 231 – 239; Rosenfeld, D. L., Tomiyama, A. J. (2022). Jab my arm, not my morality: perceived moral reproach as a barrier to COVID-19 vaccine uptake. *Soc. Sci. Med.* 294, 114699

65   Price, M. E. et al. (2022). Punitive sentiment as an anti-free rider psychological device. *Evol. Hum. Behav.* 23, 203 – 231

66   Henkel, L. et al., a. a. O.

67   Bor, A. et al. (2023). Discriminatory attitudes against unvaccinated people during the pandemic. *Nature* 613, 704 – 711

68   Deutscher Ethikrat. (2021). Ad-hoc-Empfehlung: Allgemeine Impfpflicht. Verfügbar unter: https://www.ethikrat.org/fileadmin/Publikationen/Ad-hoc-Empfehlungen/deutsch/ad-hoc-empfehlung-allgemeine-impfpflicht.pdf

69   Deutscher Ethikrat. (2021). Ad-hoc-Empfehlung: Besondere Regeln für Geimpfte. Verfügbar unter: https://www.ethikrat.org/fileadmin/Publikationen/Ad-hoc-Empfehlungen/deutsch/ad-hoc-empfehlung-besondere-regeln-fuer-geimpfte.pdf

70   Deutscher Ethikrat. (2022). Vulnerabilität und Resilienz in der Krise – Ethische Kriterien für Entscheidungen in einer Pandemie. Verfügbar unter: https://www.ethikrat.org/fileadmin/Publikationen/Stellungnahmen/deutsch/stellungnahme-vulnerabilitaet-und-resilienz-in-der-krise.pdf

Aus der Vergangenheit lernen, um auf die Zukunft vorbereitet zu sein

1   Marani, M. et al. (2021). Intensity and frequency of extreme novel epidemics, *PNAS*, 118 (35) e2105482118

2   ExpertInnenrat der Bundesregierung. (2024). Stellungnahme: Data Governance. Verfügbar unter: https://www.bundesregierung.

de/resource/blob/975196/2285456/c676ec1f888b91c58d13874d0f16
99d0/2024-05-22-expertinnenrat-stellungnahme-data.
pdf?download=1 nrat-stellungnahme-data.pdf?download=1

Datenquellen von Abbildungen und Grafiken

[2] Allam, Z. (2020). The First 50 days of COVID-19: A Detailed
Chronological Timeline and Extensive Review of Literature Docu-
menting the Pandemic. Verfügbar unter: https://www.
sciencedirect.com/science/article/pii/B9780128243138000012?via%
3Dihub; Wu, F. et al. (2020). A new coronavirus associated with
human respiratory disease in China. *Nature*; 579(7798): 265 – 269.
Erratum in: *Nature*; 580(7803); Kumar, A. (2021). Wuhan to
World: The COVID-19 Pandemic. Front. Cell. Infect. Microbiol.
Sec. Clinical Microbiology; 11; Center for Disease Control and Prevention, a. a. O.
[3] Robert Koch-Institut. (2020). Ergänzung zum Nationalen Pandemieplan – COVID-19 – neuartige Coronaviruserkrankung. Verfügbar unter: https://www.rki.de/DE/Content/InfAZ/N/
Neuartiges_Coronavirus/ZS/Pandemieplan_Strategien.html;
https://www.rki.de/DE/Content/InfAZ/N/Neuartiges_
Coronavirus/Ergaenzung_Pandemieplan_Covid.pdf?__
blob=publicationFile
[4] Mina, M. J. et al. (2020). Rethinking Covid-19 Test Sensitivity –
A Strategie for Containment. *N Engl J Med*; 383: e120
[5] Sachverständigenausschuss, a.a.O.
[6] Statista. (2023). Sterbefälle in Deutschland, a. a. O.

Die Wunderwaffe unseres Körpers

Hendrik Streeck
Unser Immunsystem
Wie es Bakterien, Viren & Co.
abwehrt und wie wir es stärken

Piper Taschenbuch, 224 Seiten
ISBN 978-3-492-31897-6

Wo sitzt das Immunsystem, wieso reagiert es manchmal über und wie halten wir es intakt? Hendrik Streeck beleuchtet dies wissenschaftlich fundiert und allgemeinverständlich. Er erklärt, bei welchen Erregern unser Körper Alarm schlägt und warum Herpesviren immer dann ausbrechen, wenn wir besonders gut aussehen wollen. Er zeigt, warum wir Fieber bekommen, Impfen notwendig ist und was wir selbst für unsere Körperabwehr tun können. Denn: Ohne funktionierendes Immunsystem könnten wir nicht überleben.

Leseproben, E-Books und mehr unter www.piper.de

PIPER